图5-1　起居室空间设计

图5-4　主次分明的起居室布局

图5-5　交通组织合理的起居室布局

图5-8　四种形状的餐厅桌

图5-9　不同材质的界面设计

图5-16　卧室的布置

图5-21　卧室灯光

图5-23　客厅书房

图5-24　餐厅书房

图5-25　阳台书房

图5-26 卧室书房

图5-27　不规则书房

图5-28　独立书房

图5-37　卫生间灯光设计

图5-38　卫生间灯光设计

图5-39　小空间卫生间灯光设计

图5-40　卫生间色彩设计

图5-41　导入空间

图5-42　通行空间

图5-43　业务空间

图5-44　决策空间

图5-48　鸡窝型办公室

图5-45　休憩空间

图5-46　蜂巢型办公室

图5-47　密室型办公室

图5-49　俱乐部型办公室

图5-51　办公室入口

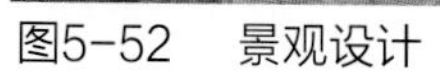

图5-52　景观设计

图5-53　钢构架结构及自洁玻璃

图5-54　办公室采光设计

图5-55　办公室隔音设计

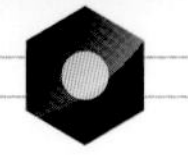

图5-56　办公室绿化设计

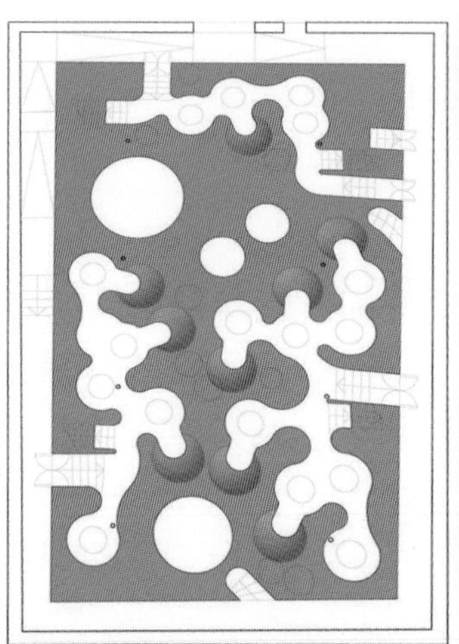

图5-57　办公室空间布局

图5-58　人工会议室，娱乐区和休息室

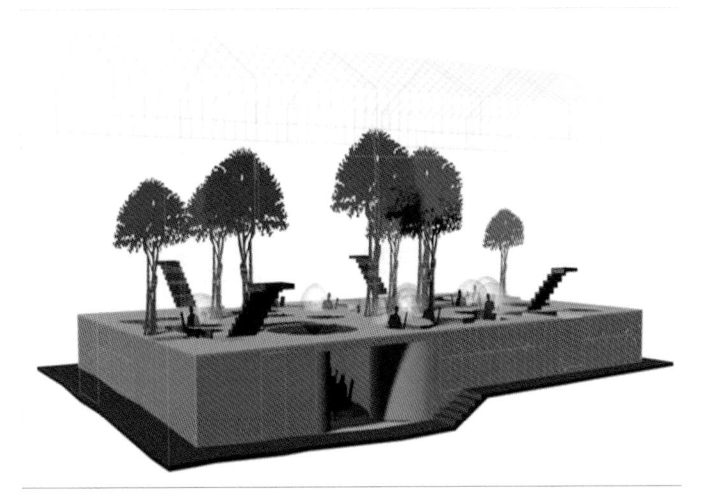

图5-59　办公室地下结构

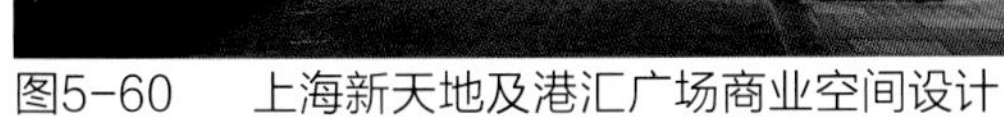

图5-60　上海新天地及港汇广场商业空间设计

图5-61　商品陈列区设计

图5-62　顾客停留区设计

图5-63 餐厅设计

图5-64　　餐厅中靠墙及靠窗的位置

图5-65　　餐厅隔断

图5-66　　餐厅包房

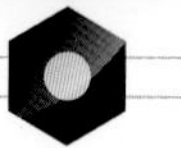

图5-67　餐厅宴会厅

图5-71　展示空间的气氛照明

图5-69　展厅环境照明

图5-70　展示空间的重点照明

图5-73　临墙布置

图5-74　中心布置

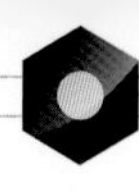

图5-75　散点布置

图5-76　网格布置

图5-78　展柜及布景箱设计

普通高等教育艺术设计类专业规划教材

人因工程学与设计应用

马广韬 编著

Human Factors Engineering and Design and Application

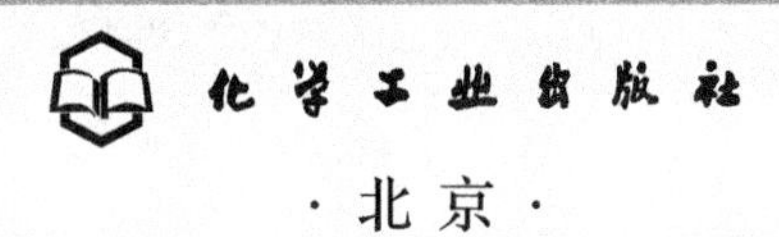

·北京·

以人为本是设计的基本出发点。本书运用了人因工程学的基本原理，较为详尽的分析了设计中人的因素和环境因素，并将人的因素和环境因素的研究融入到了室内设计、室外环境设计和产品设计中，总结归纳了部分设计原则、设计要点和方法，并在最后结合具体设计实例，着重介绍了人因工程学在设计中应用时获得基本设计数据的过程与方法，并具体应用于解决实际的设计问题。

本书可以作为高等院校工业设计和艺术设计专业的人因工程学教学用书，同时亦可作为机械、工业工程、展示设计等本科生、研究生的教材或参考书，也可作为相关工程技术人员的参考书。

图书在版编目（CIP）数据

人因工程学与设计应用／马广韬编著．—北京：化学工业出版社，2013.6（2024.8 重印）
普通高等教育艺术设计类专业规划教材
ISBN 978-7-122-17006-4

Ⅰ．①人…　Ⅱ．①马…　Ⅲ．①人因工程-高等学校-教材　Ⅳ．①TB18

中国版本图书馆CIP数据核字（2013）第074840号

责任编辑：李彦玲　　文字编辑：刘志茹
责任校对：宋　玮　　装帧设计：王晓宇

出版发行：化学工业出版社（北京市东城区青年湖南街13号　邮政编码 100011）
印　　装：北京虎彩文化传播有限公司
787mm×1092mm　1/16　印张14¾　彩插8　字数351千字　2024年8月北京第1版第7次印刷

购书咨询：010-64518888　　售后服务：010-64518899
网　　址：http://www.cip.com.cn
凡购买本书，如有缺损质量问题，本社销售中心负责调换。

定　　价：48.00元

前 言 FOREWORD

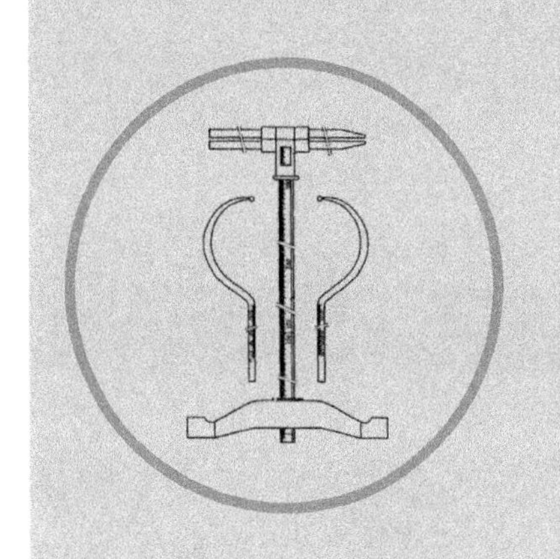

人因工程学是以人体科学、工程技术、环境科学和社会科学等多学科为基础的交叉性综合边缘学科，它主要研究“人-机-环境”系统中各因素的相互关系，以此创建最佳的人-机-环境系统。随着科技和社会的不断进步与发展，人因工程学的研究与应用也呈现出了多元化的发展，不仅成为了高等院校中实用性极强的专业基础课程之一，并被广泛应用于艺术设计、工业设计、工业工程、安全工程、航天航空和武器装备等重要领域。本书正是为了适应人因工程学在艺术类设计教学中的应用和实际工作中的需要而编写的，以期望对人因工程学教学人员和科研人员起到一定的参考意义。

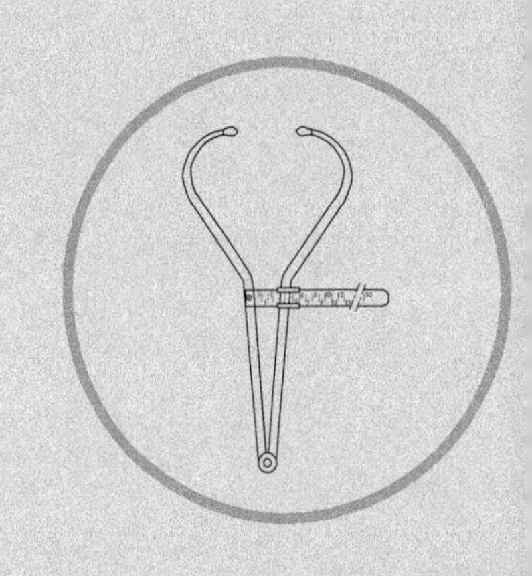

本书选材及编写时主要从人因工程学的基础知识、系统中人的因素、系统中环境因素和人因工程学在设计中的应用四个方面进行了考虑，并最终分为八章进行阐述，具体如下：

① 第一章人因工程学概述主要讲述人因工程学的基本理论、研究内容和方法及在设计应用中的延伸，是本书的基础部分。

② 第二章人因系统中人的因素、第三章人因系统中环境因素、第四章人-机-环境界面等内容，其主要从设计的角度阐述了人体因素、环境因素在人-机-环境系统设计中的主要作用和部分原则，让读者了解在设计过程中应考虑的主要人因内容，此部分内容是本书中的重要内容。

③ 第五章人因工程学在室内设计中的应用、第六章人因工程学在室外环境设计中的应用和第七章人因工程学在产品设计中的应用等内容分别从三个不同的学科方向进行分析、论述和总结，其主要介绍了设计中应注意的设计规范、人因工程学注意事项及人因工程学的应用原则，突出了本书在设计中应用的特点。

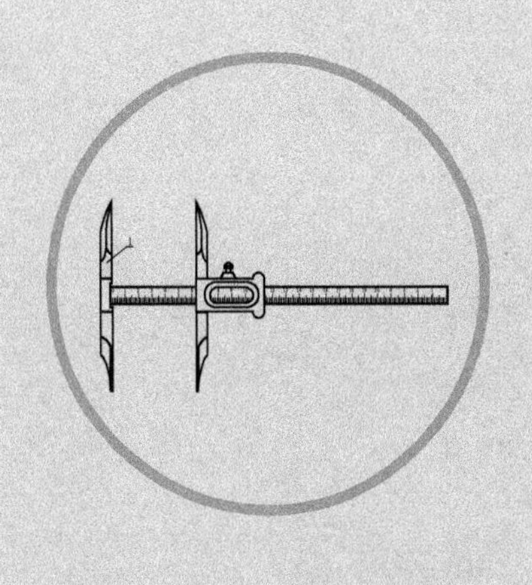

④ 第八章专题设计以具体设计实例和测试实验进行讲述，通过具体的设计实例和设计研究深入认识可视信息设

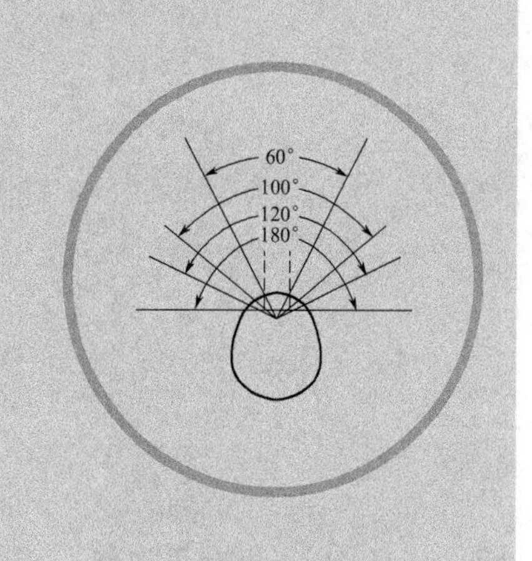

计、手握式工具设计、工作座椅设计等设计的基本原则、设计方法和人因工程学的检验，深入理解在具体实践过程中的设计要领。

同时，本书的内容具有三个主要特点：

① 本书在编写过程中汲取了大量的图文资料，较为详尽地阐述了人-机-环境系统中人的因素、环境因素，力求讲述人因工程学应用的各个方面，这对读者全面掌握人因工程学在工业设计、艺术设计等设计中的应用打下了坚实的基础，同时也为读者较为全面地阐述了人因工程学的学科特点。

② 本书论述范围较广，书中内容涉及了工业设计、室内设计、室外环境设计、视觉传达设计、工业工程等重要领域，较为详尽地阐述了人因工程学在设计中的应用特点，也体现了人因工程学在生产生活中的重要地位和作用。

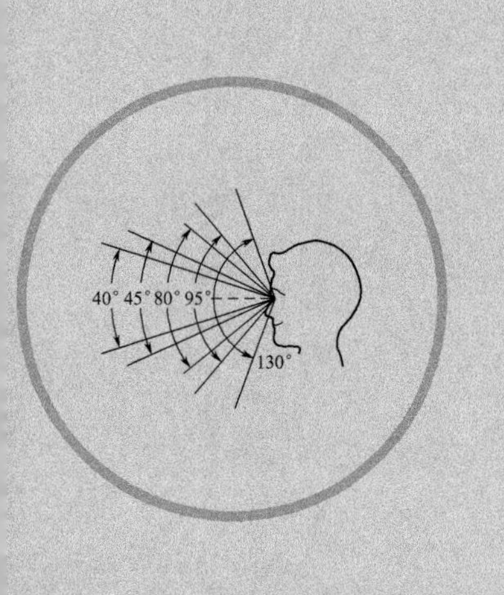

③ 编者对二十余年的教学经验进行总结，较为全面地分析了人因工程学在设计中的特点及应用，并结合了多年的科研实践经验对人因工程学在设计中的应用做了探索性分析。

综上所述可知，本书内容上讲述较为全面，涉及专业领域较为广泛，具有较强的应用性价值，可以作为高等院校工业设计和艺术设计专业的人因工程学教学，同时亦可作为机械、工业工程、展示设计等本科生、研究生的教材或参考书，也可作为相关工程技术人员的参考书。

本书由沈阳建筑大学马广韬编著，刘涛、周洋、杨震、孙文博、柳天等参编，刘涛对本书做了统稿工作。书中融入了编者从事人因工程学研究和教学的成果，并广泛汲取了同行、专家、学者的部分研究内容，在此深表感谢！在编写过程中可能存在不足之处，但随着学科建设的不断更新，本书也将在今后的再编与出版中做出进一步的修改。诚盼读者对本书中的不当之处给予批评指正。

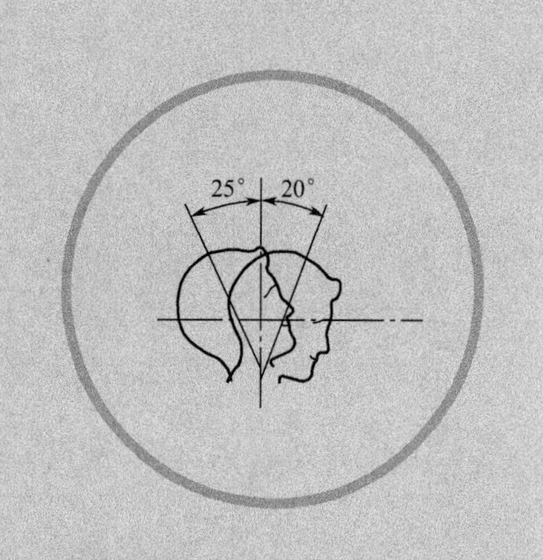

马广韬于沈阳

2013年2月

目录 CONTENTS

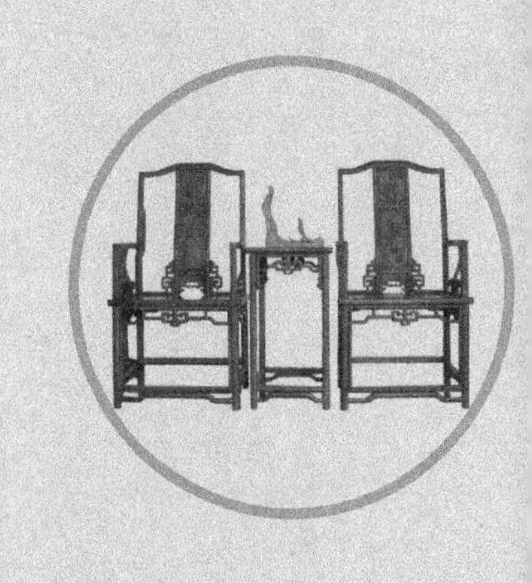

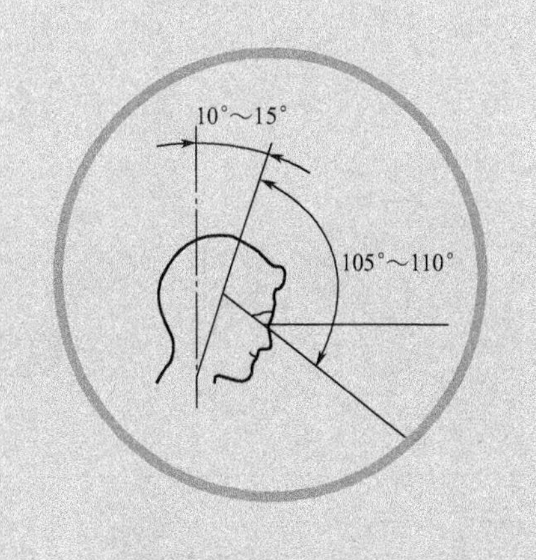

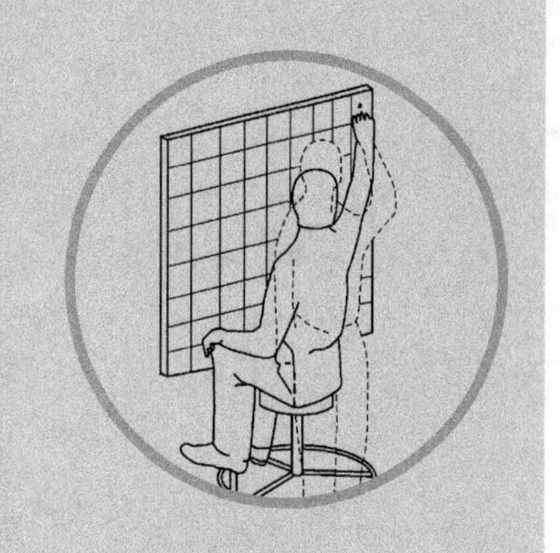

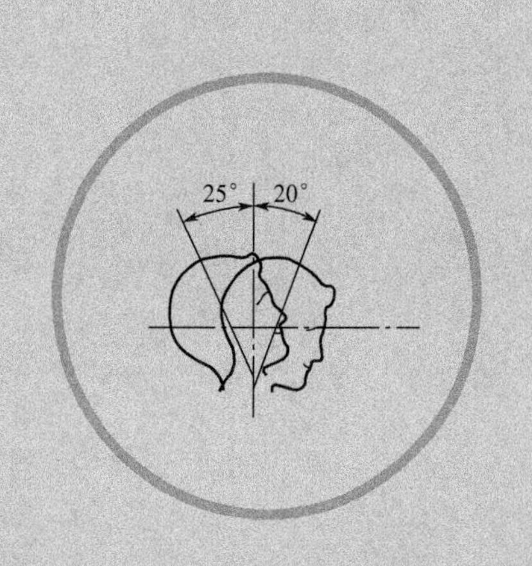
25°
20°

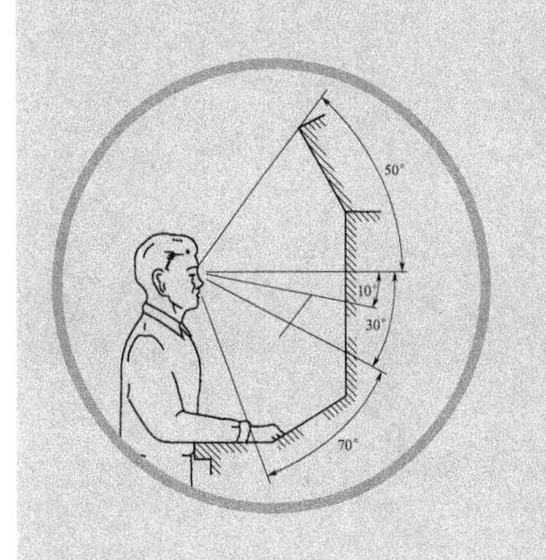

50°
10°
30°
70°

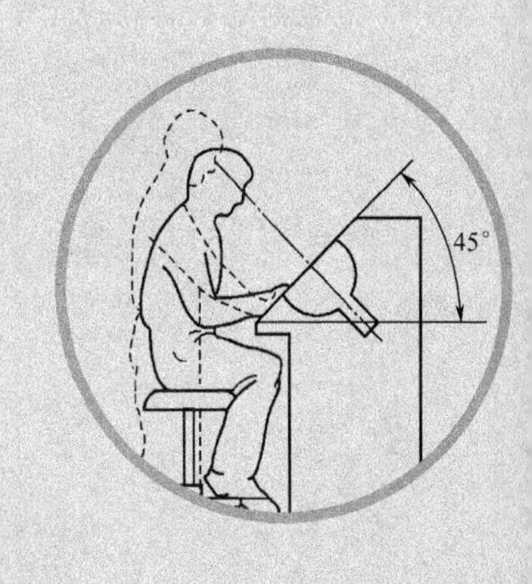

45°

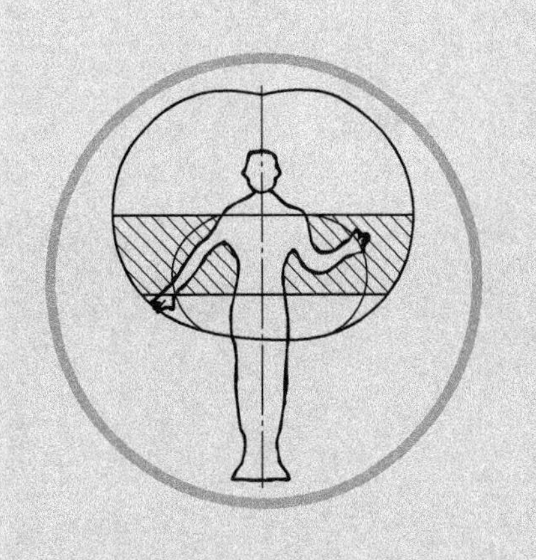

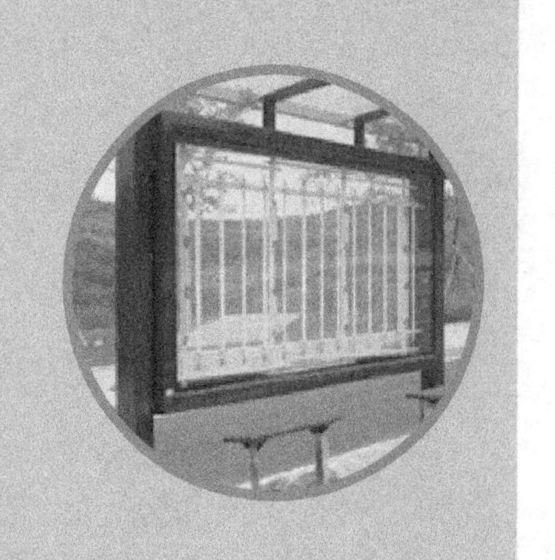

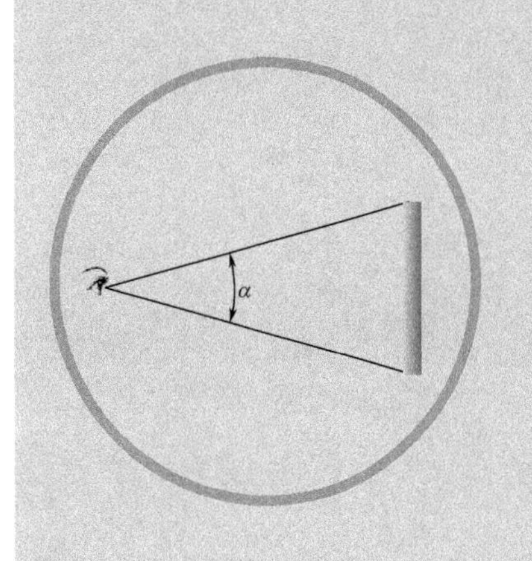
α

1 Chapter

第一章　概述

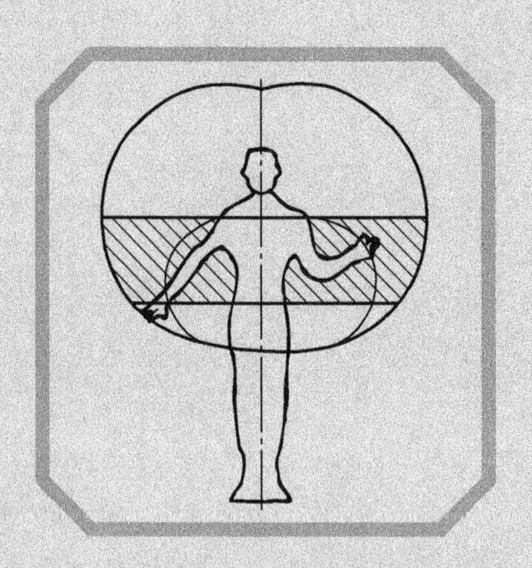

人因工程学的起源是由于人与物（工具）之间的关系变化，其产生的核心思想是"使机器适应于人"。人因工程学是研究系统中人与其他组成部分之间的交互关系的一门科学，并运用其理论、原理、数据和方法进行设计，以优化系统的功效和人的健康之间的关系。它不是孤立地研究人、机和环境，而是从系统的高度，将人、机和环境看成一个相互作用、相互依存的具有特定目标的系统。它的关注点是以人为本的设计，就是把用户"知道的"和"需要的"变成设计的基础。

学习目标

通过本章的学习，让学生初步认识和了解人因工程学历史、发展及研究内容和方法，向学生灌输"人性化设计"的中心思想，为以后的学习打下坚实的基础。

学习重点

1.人因工程学的起源、形成和发展；
2.人因工程学的命名及定义；
3.人因工程学的研究内容与方法；
4.人因工程学与其他学科之间的关系；
5.人因工程学与设计的关系。

学习建议

在学习该课程时需广泛收集人因工程学的相关资料和设计实例，通过文献资料来加深对人因工程学的理解，并尝试从不同学科的角度认识和理解该学科。

第一节 人因工程学的起源、发展与现状

人因工程学是工程科学中的一个分支，是研究人、机具及其相关工作环境之间相互作用的一门学科。该学科在其发展过程中，逐步打破了各学科之间的界限，融合了相关学科的理论、知识和方法，通过完善自身的基本概念、理论体系、研究方法以及技术标准和规范，最终基本形成了一门研究和应用范围都极为广泛的综合性边缘学科。

一、人因工程学的起源

从广义上说，“工欲善其事，必先利其器”，从我们的祖先拿起石头，制作并使用第一个工具时，简单的“人机关系”便产生了，这是人、工具和用器之间的关系，也是生存与发展中相互制约、依存、发展的关系。

伴随人类文明的进步，人与工具之间的关系也取得了重要的进步，在工具的制造和使用上也开始注意工具与人的关系。例如，旧石器时代到新石器时代中，石刀、石斧等狩猎工具由直线形状逐步向更适合人使用的曲线发展；青铜器时代以后，人类创造的工具更是取得了重大的发展与成就。如图1-1所示，古埃及的石碑雕刻中的一些器皿的造型，可以很清楚地看出古埃及人在日常生活、工作中已经开始考虑人与工具之间的相互关系了。

人因工程学发展在我国也同样拥有悠久的历史，如图1-2中的太师椅、茶几等可以非常清晰地看到人因工程学以人为本的设计思想。在传统工具的不断发展与替代中，人因工程学的发展也由简单到复杂并逐步科学化和统一化。

图1-1 古埃及的石碑雕刻

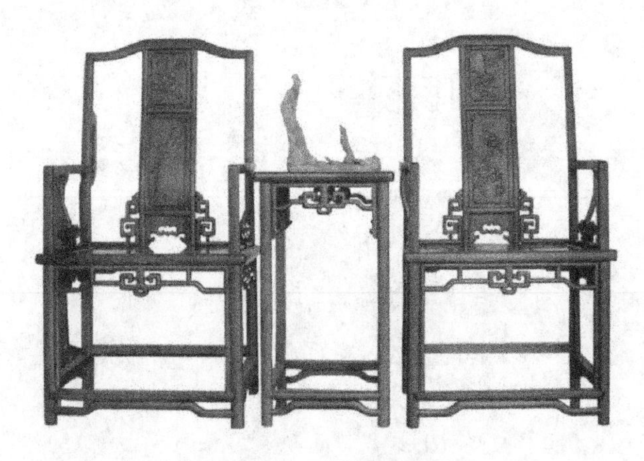
图1-2 明代家具太师椅和茶几

二、人因工程学的发展和现状

现代人因工程学的研究最早起源于欧洲，英国是世界上开展人因工程最早的国家，但本学科的奠基性工作实际上是在美国完成的。可以说，人因工程学起源于欧洲，完成于美国。虽然学科起源可追溯到20世纪初期，但作为一门独立的学科，仅有60多年的历史。人因工程

学的形成与发展，主要经历了以下几个发展阶段。

1.经验人因工程学

20世纪初，美国人泰勒（F.W.Taylor，科学管理的创始人）进行了著名的铁铲实验和时间研究实验，从而确定了铲子的最佳形状和重量，剔除了不合理的、多余的、容易增加疲劳的动作，制定了最省力高效的操作方法和相应的工作标准时间，大大提高了工作效率。与此同一时期的吉尔布雷斯夫妇（F.B.Gilbreth）开展了动作研究，创立了通过动作要素分析改进操作动作的方法。通过对工人砌砖动作的记录和分析，将其过程大大简化，使砌砖速度由原来的120块/小时提高到350块/小时。他们还进行了作业疲劳研究、工作站设计以及为残疾人设计合理的工具。之后，科学管理内容不断丰富，方法研究、工具设计、设施规划等都涉及机器、人和环境的关系问题，而且都与如何提高生产效率有关。

经验人因工程学一直延续到第二次世界大战之前，这一阶段主要的研究内容是：研究每一职业的要求；利用测试来选择工人和安排工作；规划利用人力的最好方法；制定培训方案，使人力得到最有效的发挥；研究最优良的工作条件；研究最好的组织管理形式；研究工作动机，促进工人和管理者之间的通力合作。

在这一时期，著名的德国心理学家闵斯托伯格（H.Munsterberg）将心理学引入生产实践中，其代表作是《心理学与工业效率》，提出了心理学对人在工作的适应与提高效率中的重要性。并将心理学研究成果与泰勒的科学管理方法联系起来，在人员选拔、培训，改善工作条件，减轻疲劳等方面进行了大量的实际工作。这一时期是人因工程学的产生阶段，人机关系总的特点是以选择和培训操作者为主，使人适应机器。由于社会经济的发展，新型机器大量出现，人们所从事的劳动愈加复杂和精细，对人员的要求越来越高，因而人因工程学的研究最终进入科学人因工程学阶段。

2.科学人因工程学

第二次世界大战期间，由于战争的需要，许多国家开始大力发展高效能、大威力的新式装备和武器。但由于片面注重新式武器和装备的功能，忽略了其中“人的因素”。此时，完全依靠选拔和培训人员，已无法适应当时情况的需求，因而由于操作失误而导致的事故屡见不鲜。例如，由于战斗机中座舱及仪表位置设计不当，造成飞行员误读和误用操作器而导致意外事故；或由于操作系统复杂、不灵活和不符合人的生理心理特征而造成命中率低的现象经常发生。人们在屡屡失败中逐渐认识到，只有当武器装备符合人的生理、心理特征和能力限度时，才能发挥其高效能，避免事故的发生。人的因素是设计中不能忽视的一个重要条件。因此，对人机关系的研究，从使人适应机器转入到使机器适应人的新阶段。从此，工程技术才与生理学、心理学、人体测量学、生物力学等人体科学真正结合起来。例如，苏联武器的设计，把戴手套与否的因素考虑了进去。军事领域中，对设计相关学科的综合研究和应用，为科学人因工程学的诞生奠定了基础。

第二次世界大战结束后，本学科的研究和应用逐渐从军事领域向非军事领域发展，人机关系的研究成果广泛地应用于工业领域，如飞机、汽车、机械设备、建筑设施以及生活用品等。1945年，在英国国家医药研究委员会、科学与工业研究部的鼓励下，英国诞生了人因工程职业。查帕尼斯（A.Chapanis）等人出版了《应用实验心理学——工程设计中人的因素》，总结了第二次世界大战时期的研究成果，系统地论述了人因工程学的基本理论和方法。随后，本学科的研究课题逐渐超出了心理学的研究范畴，许多生理学家、工程技术专家参与到该学科中来共同研究，因而有人把这一学科称为“工程心理学”。此外，美国、日本和欧洲的许多国家还成立了学会，为了加强国际交流，1960年正式成立了国际人类工效学会（IEA），标志着该学科发展进入了成熟期，并对人因工程学做了较为科学的定义，并得到了普遍地认同。该定义如下：

人因工程学是研究人在工作环境中的解剖学、生理学和心理学等方面因素；研究人、机器及环境的相互作用；是研究工作、生活与闲暇时人的健康、安全、舒适和工作效率的学科。

3. 现代人因工程学

20世纪60年代以后，欧洲和日本经济复苏，带动全球经济进入了一个飞速发展期。由于科学技术的进步，电子计算机应用的普及，工程系统的进一步复杂和机器自动化程度的不断提高，一系列新科学的迅速崛起，不仅为人因工程学研究注入了新的研究理论、方法和手段，而且也为人因工程学提出了一系列新的研究课题。例如，在宇航技术的研究中，提出了人在失重情况下如何操作，在超重情况下人的感官体验如何等。又如核电站等重要系统的可靠性问题。

60年代人因工程学研究的指导思想是将人、机、环境作为一个完整的系统，使系统中的人、机、环境获得最佳匹配，以保证系统整体最优。在指导思想上，有人主张应特别强调人类的基本价值，特别强调在系统、工作、环境设计中考虑操作者的个体差异，让科学技术不仅在产品上能满足人类要求，而且使人类在操作机器的过程中也获得满足。

4.1980 年以后的人因工程学

随着人因工程所涉及的研究和应用领域的不断扩大，从事本学科研究的专家所涉及的专业和学科也就越来越多，主要有解剖学、生理学、心理学、工业卫生学、工业和工程设计、工作研究、建筑和照明工程、管理工程等专业领域。与之相随的是，人因工程学的应用范围也越来越广泛。人因工程学的应用扩展到社会的各行各业，几乎渗透到人类生活的各个领域，如衣、食、住、行、学习、工作、文化、体育、休息等各种设施用具的科学化与宜人化。由于不同行业应用人因工程学的内容和侧重点不同，因此出现了学科的各种分支，如航空、航天、机械电子、交通、建筑、能源、通信、农林、服装、环境、卫生、安全、管理、服务等。

20世纪90年代以后，随着计算机和信息技术（计算机界面、人机交互、互联网等）的迅速发展及自动化水平的提高，人的工作性质、作用和方式发生了很大变化。以往许多由人直接参与的作业，现已由自动控制系统所代替，人的作用由操作者变为监控者或监视者，人的体力作业减少，而脑力或脑体结合的作业增多。今后，将有越来越多的机器装备代替人的某些工作，人类社会生活必将发生很大的改变。然而，高技术与人类社会往往产生不协调的问题，只有综合应用包括人因工程学在内的交叉学科理论和技术，才能使高技术与固有技术的长处很好地结合，协调人的多种价值目标，有效处理高技术社会的各种问题。

5. 我国人因工程学现状

我国人因工程学的研究起步较晚，但发展较快。我国最早开展工作效率研究的是一些心理学家。20世纪30年代，清华大学最早开设了工业心理学课程。1935年，我国出版了最早系统介绍工业心理学的著作《工业心理学概观》。新中国成立后，我国又先后发展了操作合理化、技术革新、事故分析、职工培训等劳动心理学的研究。随着我国经济的发展，我国增进了与国外人因工程学研究的交流，一大批人因工程学的研究应用成果被引入国内。20世纪80年代以后，人因工程学得到迅速发展。

1980年我国成立了全国人类工效学标准化技术委员会，1989年成立中国人类工效学学会。中国科学院心理学研究所及一些高等院校分别建立了人因工程研究机构，开设了人因工程学课程。有关人因工程学方面的出版物也日益增多。目前，我国人因工程学已应用于许多部门，如铁路、冶金、汽车运输、工程机械、机床设计、航天航空、建筑、室内外设计等，并取得可喜的成绩。

第二节　人因工程学的命名

人因工程学（human factor engineering）是研究人、机、环境三者之间相互关系的学科，是近几十年发展起来的一门边缘性应用学科。该学科在其自身的发展过程中，逐步打破了各学科之间的界限，并有机地融合了生理学、心理学、医学、卫生学、人体测量学、劳动科学、系统工程学，社会学和管理学等学科的知识和成果，形成自身的理论体系、研究方法、标准和规范，研究和应用范围广泛并具有综合性。

由于该学科研究和应用的范围极其广泛，它所涉及的各学科，各领域的专家、学者都试图从自身的角度来给本学科命名和下定义，因而世界各国对本学科的命名不尽相同。如该学科在美国称为“human factors engineering”（人的因素工程学）或“human engineering”（人类工程学），西欧国家称为“Ergonomics”（人类工效学），“ergonomics”是希腊文，意为“工作法则”。由于该词比较全面地反映了学科本质，因此，目前许多国家采用希腊文“ergonomics”作为该学科的名字。日本采用该词的音译，称为人间工学。

人因工程学在我国起步较晚，目前该学科在国内的名称尚未统一，如人因工程学、人-机-环境系统工程、人体工程学、人类工效学、人类工程学、工程心理学、宜人学、人的因素。不同的名称，其研究侧重点也不同。本书重在介绍在工程技术设计和作业管理中人的因素，故本书沿用人因工程学这一学科名称，以突出人的因素的应用。

第三节　人因工程学的研究内容与方法

人因工程学是一门根据人的各种特性，对与人直接相关的机具、作业、环境等进行设计和改造的学科。因此，人因工程学的研究内容和研究方法主要是对人机系统整体进行优化处理。

一、人因工程学的研究内容

人因工程学研究应包括理论和应用两个方面，但当今本学科研究的总趋势还是重于应用。虽然各国工业基础及学科发展程度不同，学科研究的主体方向及侧重点也不同。但纵观本学科在各国的发展过程，可以确定本学科研究有如下规律。总的来说，工业化程度不高的国家往往是从人体测量、环境因素、作业强度和疲劳等方面着手研究，随着这些问题的解决，才转到感官知觉、运动特点、作业姿势等方面的研究，然后，再进一步转到操纵、显示设计、人机系统控制以人因工程学原理在各种工业与工程设计中应用等方面的研究；最后则进入人因工程学前沿领域，如人机关系、人与环境关系、人与生态、人的特性模型、人机系统的定量描述、人际关系，直至团体行为、组织行为等方面的研究。

虽然人因工程学的研究内容和应用范围极其广泛，但其根本研究内容都是通过揭示人-机-环境之间相互关系的规律，以达到确保人-机-环境系统总体的最优化。其主要研究内容可以概括为以下几个方面。

1. 人体因素研究

研究人的生理与心理特征，即在工业设计中与人有关的问题。人因工程学从学科的研究对象和目标出发，系统地研究人体特征，如人的感知特性、信息加工能力、传递反应特征；人的工作负荷与效能、疲劳；人体尺寸、人体力量、人体活动范围；人的决策过程、影响效率和人为失误的因素等。研究的目的是解决机械设备、工具、作业场所以及各种工具及设施的设计如何与人的生理、心理特点相适应，创造高效、安全、健康和舒适的工作条件。

2. 环境控制与人身安全装置设计研究

从广义上说，人因工程学所研究的效率，不仅是指所从事的工作在短期内有效地完成，而且是指在长期内不存在对健康有害的影响，并使事故危险性缩小到最低限度。从环境控制方面应保证照明、微气候、噪声和振动等常见作业环境条件适合操作人员的要求。

保护装置使操作者免遭“因作业而引起的病痛、疾患、伤害或伤亡”也是设计者的基本任务，因而在设计阶段，安全防护装置就视为机械的一部分，应将防护装置直接接入机器内，此外，还应考虑在使用前操作者的安全培训，研究在使用中操作者的个体防护等。

3. 人机系统整体设计研究

人机系统整体效能的高低首先取决于总体设计的优劣，所以要在整体上使机和人相适应。应根据人和机各自的特点，合理分配人机功能，使其在人机系统中发挥各自的特长，并互相取长补短，有机配合，保证系统的功能最优。

4. 人机信息传递装置与作业环境研究

工作场所的设计是否合理将对人的工作效率产生直接的影响。只有使作业场所适合人的特点，才能保证人以无害于健康的姿势从事劳动，既能高效地完成工作，又感到舒适和不致过早地产生疲劳。

人-机和环境之间的信息交流是通过人机界面上的显示器和控制器完成的。为了使人机之间的信息交换迅速、准确且不易使人疲劳，所以要研究显示器使其和人的感觉器官的特性相匹配，研究控制器使其和人的效应器官相匹配，以及它们之间的相互配合问题。

二、人因工程学的研究方法

人因工程学的研究广泛采用了人体科学和生物科学等相关学科的研究方法及手段，也采取了系统工程、控制理论、统计学等其他学科的一些研究方法，而且本学科的研究也建立了一些独特的新方法，以探讨人、机、环境要素间复杂的关系问题。这些方法中包括：测量人体各部分静态和动态数据；调查、询问或直接观察人在作业时的行为和反应特征；对时间和动作的分析研究；测量人在作业前后以及作业过程中的心理状态和各种生理指标的动态变化；观察和分析作业过程和工艺流程中存在的问题；分析差错和意外事故的原因；进行模型试验或用电子计算机进行模拟实验；运用数字和统计学的方法找出各变数之间的相互关系，以便从中得出正确的结论或发展成有关理论。

1. 观察法

通过直接或间接观察，记录自然环境中被调查对象的行为表现与活动规律，然后进行分析研究的方法。其技巧在于能客观地观察并记录被调查者的行为而不受任何干扰。根据调查目的，可事先让被调查者知道调查内容，也可不让被调查者知道而秘密进行。有时也可借助摄影或录像等手段。

2. 实测法

实测法是一种借助于仪器设备进行实际测量的方法。例如人体尺寸的测量，人体生理参数的测量（能量代谢、呼吸、脉搏、血压等），作业环境参数的测量（温度、湿度、照明、噪声、特殊环境下的失重、辐射等）。

3. 实验法

实验法是在人为控制的条件下，排除无关因素的影响，系统地改变一定变量因素，以引起研究对象相应变化来进行因果推论和变化预测的一种研究方法。在人因工程学研究中这是一种很重要的方法。它的特点是可以系统控制变量，使所研究的现象重复发生，反复研究，不必像观测法那样等待事件的自然发生，使研究结果容易验证，并且可对各种无关因素进行控制。

4. 模拟和模型试验法

由于机器系统一般比较复杂，因而在人机系统研究时常采用模拟法。它是运用各种技术和装置的模拟，对某些操作系统进行逼真的试验，可得到所需要的更符合实际的数据的一种方法。比如训练模拟器、各种人体模型、机械模型、计算机模拟。因为模拟器或模型通常比所模拟的真实系统价格便宜得多，而又可以进行符合实际的研究，所以获得较多的应用。

5. 计算机数值仿真法

由于人机系统中的操作者是具有主观意志的生命体，用传统的物理模拟和模型方法研究人机系统，往往不能完全反映系统中生命体的特征，其结果与实际相比必有一定误差。另外，随着现代人机系统越来越复杂，采用物理模拟和模型方法研究复杂人机系统，不仅成本高，周期长，而且模拟和模型装置一经定型，就很难作修改变动。为此，一些更为理想而有效的方法逐渐被研究创建并得以推广，其中的计算机数值仿真法已成为人因工程学研究的一种现代方法。

数值仿真是在计算机上利用系统的数学模型进行仿真性实验研究。研究者可对尚处于设计阶段的未来系统进行仿真，并就系统中的人-机-环境三要素的功能特点及相互间的协调性进行分析，从而预知所设计产品的性能，并进行改进设计。应用数值仿真研究，能大大缩短设计周期，并降低成本。

6. 分析法

分析法是在上述各种方法中获得一定的资料和数据后采用的一种研究方法。通过对整个工作过程的周密分析，从而证明论点的正确性和合理性。目前，人因工程学常采用如下几种分析法：瞬间操作分析法、知觉与运动信息分析法、动作负荷分析法、频率分析法、危象分析法和相关分析法等。

三、人因工程相关学科及其应用领域

人因工程学虽然是一门综合性的边缘学科，但它有着自身的理论体系，同时又从许多基础学科中吸取了丰富的理论知识和研究手段，使它具有现代交叉学科的特点。该学科的根本目的是通过揭示人-机-环境三要素之间的相互关系的规律，确保人-机-环境系统总体性能的最优化。从研究目的来看，人因工程学的形成吸取了“人体科学”、“技术科学”、“环境科学”等学科的研究成果、思想、原理、准则、数据和方法。

1. 人因工程学的相关学科

人因工程学以人体科学的人体解剖学、劳动生理学、人体测量学、人体力学和劳动学、心理学等学科为“一肢”；以环境科学中的环境保护学、环境医学、环境卫生学、环境心理学和环境检测学等学科为“另一肢”；而以工程科学中的工业设计、工程设计、安全工程、系统工程以及管理工程等学科为“躯干”，形象地构成了本学科的体系。如图1-3所示。

（1）人因工程学与人体科学的关系

人体生理学、心理学、人体测量学、解剖学、生物力学、医学是人因工程的重要基础学科。其中心理学、人体测量学、生理学与人因工程学的关系更为密切。

人因工程学的很多问题，若要深入探究其原理与机制，就需要从人体解剖特点和人体生理过程进行分析。例如要确定人的最佳工作姿势，就需要对各种工作姿势从人体生物力学、能量消耗、基础代谢、肌肉疲劳和易受损伤性等方面进行分析和比较。在职业病研究中，涉及工作环境、劳动强度、工作制度、机器设计等方面的问题，而这些问题的深入探讨都会从医学与生理学方面去分析。因而研究人、机、环境关系问题，需要有卫生学与病理学的知识。许多人因工程学标准中就包含着医学、卫生学的要求。

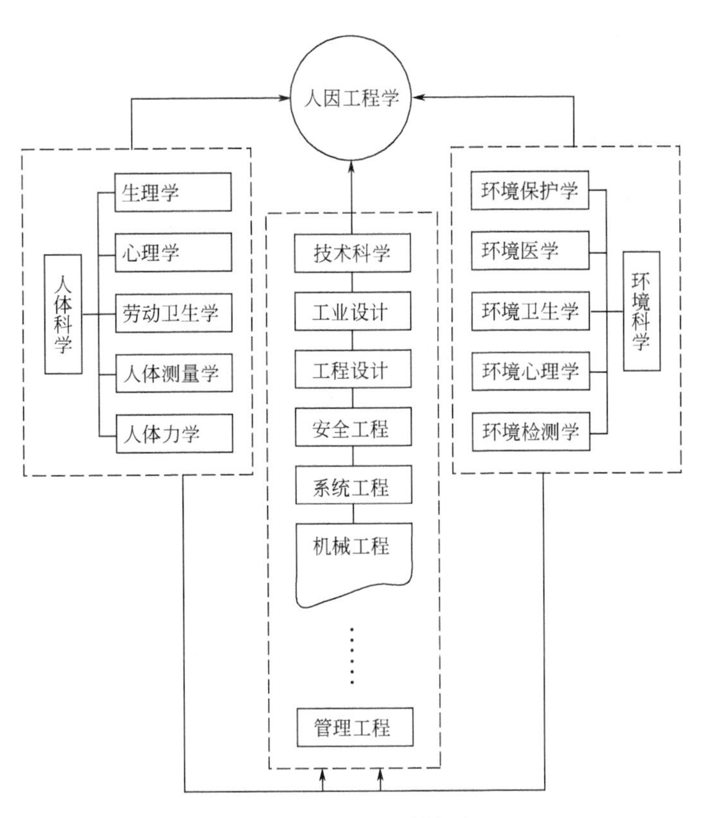

图1-3　人因工程学体系

（2）人因工程学与工程科学的关系

人因工程学的研究目的体现了本学科是人体科学和环境科学不断向工程科学渗透和交叉的产物。工程学科包括工程设计、安全设计、系统工程以及管理工程等学科。

人因工程学知识在工程科学研究中应用广泛，同样，人因工程学研究需要工程科学知识作为基础。例如，研究航空人因工程学问题，应具有一定的航空工程学和航空飞行的知识；从事机械设计研究，应具有一定的机械工程学知识；研究人-计算机的相互作用，应具有一定的计算机硬、软件知识。计算机不仅是人因工程学研究的对象，而且已成为人因工程学者研究各类人因工程学问题的最有用的工具。在人因工程研究中，计算机不仅被用来进行数据处理和控制人机匹配实验，而且许多人-机-环境关系问题可以利用计算机进行模拟研究。

（3）人因工程学与环境科学的关系

环境科学包括环境保护学、环境医学、环境卫生学、环境心理学及环境检测学等。这些学科主要研究环境指标的测量、分析和评价，环境对人的生理及心理影响，恶劣环境下职业病的形成机理及控制措施，环境的设计与改善等。在人因工程学中，人与环境的优化是重要研究内容，上述学科的研究内容为人因工程学进行环境设计和改善，创造适宜的劳动环境和条件提供了方法和标准。

除上述学科外，人因工程学还需要社会学、统计学、信息技术、控制技术等学科的有关理论和方法。在应用时注意以人因工程学的理论方法为主体，融合其他学科知识来解决实际问题。

2. 人因工程学的应用

随着近十几年来技术的飞速发展，人因工程学的地位越来越重要。人因工程学涉及的领域包括宇航系统、城市规划、工厂运作、机械设备、交通工具、家具制造、服装、生活用品制造等。人类的各种活动都不可避免地与人发生关系，而如何使各种活动更加适合于人的需要都会不可避免地应用到人因工程学。而且，人们逐渐认识到，在各种产品设计、系统设计等设计阶段的初期就必须用系统的方法考虑人因工程学。实际工作中经常有这样的情况，许多新设计的系统由于十分复杂，人们使用起来很不方便，且成本很高，因此在实际使用中不得不加以改动。而在此时重新进行改动的费用是很高的。所以，在项目的最初设计中必须尽可能地充分考虑到人的因素。人因工程学的应用如表1-1所示。

表1-1　人因工程学研究领域举例

范　围	对象举例	例　子
产品和工具设计及改进	机电设备 交通工具 城市规划 宇航系统 工作服装	机床，计算机，农业机械 飞机，汽车，自行车 城市规划，工业设施，工业与民用建筑 火箭，人造卫星，宇宙飞船 劳保服，安全帽，劳保鞋
作业的设计与改进	作业姿势、方法，作业量及工具选用和配置等	工厂生产作业，监视作业，车辆驾驶作业，物品搬运作业，办公室作业等
环境的设计与改进	声，光，热，色彩、振动，尘埃，气味等环境	工厂，车间，控制中心，计算机房，办公室，驾驶室，生活用房等

第四节　人因工程学与设计研究

一、设计研究

设计研究是在做设计前的决策思考，通过对形势发展和前期策略进行缜密的判断，制定可行度高的行动方案。设计研究是做设计之前的必要准备。

1. 设计研究的意义

“设计研究”是在一个大的“过程”中进行的一系列行动、思考、选择，为了实现某一个目标。首先，预先根据可能出现的设计问题制定若干对应的方案，并且在实现设计最终方案的过程中，根据形势的发展和变化来制定出新的方案，或者根据形势的发展和变化来选择相应的方案，最终实现目标。

2. 设计研究在我国的现状及发展

设计研究应倡导“求实、严谨、活跃、进取”的作风。以工作认真、成果及时、观点鲜明、资料翔实，出色地完成了设计研究过程中的各项任务。设计研究在我国，特别是近几年在科技进步、学科专业、门类开拓、人才素质培养和技术手段、技术装备等方面得到持续发展，在观念、技术、方法等方面不断创新，不断取得新的突破。

二、人因工程学与设计

人因工程学与人们生活密切相关，它的研究内容尤其对设计起着至关重要的作用，概括为以下几个方面。

1. 为设计中考虑“人的因素”提供人体尺寸参数

以人体测量学、人体力学、劳动生理学等学科的研究内容为基础，对人体结构特征和机能特征进行研究，提供人体各部分的尺寸、体重、体表面积、比重、重心以及人体各部分在活动时相互关系和可及范围等人体结构特征参数；还提供人体各部分的处理范围、活动范围、动作速度、动作频率、重心变化以及动作时的习惯等人体机能特征参数；分析人的视觉、听觉、触觉以及肤觉等感官器官的机能特征；分析人在各种劳动时的生理变化、能量消耗、疲劳机理以及人对各种劳动负荷的适应能力；探讨人在工作中影响心理状态的因素以及心理因素对工作效率的影响等。

2. 为设计中“物”的功能合理性提供科学依据

如搞纯物质功能的创作活动，不考虑人因工程学的原理和方法，那将使创作活动的失败。通常，在考虑“物”中直接由人使用或操作部件的功能问题时、如信息显示装置、操纵装置、工作台和控制室等部件的形状、大小、色彩及其布置方面的设计基准，都是以人因工程学提供的参数和要求为设计依据。

3. 为设计中考虑“环境因素”提供设计准则

通过研究人体对环境各种物理、化学因素的反应和适应能力，分析声、光、热、振动、粉尘和有毒气体等环境因素对人体的生理、心理以及工作效率的影响程度，确定了人在生产和生活活动中所处的各种环境的舒适范围和安全限度，从保证人体的健康、安全、舒适和高效出发，为设计中考虑“环境因素”提供了分析评价方法和设计准则。

4. 为进行人-机-环境系统设计提供理论依据

人因工程学的显著特点是，在认真研究人-机-环境三个要素本身特征的基础上，不单纯着眼于个别要素的优良与否，而是将使用“物”的人和所设计的“物”以及人与“物”所共处的环境作为一个系统来研究，在人因工程学中将这个系统称为“人-机-环境”系统。在这个系统中人、机、环境三个要素之间的相互作用、相互依存的关系决定着系统总体的性能。

系统设计的一般方法，通常是在明确系统设计总体要求的前提下，着重分析和研究人、机、环境三个要素对系统总体性能的影响，应具备的各自功能人机相互关系，如系统中人和机的功能如何分配；环境如何适应人；机对环境又有何影响等问题，经过不断修正和完善三要素的结构方式，最终确保系统最优组合系统方案的实现。

三、以“用户”为中心的设计

以“用户”为中心的设计即我们所说的以人为本的设计，也就是人性化设计的理念。人性化设计是指在符合人们的物质需求的基础上，强调精神与情感需求的设计。它综合了产品设计的安全性与社会性，就是要在设计中注重产品内环境的扩展和深化。“人性化设计”作为当今设计界与消费者孜孜追求的目标，带有明显的后工业时代特色，是工业文明发展的必然产物。仅从工业设计这一范畴来看，大至宇航系统、城市规划、建筑设施、自动化工厂、机械设备、交通工具，小至家具、服装、文具以及盆、杯、碗筷之类各种生产与生活所联系的物，在设计和制造时都必须把“人的因素”作为一个首要的条件来考虑。随着产品的结构和功能越来越复杂，提高操作的效率和使用的宜人性的要求成为设计的任务之一。

1. 产品的形式应适合于人的特性

使产品适合人，而不是让人去适应产品，人本身是一切产品形式存在的依据，例如一款新概念自行车的设计，航天专家依据人体力学原理及人因工程学设计了全新车体，更适合人体生理特点，构思独特，科学地调整了自行车决定于人体骑姿的三大关键部位，克服了现有自行车及山地车的不足。是一种更安全、更舒适、更省力、更适于人类骑行的自行车。如图1-4所示，“新概念自行车”座位低而且合理，遇有危险情况，收闸的同时，双脚可着地，有效地提高了行路安全。人还能在较宽大的座位上靠着骑行，实现了全身放松地舒适行路，利于健康，免患自行车病。“新概念自行车”不同于一般自行车只能靠腿力骑行，而是具备运用腿力和腰力双重力量的能力及后背的反作用力，同时增大了蹬踏角度，延长了做功时间，因此速度明显快于普通自行车。“新概念自行车”使人与车达到一种和谐的结合，也体现了设计的人性化。

2. 如何评定“人性化设计”

设计的核心是人，所有的设计其实都是围绕着人的需要展开的。以人为核心进行外延，有什么样的需求，就会产生什么样的设计。人类最初的设计，正是针对人们最普通最基本的需要展开的。所谓人性，是指人的秉性或本质特性，是所有人都具有的共性，尽管这种共性在不同的人身上反映的程度会有所不同。人性的共性一般有：求真、向善、爱美；追求新奇刺激，但又恋旧；有惰性；有情感需求；有自我约束与环境适应力；欲望无止境；自我表现和自我实现需求等。人对情感的追求不是凭空的，是要借助于物质手段来表达或实现的。设计承载了对人类精神和心灵慰藉的重任：年轻的消费者购买商品是为了张扬个性和焕发蓬勃的青春；年壮的消费者购买商品是为了填补青春已逝的失落和展示成熟；年老的消费者则怀着一股浓浓的怀旧感和饱经沧桑的平静感购买消费品。也就是说产品不仅要满足人的功能需求，更要为人们提供情感的、心理的等多方面的享受，设计越来越重视

图1-4 新概念自行车

对产品文化附加值的开发，努力把使用价值、文化价值和审美价值融为一体，突出产品中的人性化的含量。人性有着追求新奇的秉性，这就要求设计不断创新，我们的设计追求的是完美，但却不是100%。曾有一位日本学者提出过“80%的设计是最完美的设计”的主张，认为设计不要一次做得太满、太到位，而应留有20%的空间以便今后去填补与完善。现实就是这样的，我们的生活日新月异，我们对生活质量的要求也会不断变化。

归根结底，人性化设计应该而且最终要由服务对象来做评定，设计者必须对服务对象的情况多作调查研究，了解他们各自的职业、兴趣、经济状况及文化环境等具体情况，有针对性地给予他们人文的关怀。

3.设计人性化的表达

设计的目的在于满足人自身的生理和心理需要，需要成为人类设计的原动力。美国行为科学家马斯洛提出的需要层次论，提示了设计人性化的实质。他将人类需要从低到高分成五个层次，即生理需要、安全需要、社会需要（归属与爱情）、尊敬需要和自我实现需要。马斯洛认为上述需要的五个层次是逐级上升的，当下级的需要获得相对满足以后，上一级需要才会产生，再要求得到满足。人类设计由简单实用到除实用之外蕴含有各种精神文化因素的人性化走向正是这种需要层次逐级上升的反映。我国古代著名思想家墨子所说的“衣必常暖，而后求丽，居必常安，而后求乐。”即多少阐述了人类需要满足的这种先后层次关系。作为人类生产方式的主要载体——设计物，它在满足人类高级的精神需要、协调、平衡情感方面的作用却是毋庸置疑的。设计师通过对设计形式和功能等方面的“人性化”因素的注入，赋予设计物以“人性化”的品格，使其具有情感、个性、情趣和生命。当然这种品格是不可测量和量化的，而是靠人的心灵去感受和体验的。设计人性化的表达方式就在于以有形的“物质态”反映和承载无形的“精神态”。一般而言，设计人性化的表达方式是通过如造型、色彩、材料等设计的形式要素的变化而实现的。

（1）造型要素

设计中的造型要素是人们对设计关注点中最重要的一方面，设计的本质和特性必须通过一定的造型而得以明确化、具体化和实体化。在过去很长一段时间里，人们称工业设计为“工业造型”，虽然不很科学和规范，但多少说明造型在设计中的重要性和引人注目之处。在“产品语意学”中，造型成了重要的象征符号。意大利设计师扎维 · 沃根于20世纪80年代设计的Bra椅子，采用了传统椅子的结构，但椅背却运用了设计柔软而富有曲线美的女性形体造型，人坐上去柔软舒适而浮想联翩，极富趣味性。造型设计与人因工程带来的艺术文化气息和人机相宜的使用界面使产品更具人性化，人类的自我在逐渐回归中改造着物质世界，创造着逐渐属于人类自己的生活空间。

（2）色彩要素

在设计中色彩必须借助和依附于造型才能存在，必须通过形状的体现才具有具体的意义。但色彩一经与具体的形相结合，便具有极强的感情色彩和表现特征，具有强大的精神影响。当代美国视觉艺术心理学家布鲁墨说：“色彩唤起各种情绪，表达感情，甚至影响我们正常的生理感受”。因而色彩是一般审美中最普遍的形式，色彩成为设计人性化表达的重要因素。现代设计秉承包豪斯的现代主义设计传统，多以黑、白、灰等中性色彩为表达语言，体现出冷静、理性的产品特性，使消费者在欲购买之时便会为之一振，并为设计物五彩斑斓的色彩而惊喜。1988年意大利设计师埃·索特萨斯设计的电话机，就一改以往电话机单一的色调，采用红、蓝、黄色彩，将现代设计的观念发展到极致，流露出对现代主义设计的调侃，也使人们脑海中原本毫无情致的设计物变得生动起来。

（3）材料要素

现代设计师常在工业设计中采用或加进自然材料，通过材料的调整和改变以增加自然情趣或温情脉脉的情调，使人产生强烈的情感共鸣。材料即为人们看完设计物的形态与色泽之后最主要看的因素，简而言之就是给人的优劣感觉。通常人们都首先通过视觉印象判断材料的材质，然后通过触觉来感受材质的细腻与光滑程度，这些行为无非是以直观的感觉来判定其好坏。不同的材质会给人以不同的联想，如木头树皮等会使人联想起一些古典的东西，一种朴实的东西会油然而生。材料作为产品实现的物质载体，是体现和提高产品人性化程度的关键一环。

设计师只有用心去关注人，关注人性，才能以饱含人道主义精神的设计去打动人。设计的着眼点在于让社会上更多的人感到世界的温暖、人类的爱心和人与物的和谐亲近。同时，在设计过程中充分考虑残疾人自卑心理的设计也是设计人性化表达的重要内容之一，也是设计“以人为本”最显著的体现。设计师已在逐步转换自己的设计思维，消费者已成为设计师的“上帝”。“为人而设计”不再只是泛泛而谈的口号，而是深深扎根于设计师心中。

习题与思考题

1. 人因工程学的定义是什么？
2. 人因工程学的发展分为哪几个阶段？
3. 人因工程学研究的方法有哪些？
4. 人因工程学与设计的关系如何？

2 Chapter

第二章 人因系统中人的因素

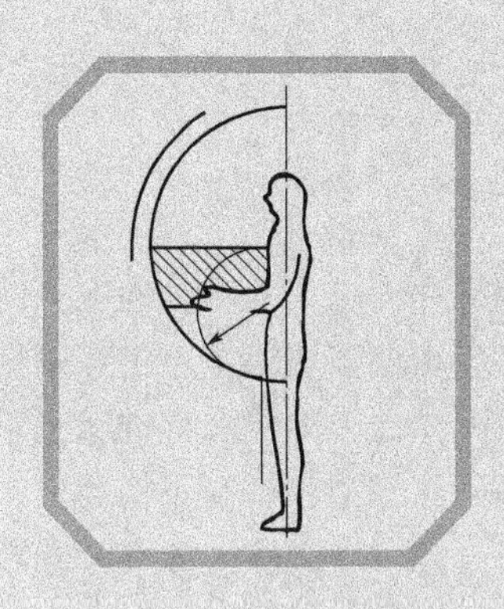

本章主要介绍的是人-机-环境系统中人的特性，人的特性可分为形态特征与技能特征。关于形态特征，本章将分别介绍人的静态尺寸概念、测量、描述方法以及数据应用等；关于技能特征，本章将分别介绍人的神经系统、视觉系统、听觉系统、躯体感觉系统和人的信息传递及处理以及影响人接受、处理信息的因素。人的特性是设计师必须掌握的重要知识，设计师只有了解了人的各部位的尺寸以及人的各项技能特征，才能做出好的、宜人的设计。充分理解并正确使用本章内容是做好设计工作的重要前提条件。

学习目标

熟知与人的因素相关的知识，如人体尺寸、人的生理及心理等。了解人体尺寸的使用方法，熟悉百分位数（查表）的用法。

学习重点

1.人体测量方法及其数据处理；
2.百分位数的概念及应用；
3.工作空间设计；
4.视觉与听觉特性。

学习建议

认真学习概率与统计学，以达到理解人体测量数据、处理公式的目的；结合本章百分位数知识点，从实际设计问题出发，学习百分位数的概念及意义；将本章中相关人体生理特性（如人的听觉范围与视觉范围等）概念记录下来，以便日后设计中使用。

第一节　人的基本静态尺寸概述

人体静态尺寸在人因工程学中是非常重要的一个环节，大多数涉及人的因素的设计都以此为依据。如工业设计中座椅的高矮；平面设计中字体的大小；环艺设计中楼梯扶手高度等。

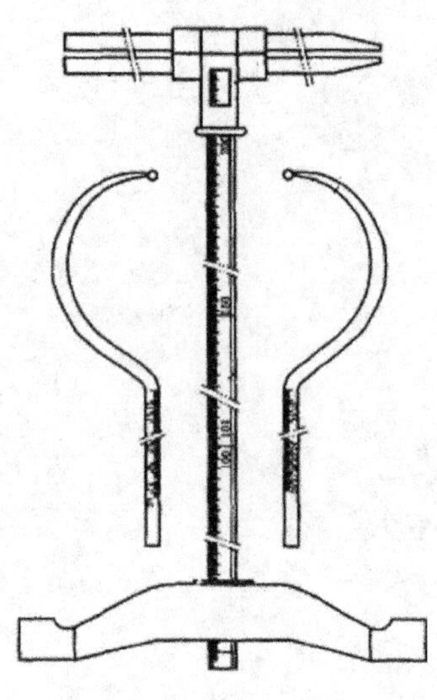

图2-1　人体测高仪

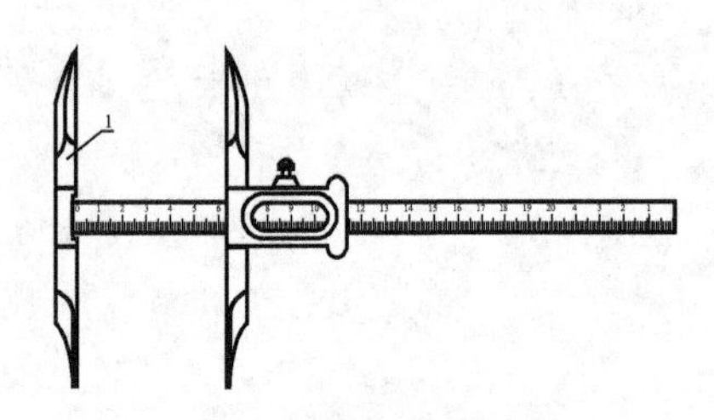

图2-2　人体测量用直角规

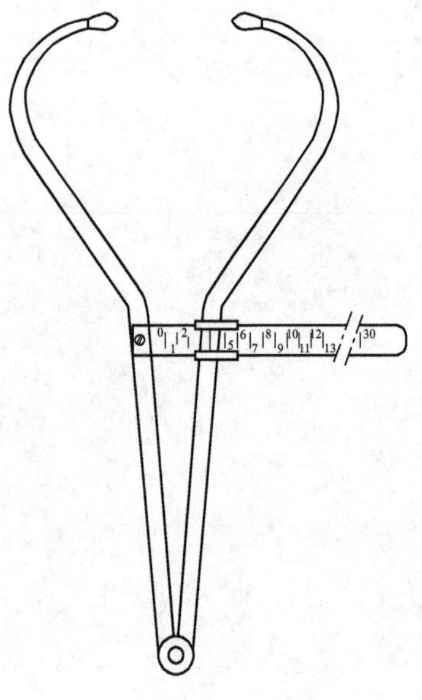

图2-3　人体测量用弯角规

一、人的静态尺寸基本概念

人体的静态尺寸又称形态尺寸，是指人体的外轮廓的尺寸，是被测者静止地站着或坐着进行测量所得到的尺寸数据，它是人体处于固定的标准状态下测量的，可以测量许多不同的标准状态和不同部位，如手臂长度、腿长度、坐高等。静态的人体尺寸参数可以用来设计座椅的坐深及高度、工作区间的大小等。

二、人的静态尺寸测量

人的静态测量就是在确定的静止的状态下，如被测者在站立不动、坐着不动或静卧等姿势情况下，利用人体测量仪器，对人体进行直线、弧线、角度和面积等一些“静止”测量。一般包括体型特征测量，身体各部分的尺寸测量等。目前，我国成年人静态测量项目，国家标准中规定立姿有40项，坐姿有22项。

1. 人体测量仪器

根据GB/T 5704—2008《人体测量仪器》的规定，人体测量工具主要有人体测高仪、人体测量用直角规、人体测量用弯角规、人体测量用三角平行规、体重计以及人体测量用角度计、软尺等，图2-1 ～图2-3所示为国家标准规定的几种测量工具。

2. 人体测量条件

只有在被测者姿势、测量基准面、测量方向等符合下列要求的前提下，测量数据才是有效的。

（1）测量姿势

人体测量时要求被测者保持规定的标准姿势，基本的测量姿势为直立姿势（简称立姿）和正直坐姿

（简称坐姿），姿势要点如下。

① 立姿　被测者挺胸直立，头部以眼耳平面定位，眼睛平视前方，肩部放松，上肢自然下垂，手伸直。掌心朝向体侧，手指轻贴大腿外侧，腰部自然伸直，左右足后跟并拢、前端分开，约成45°角，体重均匀分布于两足。为确保直立姿势正确，应使被测者足后跟、臀部和后背与同一铅垂面接触。

② 坐姿　被测者挺胸端坐在调节到腓骨头高的平面上，头部以眼耳平面定位，眼睛平视前方，左右大腿接近平行，膝弯曲大致成直角，足平放在地面上，手轻放在大腿上。为确保坐姿正确，应使被测者臀部和背部靠在同一铅垂面上。

（2）测量基准面和基准轴

人的静态尺寸测量均在测量基准面内、沿测量基准轴的方向进行，测量的基准面和基准轴如图2-4所示。

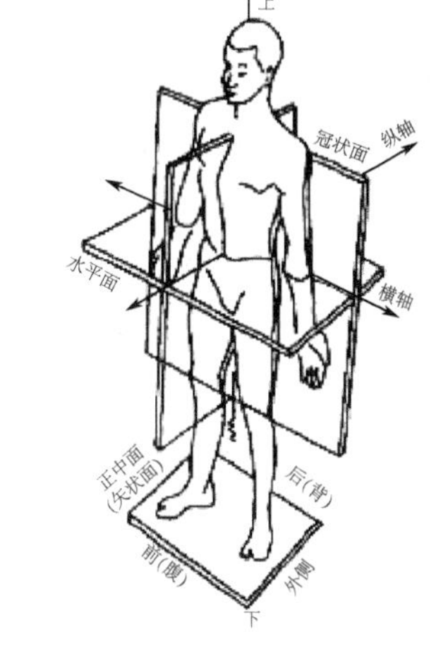

图2-4　人体测量的基准面和基准轴

① 测量基准面包括矢状面、冠状面、水平面和眼耳平面。

矢状面：沿身体中线对称地把身体切成左右两半的铅垂平面，称为正中矢状面；与正中矢状面平行的一切平面都称为矢状面。

冠状面：垂直于矢状面，通过铅垂轴将身体切成前、后两部分的平面。

水平面：垂直于矢状面和冠状面的平面；水平面将身体分成上、下两部分。

眼耳平面：通过左右耳屏点及右眼眶下点的平面，又称法兰克福平面。

② 测量基准轴包括铅垂轴、矢状轴和冠状轴。

铅垂轴：通过各关节中心并垂直于水平面的一切轴线。

矢状轴：通过各关节中心并垂直于冠状面的一切轴线。

冠状轴：通过各关节中心并垂直于矢状面的一切轴线。

（3）测量方向

① 头侧端与足侧端：在人体上、下方向上，将上方称为头侧端，下方称为足侧端。

② 内侧与外侧：在人体左、右方向上，将靠近正中矢状面的方向称为内侧，将远离正中矢状面的方向称为外侧。

③ 近位与远位：在四肢上，将靠近四肢附着部位的称为近位，将远离四肢附着部位的称为远位。

④ 桡侧与尺侧：在上肢端，将桡骨侧称为桡侧，将尺骨侧称为尺侧。

⑤ 胫侧与腓侧：在下肢端，将胫骨侧称为胫侧，将腓骨侧称为腓侧。

（4）测量项目

国家标准GB/T 5073—2010《用于技术设计的人体测量基础项目》中，列出立姿测量项目12项（含体重）、坐姿测量项目17项、特定体部测量项目14项（含手、足、头）、功能测量13项（含颈、胸、腰、腕、腿等围度）等，共计56个人体测量项目。该标准对56个测量项目都逐一做了定义说明和测量方法、测量仪器的规定。

3. 人体测量数据的统计处理

由于群体中个体与个体之间存在着差异，一般来说，某一个体的测量尺寸不能作为设计的依据。为使产品适合于一个群体的使用，设计中需要的是一个群体的测量尺寸。然而全面测量群体中每个个体的尺寸又是不现实的。通常是通过测量群体中较少量个体的尺寸，经数据处理后而获得较为精确的所需群体尺寸。

在人体测量中所得到的测量值，都是离散的随机变量，因而可根据概率论与数理统计理论对测量数据进行统计分析，从而获得所需群体尺寸的统计规律和特征参数。下面介绍几种基本的数据统计处理方法。

（1）均值

表示样本的测量数据集中地趋向某一个值，该值称为平均值，简称均值。均值是描述测量数据位置特征的值，可用来衡量一定条件下的测量水平和概括地表现测量数据的集中情况。对于有n个样本的测量值：x_1、x_2、…、x_n，其均值为$\overline{x}$

$$\overline{x}=\frac{x_1+x_2+\cdots+x_n}{n}=\frac{1}{n}\sum_{i=1}^{n}x_i$$

（2）方差

描述测量数据在中心位置（均值）上下波动程度差异的值叫均方差。方差表明样本的测量值是变量，既趋向均值而又在一定范围内波动。对均值为$\overline{x}$的n个样本测量值x_1、x_2、…、x_n，其方差S^2的定义为：

$$S^2=\frac{1}{n-1}\sum_{i=1}^{n}(x_i-\overline{x})^2$$

用上式计算方差的效率不高，常用与其等价的公式计算，即

$$S^2=\frac{1}{n-1}(\sum_{i=1}^{n}x_i^{\ 2}-n\overline{x^2})$$

如果测量值x_i全部靠近均值$\overline{x}$，则优先选用这个等价的计算式来计算方差。

（3）标准差

由方差的计算公式可知，方差的量纲是测量值量纲的平方，为使其量纲和均值相一致，则取其均方根差值，即标准差来说明测量值对均值的波动情况。所以，方差的平方根S称为标准差。对于均值为$\overline{x}$的n个样本测量值：x_1、x_2、…、x_n，其标准差S的一般计算为：

$$S=\left[\frac{1}{n-1}\left(\sum_{i=1}^{n}x_i^{\ 2}-n\overline{x^2}\right)\right]^{\frac{1}{2}}$$

（4）抽样误差

抽样误差又称标准误差，即全部样本均值的标准差。在实际测量和统计分析中，总是以样本推测总体。而在一般情况下，样本与总体不可能完全相同，其差别就是由抽样引起的。抽样误差数值大，表明样本均值与总体均值的差别大；反之，说明其差别小，即均值的可靠性高。

概率论证明，当样本数据的标准差为S，样本容量为n时，则抽样误差$S_{\overline{x}}$的计算式为：

$$S_{\overline{x}}=\frac{S}{\sqrt{n}}$$

（5）百分位数

人体测量的数据常以百分位数P_k作为一种位置指标、一个界值。一个百分位数将群体或样本的全部测量值分为两个部分，有K%的测量值等于和小于它，有（100–K）%的测量值大于它。例如在设计中最常用的是P_5、P_{50}、P_{95}三种百分位数。其中第5百分位数代表“小”身材，是指有5%的人群身材尺寸小于此值，而有95%的人群身材尺寸均大于此值；第50百分位数表示“中”身材，是指大于和小于此人群身材尺寸的各为50%；第95百分位代表“大”身材，是指有95%的人群身材尺寸均小于此值，而仅有5%的人群身材尺寸大于此值。

在一般的统计方法中，并不一一罗列出所有百分位数的数据，而往往以均值 $\overline{x}$ 的标准差S_D来表示。虽然人体尺寸并不完全是正态分布，但通常仍可使用正态分布曲线来计算。因此，在人因工程学中可以根据均值 $\overline{x}$ 和标准差S_D来计算某百分位人体尺寸，或计算某一人体尺寸所属的百分位数。

① 求某百分位数人体尺寸　当已知某项人体测量尺寸的均值为 $\overline{x}$ ，标准差为S_D，需要求任意百分位的人体测量尺寸x时，可用下式计算：

$$x = \overline{x} \pm (S_D K)$$

式中，K为变换系数，设计中常用的百分比值与变换系数K的关系如表2-1所示。

表2-1　百分比与变换系数的关系

百分比/%	K	百分比/%	K
0.5	2.576	70	0.524
1.0	2.326	75	0.674
2.5	1.960	80	0.842
5	1.645	85	1.036
10	1.282	90	1.282
15	1.036	95	1.645
20	0.842	97.5	1.960
25	0.674	99.0	2.326
30	0.524	99.5	2.576
50	0.000		

当求1%～50%之间的数据时，式中取“–”号；当求50%～99%之间的数据时，式中取“+”号。

② 求数据所属百分位　当已知某项人体测量尺寸为x_i，其均值为 $\overline{x}$，标准差为S_D时，需要求该尺寸x_i所持的百分位P时，可按下列方法求得，即按$z = \dfrac{(x_i - \overline{x})}{S_D}$计算出$z$值，根据$z$值在有关手册中的正态分布概率数值表上查得对应的概率数值p，则百分位P按下式计算：

$$P = 0.5 + p$$

三、人的静态尺寸描述方法

GB 10000—88是1989年7月开始实施的我国成年人人体尺寸国家标准。该标准根据人因工程学要求提供了我国成年人人体尺寸的基础数据，它适用于工业产品设计、建筑设计、军事工业以及工业的技术改造、设备更新及劳动安全保护。

该标准共提供了七类共47项人体尺寸基础数据，标准中所列出的数据是代表从事工业生产的法定中国成年人（男18～60岁，女18～55岁）人体尺寸，并按男、女性别分开列表。在各类人体尺寸数据表中，除了给出工业生产中法定成年人年龄范围内的人体尺寸外，同时还将该年龄范围分为三个年龄阶段：18～25岁（男、女）；26～35岁（男、女）；36～60岁（男）和36～55岁（女），且分别给出这些年龄段的各项人体尺寸数值。为了应用方便，各类数据表中的各项人体尺寸数值均列出相应的百分位数，如表2-2～表2-4所示。

表2-2　我国成年人人体主要尺寸

项目数据	男（18～60岁）							女（18～55岁）						
百分位数/% 年龄分组	1	5	10	50	90	95	99	1	5	10	50	90	95	99
1.1身高/mm	1543	1583	1604	1678	1754	1775	1814	1449	1484	1503	1570	1640	1659	1697
1.2体重/kg	44	48	50	59	70	75	83	39	42	44	52	63	66	71
1.3上臂长/mm	279	289	294	313	333	338	349	252	262	267	284	303	302	319
1.4前臂长/mm	206	216	220	237	253	258	268	185	193	198	213	229	234	242
1.5大腿长/mm	413	428	436	465	496	505	523	387	402	410	438	467	476	494
1.6小腿长/mm	324	338	344	369	396	403	419	300	313	319	344	370	375	390

表2-3　立姿人体尺寸

项目数据	男（18～60岁）							女（18～55岁）						
百分位数/% 年龄分组	1	5	10	50	90	95	99	1	5	10	50	90	95	99
2.1眼高/mm	1436	1474	1495	1568	1643	1664	1705	1337	1371	1388	1454	1522	1541	1579
2.2肩高/kg	1244	1281	1299	1367	1435	1455	1494	1166	1195	1211	1271	1333	1350	1385
2.3肘高/mm	925	954	968	1024	1079	1096	1128	873	899	913	960	1009	1023	1050
2.4手功能高/mm	656	680	693	741	787	801	828	630	650	662	704	746	757	778
2.5会阴高/mm	701	728	741	790	840	856	887	648	673	686	732	779	792	819
2.6胫骨点高/mm	394	409	417	444	472	481	498	363	377	384	410	437	444	459

表2-4　坐姿人体尺寸

项目数据	男（18～60岁）							女（18～55岁）						
百分位数/% 年龄分组	1	5	10	50	90	95	99	1	5	10	50	90	95	99
3.1坐高/mm	836	858	870	908	947	958	979	789	809	819	855	891	901	920
3.2坐姿颈椎点高/mm	599	615	624	657	691	701	719	563	597	587	617	648	657	675
3.3坐姿眼高/mm	729	749	761	798	836	847	868	678	695	704	739	773	783	803
3.4坐姿肩高/mm	539	557	566	598	631	641	659	504	518	526	556	585	594	609

续表

项目数据	男（18～60岁）							女（18～55岁）						
百分位数/% 年龄分组	1	5	10	50	90	95	99	1	5	10	50	90	95	99
3.5 坐姿肘高/mm	214	228	235	263	291	298	312	201	215	223	251	277	284	299
3.6 坐姿大腿厚/mm	103	112	116	130	146	151	160	107	113	117	130	146	151	160
3.7 坐姿膝高/mm	441	456	461	493	523	532	549	410	424	431	458	485	493	507
3.8 小腿加足高/mm	372	383	389	413	439	448	463	331	342	350	382	399	405	417
3.9 坐深/mm	407	421	429	457	486	494	510	388	401	408	433	461	469	485
3.10 臀膝距/mm	499	515	524	554	585	595	613	481	495	502	529	561	570	587
3.11 坐姿下肢长/mm	892	921	937	992	1046	1063	1096	826	851	865	912	690	975	1005

四、人在工作空间的基本概述

为了更好地做到人-机-环境之间的协调配合、提高工作效率与预防劳动损伤，工作空间的合理设计尤为重要。

我国国家质量监督检验检疫总局于1992年7月2日批准了GB/T 13547—92工作空间人体尺寸标准，并在1993年4月1日正式实施该标准。该标准规定了与工作空间有关的中国成年人基本静态姿势人体尺寸的数值，适用于各种与人体尺寸相关的操作、维修、安全防护等工作空间的设计及其工效学评价。

常用的人体尺寸测量项目及相关数据已经在本章前面有所介绍，使用人体尺寸数据时应注意以下事项：

① 表中所列数据均为裸体测量的结果，使用时，应根据工作场所的具体特点增加修正余量。立姿时要求自然挺胸直立，坐姿时要求端坐。如果用于其他立、坐姿势的设计（例如放松的坐姿），需增加适当修正值。

② 使用本标准进行工作空间的工效学设计时，应与GB/T 10000—1988及GB/T 12985—1911配套使用。

③ 需要其他静态姿势人体尺寸项目数值时，可在小样本抽样测量的基础上，建立合理的回归方程进行间接计算，在工作空间的工效学设计中，跪姿、俯卧姿、爬姿的基本人体尺寸项目数值可参照表2-5和表2-6计算。

表2-5　男子尺寸项目推算表（单位：mm）

静态姿势	尺寸项目	推算公式
跪姿	跪姿体长	$18.8+0.362H$
	跪姿体高	$38.0+0.728H$
俯卧姿	俯卧姿体长	$-124.6+1.342H$
	俯卧姿体高	$330.7+0.698W$
爬姿	爬姿体长	$115.1+0.715H$
	爬姿体高	$140.1+0.392H$

表2-6　女子尺寸项目推算表（单位：mm）

静态姿势	尺寸项目	推算公式
跪姿	跪姿体长	5.2+0.372H
	跪姿体高	112.8+0.690H
俯卧姿	俯卧姿体长	–124.7+1.342H
	俯卧姿体高	314.5+1.048W
爬姿	爬姿体长	223.0+0.647H
	爬姿体高	–56.6+0.506H

注：表中符号H代表身高（mm），W代表体重（kg）。

1. 工作空间设计应用人体尺寸应遵循的原则

（1）极限设计原则

这是以某种人体尺寸极限作为设计参数的设计原则。设计的最大尺寸参考选择人体尺寸的低百分位，设计的最小尺寸参考选择人体尺寸的高百分位；受人体伸及限制的尺寸应该根据低百分位确定，受人体屈曲限制的尺寸应该根据高百分位确定。例如：安全网的最大开口尺寸以低百分位作为设计参考；普通家庭门的最小高度以高百分位作为设计参考；货架是人体伸及限制的尺寸，其高度应该取低百分位；轿车内室高度是人体屈曲限制的尺寸，应该取高百分位。

（2）可调性设计原则

设计中优先采用可调式结构。可调的尺寸范围应根据第5百分位和第95百分位确定。例如，轿车的驾驶座椅应该是可调的，以适合大多数人体尺寸的要求（90%以上）。

（3）作业区域设计

虽然肢体动作空间是立体的，但作业域中的人是保持着某种静态的姿势。我们讨论的目标也是人的肢体究竟可以伸展到何种范围。可是在现实生活中人们并非总是保持一种姿势不变，人们总是在变换着姿势，并且人体本身也随着活动的需要而移动位置，这种姿势的变换和人体移动所占用的空间构成了人体活动空间。人体活动空间也叫“作业空间”，它大于作业域。人体活动空间的研究对于工业生产、军事设施中人的作业活动空间确定很有用，在室内设计中它的作用更是显而易见的。

作业空间设计的好坏，固然与设计人员的设计能力分不开，但主要的还是决定于能否依据机具本身的特点，如功能、形状、色彩、数量和使用情况等，还有空间环境的状况。

2. 作业空间设计的一般原则

为使作业空间设计得合理、经济、安全和舒适，应遵守以下原则：

① 作业空间设计必须从人的要求出发，保证人的安全与舒适方便。

② 根据人的作业要求，首先考虑总体布置，再考虑局部设计。

③ 要从实际出发，不能脱离客观条件。要处理好安全、经济、高效三者的关系。一个选用的设计方案只能是考虑各方面因素的方案，不可能每个单项是最优的，但应最大程度地减少操作者的不便和不适。

④ 要把重要的设备、显示装置和操纵装置等布置在最佳作业范围内。

⑤ 设备布置考虑到安全及人流、物流、合理组织。

⑥ 要根据人的生理、心理特点来布置设备、工具等，尽量减少人的疲劳，提高效率。

⑦ 作业面的布置设备要考虑人的最佳作业姿势、操作动作及动作范围。一般坐姿比立姿好。

3.作业空间设计的一般要求

作业空间设计以人体尺寸为基本参数，是从尺寸上保证人体结构的活动要求。但是，影响作业空间设计的因素很多。首先，是视觉的可视性要求。视觉观察是作业中对作业空间起决定性影响的因素，通常人的姿势取决于视觉，视觉决定了人的头部的位置，进而决定了人体的姿势。其次，是作业的性质对作业空间设计的影响。作业可分为技能作业、体力作业和脑力作业。技能作业和脑力作业要求更多的视觉观察，因此，视觉要求是作业空间设计的主要方面；而体力作业要求肌肉施力，因此，便于肌肉群施力是作业空间设计的主要方面。如图2-5所示，精密作业的工作台高度提高是为了配合视觉的可视性，重负荷作业的工作台高度降低是为了配合肌肉群的施力。

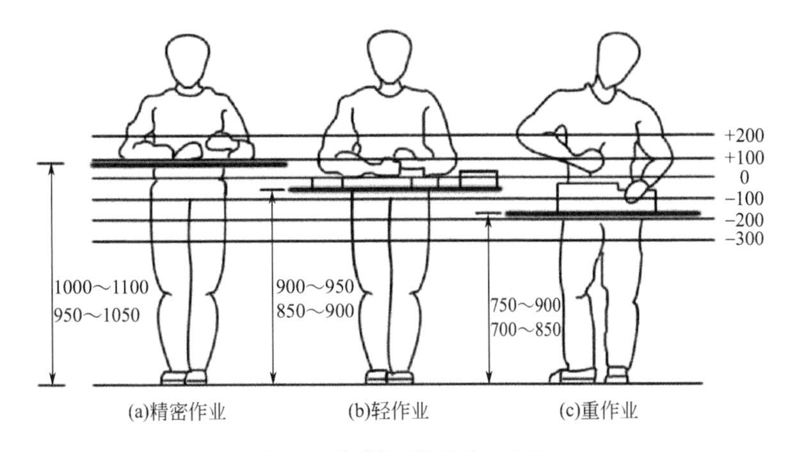

图2-5　作业性质与工作台高度

作业空间设计是典型的运用人体尺寸作为参考的设计类型。人的作业按照人的作业姿势可以分为坐姿作业、立姿作业和坐立交替作业。不同的作业姿势应用人体尺寸的情况各不相同，需要在设计中仔细考虑。

（1）坐姿作业

坐姿作业适合于长时间操纵、控制精度高或需要四肢共同操作的场合，用于轻体力的工作性质。坐姿作业的优点是，操作稳定，身体位置平衡，可减轻疲劳。缺点是长时间的坐姿，尤其是不正确的坐姿会对腰部有不利影响，图2-6所示为坐姿作业的人体尺寸参数。

（2）立姿作业

立姿作业适合于频繁的、短期的、中体力或重体力的作业。立姿作业的优点是作业区域大，便于肌肉施力，作业者的体位容易改变。缺点是相对于坐姿容易疲劳。图2-7和图2-8所示为立姿作业的人体尺寸参数。

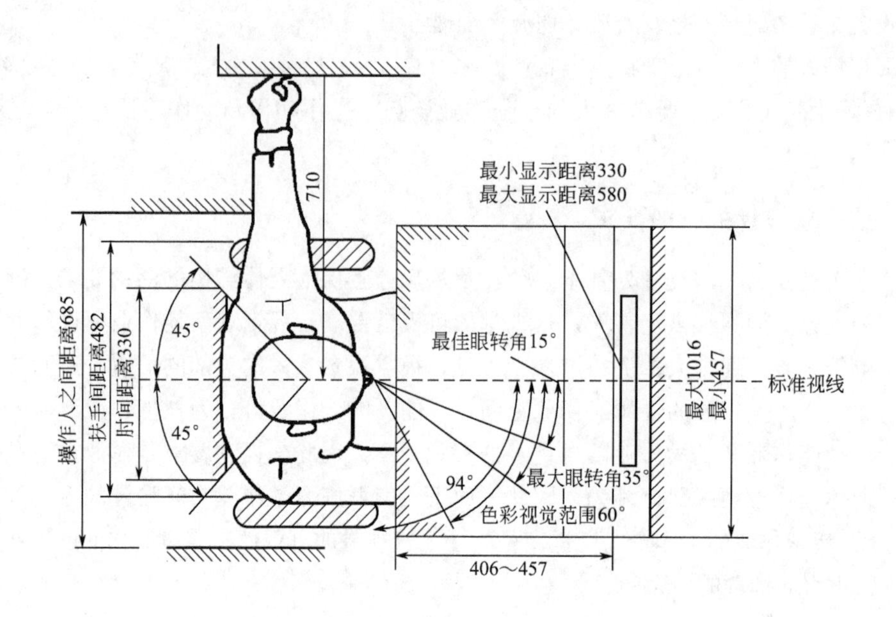

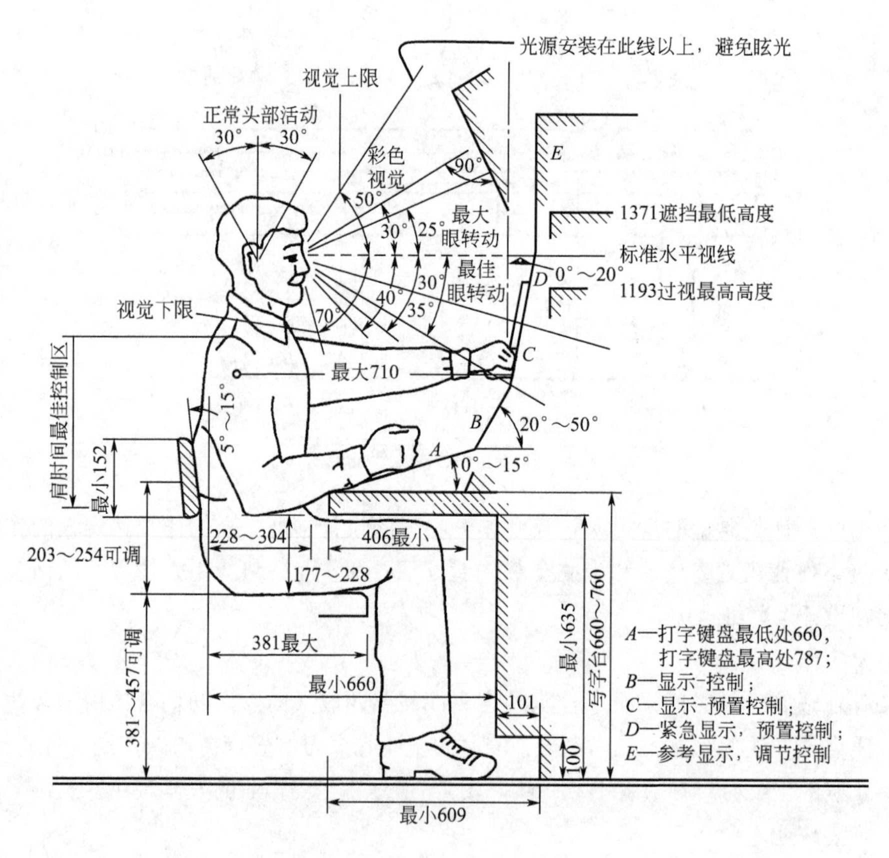

图2-6　坐姿作业的人体尺寸参数

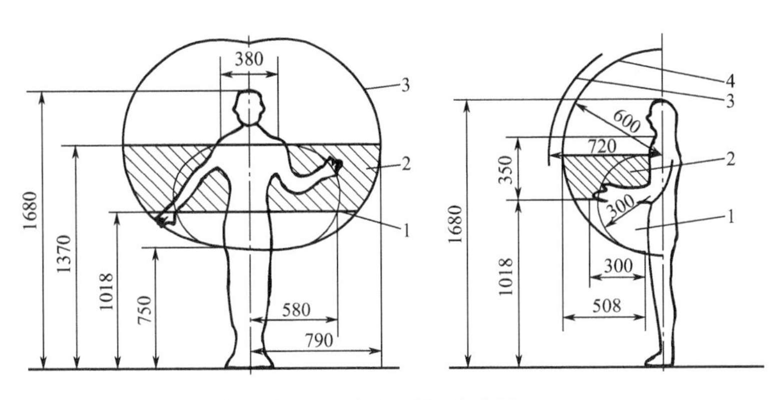

图2-7　立姿手部操作范围

1—最有利的抓握范围；2—手操作的最适宜范围；3—手操作的最大范围；4—手可达的最大范围

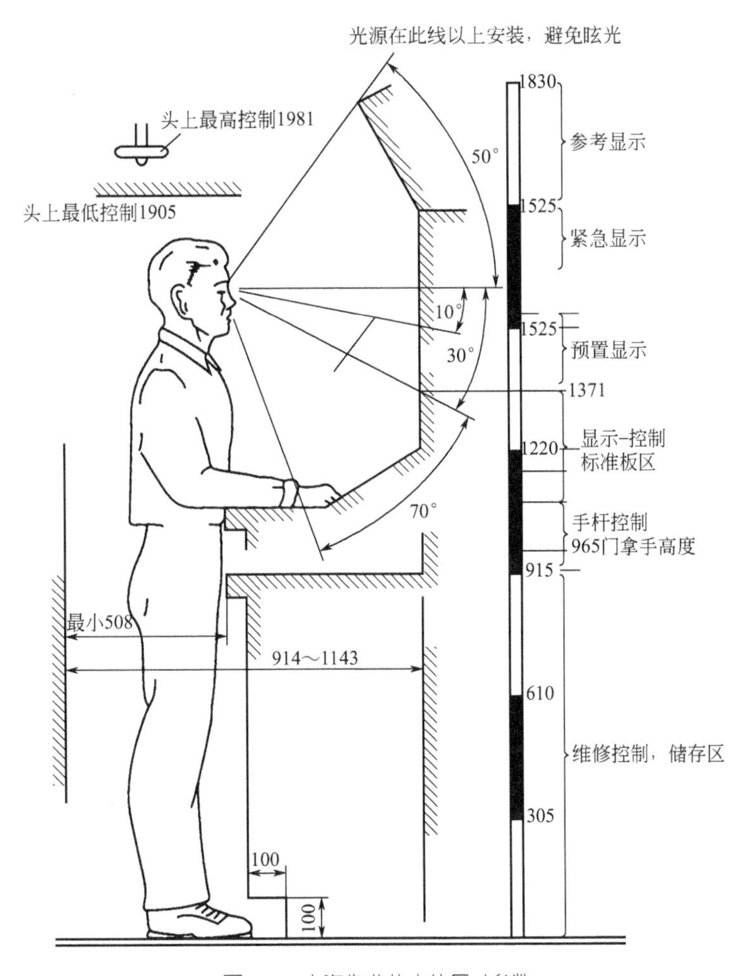

图2-8　立姿作业的人体尺寸参数

（3）坐立交替作业

坐立交替作业常用于同时要求坐和立两种作业姿势。例如，既要求坐姿的稳定体位以提高操作的精确度，又要求体位易于改变的作业方式。坐立交替的作业姿势有利于人的健康和减轻局部肌肉疲劳，是优先采用的作业姿势。图2-9所示为坐立交替作业空间的人体尺寸参数。

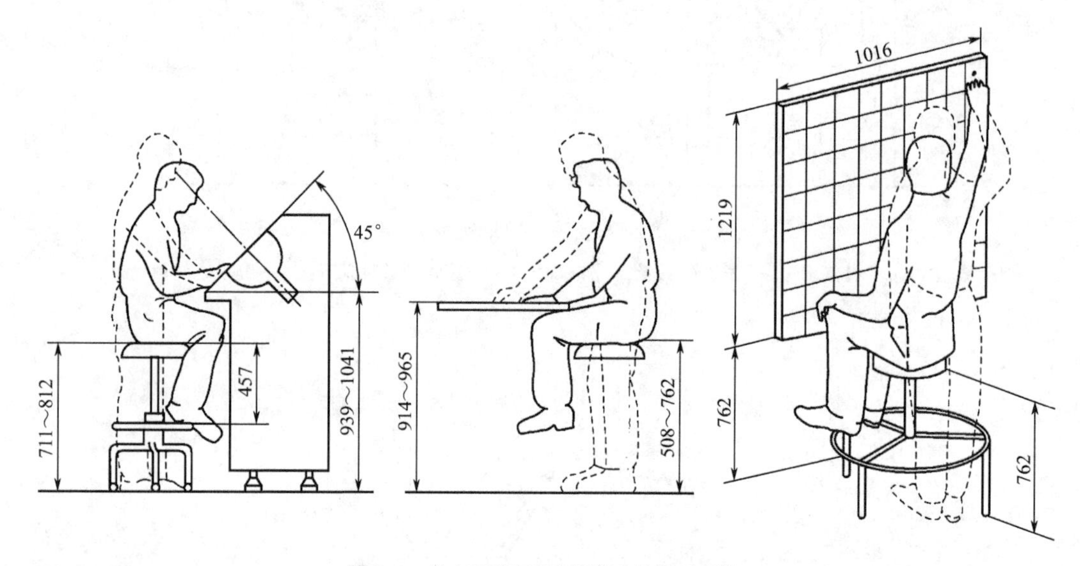

图2-9　坐立交替作业空间的人体尺寸参数

4.作业空间布置

作业空间是人在作业时所需的操作活动空间和机器设备、工具、被加工对象所占有的空间的总和。根据人的操作活动要求，对机器、设备、工具、被加工对象等进行合理的布局和安排，以达到操作安全可靠、舒适方便、提高工作效率的目的，简单说就是在作业范围内各要素的空间布置问题。在对作业空间布置时主要注意以下几个方面。

（1）按操作重要性原则布置

按照操纵装置、显示器对实现系统目标的重要程度，即使使用频率不高，也要将其中最重要的布置在离操作者最近或最方便的位置。这样可以防止或减少因误操作引起的意外事故或伤害。

（2）按使用顺序原则布置

按照人机系统操作使用顺序，有规则地布置操纵装置、显示器的位置。这样可以缩短操作距离，节省操作时间，提高工作效率。

（3）按使用频率原则布置

按照使用频率的梯次，将使用频率最高的布置在离操作者最近的位置，这样可以使操作者方便迅速地操作，减轻疲劳程度。

（4）按使用功能原则布置

按照操纵装置与显示器的相关功能关系布置，将其对应组合，这样符合人们的习惯，便于记忆管理。

在实践中，至于按上述哪种原则布置，还应该根据具体情况决定。一般是以其中一个原则为主，适当照顾其他原则。实验表明，在以上四项原则都可以使用的条件下，按使用顺序原则布置，操作时间最短。

上述布置原则从空间位置上讨论了作业场所的布置问题。对于包含显示与控制的个体作业空间，还可以从以下的顺序考虑布置的问题，以做出合适的折中。

第一位：主显示器。

第二位：与主显示器相关的主控制器。

第三位：控制与显示的关联（使控制器靠近相关显示器，运动相关性关系等）。

第四位：按顺序使用的元件。

第五位：使用频繁的元件应处于便于观察、操作的位置。

第六位：与本系统或其他系统的布局一致。

五、人的静态尺寸数据应用

1.确定设计产品的类型

在涉及人体尺寸的产品设计中，设定产品功能尺寸的主要依据是人体尺寸百分位数，而对其选用又与设计产品的类型密切相关。在GB/T 12985—91标准中，依据产品使用者人体尺寸的设计上限值（最大值）和下限值（最小值）对产品尺寸设计进行了分类，产品类型的名称及其定义如表2-7所示。凡涉及人体尺寸的产品设计，首先应按该分类方法确认所设计的对象是属于其中的哪一类型。

表2-7　产品尺寸设计分类

产品类型	产品类型定义	说　明
Ⅰ型产品尺寸设计	需要两个人体尺寸百分位数作为尺寸上限值和下限值的依据	又称双限值设计
Ⅱ型产品尺寸设计	只需要一个人体尺寸百分位数作为尺寸上限值或下限值的依据	又称单限值设计
ⅡA型产品尺寸设计	只需要一个人体尺寸百分位数作为尺寸上限值的依据	又称大尺寸设计
ⅡB型产品尺寸设计	只需要一个人体尺寸百分位数作为尺寸下限值的依据	又称小尺寸设计
Ⅲ型产品尺寸设计	只需要第50百分位数（P_{50}）作为产品尺寸设计的依据	又称平均尺寸设计

2.选择人体尺寸百分位数

表2-7中的产品尺寸设计类型，按产品的重要程度又可分为涉及人的健康、安全的产品和一般工业产品两个等级。在确认所设计的产品类型及其等级后，选择人体尺寸百分位数的依据是满足度。人因工程学设计中的满足度，是指设计产品在尺寸上能满足多少人使用，通常以合适使用的人数占使用者群体的百分比表示。产品尺寸设计的类型、等级、满意度与人体尺寸百分位数的关系见表2-8。

表2-8　人体尺寸百分位数的选择

产品类型	产品重要程度	百分位数的选择	满足度
Ⅰ型产品	涉及人的健康、安全的产品，一般工业产品	选用P_{99}和P_1作为尺寸上、下限值的依据 选用P_{95}和P_5作为尺寸上、下限值的依据	98% 90%
ⅡA型产品	涉及人的健康、安全的产品，一般工业产品	选用P_{99}和P_{95}作为尺寸上限值的依据 选用P_{90}作为尺寸上限值的依据	99%或95% 90%
ⅡB型产品	涉及人的健康、安全的产品，一般工业产品	选用P_1和P_5作为尺寸下限值的依据 选用P_{10}作为尺寸下限值的依据	99%或95% 90%
Ⅲ型产品	一般工业产品	选用P_{50}作为产品尺寸设计的依据	通用
成年男、女通用产品	一般工业产品	选用男性的P_{99}、P_{95}或P_{90}作为尺寸上限值的依据； 选用女性的P_1、P_5或P_{10}作为尺寸上限值的依据	通用

表2-8中给出的满足度指标是通常选用的指标，特殊要求的设计，其满足度指标可另行确定。设计者当然希望所设计的产品能满足特定使用者总体中所有的人使用，尽管这在技术上是可行的，但在经济上往往是不合理的。因此，满足度的确定应根据所设计产品使用者总体的人体尺寸差异性、制造该类产品技术上的可行性和经济上的合理性等因素进行综合优选。

还需说明的是，在设计时虽然确定了某一满足度指标，但用一种尺寸规格的产品却无法达到这一要求，在这种情况下，可考虑采用产品尺寸系列化和产品尺寸可调节性设计解决。

3.确定功能修正量

有关人体尺寸标准中所列的数据是在裸体或穿单薄内衣的条件下测得的，测量时不穿鞋或穿着纸拖鞋。而设计中所涉及的人体尺度应该是在穿衣服、穿鞋甚至戴帽的条件下的人体尺寸。因此，考虑有关人体尺寸时，必须给衣服、鞋、帽留下适当的余量，也就是在人体尺寸上增加适当的着装修正量。

其次，在人体测量时要求躯干为挺直姿势，而人在正常工作时，躯干则为自然放松姿势，为此应考虑由于姿势不同而引起的变化量。此外，还需考虑实现产品不同操作功能所需的修正量。所有这些修正量的总计为功能修正量。功能修正量随产品不同而异，通常为正值，但也有时可能为负值。

通常用实验方法去求得功能修正量，但也可以从统计数据中获得。对于着装和穿鞋修正量可参照表2-9所示的数据确定。对姿势修正量的常用数据是，立姿时的身高、眼高减10mm；坐姿时的坐高、眼高减44mm。考虑操作功能修正量时，应以上肢前展长为依据，而上肢前展长是后背至中指尖点的距离，因而对操作不同功能的控制器应作不同的修正，如对按压按钮开关可减12mm；对推滑板推钮、搬动搬钮开关则减25mm。

表2-9　正常人着装身材尺寸修正值（单位：mm）

项目	尺寸修正量	修正原因	项目	尺寸修正量	修正原因
站姿高	25 ~ 38	鞋高	两肘间宽	20	手臂弯曲时，肩肘部衣物压紧
坐姿高	3	裤厚	肩-肘	8	
站姿眼高	36	鞋高	臂-手	5	
坐姿眼高	3	裤厚	叉腰	8	
肩宽	13	衣	大腿厚	13	
胸宽	8	衣	膝宽	8	
胸厚	18	衣	膝高	33	
腹厚	23	衣	臀-膝	5	
站姿臀宽	13	衣	足宽	13 ~ 20	
坐姿臀宽	13	衣	足长	30 ~ 38	
肩高	10	衣（包括坐高3及肩宽7）	足后跟	25 ~ 38	

4. 确定心理修正量

为了克服人们心理上产生的“空间压抑感”、“高度恐惧感”等不适的心理感受，或者为了满足人们“求美”、“求奇”等心理需求，在产品最小功能尺寸上附加一项增量，称为心理修正量。心理修正量也是用实验方法求得的，一般是通过对测试者主观的评分结果进行统计、分析来求得。

5. 产品功能尺寸的设定

产品功能尺寸是指为确保实现产品某一功能而在设计时规定的产品尺寸。该尺寸通常是以设计界限值确定的人体尺寸为依据，再加上为确保产品某项功能实现所需要的修正量。产品功能尺寸有最小功能尺寸和最佳功能尺寸两种，具体设定公式如下：

最小功能尺寸=人体尺寸百分位数+功能修正量

最佳功能尺寸=人体尺寸百分位数+功能修正量+心理修正量

第二节　人的感知系统

一、人的感知系统概述

感知系统分为感觉系统和知觉系统。感觉是人脑对直接作用于感觉器官的客观事物个别属性的反映，是一种最简单而又最基本的心理过程，是人们了解外部世界的渠道，也是一切高级的、较复杂的心理活动的基础和前提，比如思维、情绪、意志等。

感觉还反映人体本身的活动状况，如感觉到自身的姿势和运动，感觉到内部器官的工作状况，如舒适、疼痛、饥饿等。

知觉是在人脑对直接作用于感觉器官的客观事物和主观状况整体的反映。人脑中产生的具体事物的印象是由各种感觉综合而成的；没有反映个别属性的感觉，也就不可能有反映事物整体的知觉。知觉是在感觉的基础上产生的，感觉到的事物个别属性越丰富、越精确，对事物的知觉也就越完整、越正确。

二、人的神经系统和神经传导

神经系统由中枢神经和周围神经组成，其组成情况如下：

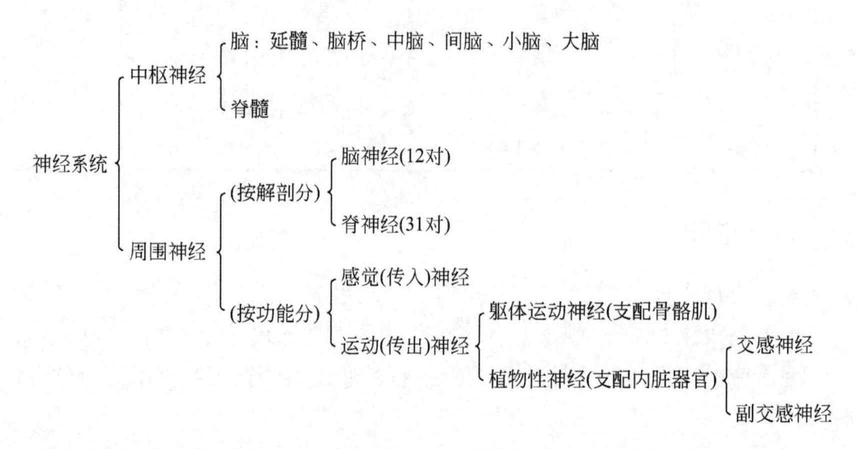

神经系统是机体的主导系统，全身各器官、系统均在神经系统的控制和调节下，互相影响，互相协调，保证机体的整体统一及其与外界环境的相对平衡。在此过程中，首先是借助于感受器接受体内外环境的各种信息，通过脑和脊髓各级中枢的整合，最后经周围神经控制和调节各系统活动，以使其适应多变的外环境，同时也调节着机体内部环境的平衡。

人的一切心理和意识活动也是通过神经系统的活动实现的，因此，神经系统也是心理现象的物质基础。

神经冲动的传导过程是电化学的过程，是在神经纤维上顺序发生的电化学变化。神经受到刺激时，细胞膜的透性发生急剧变化。用同位素标记的离子做试验证明，神经纤维在受到刺激（如电刺激）时，Na^+的流入量比未受刺激时增加20倍，同时K^+的流出量也增加9倍，所以神经冲动是伴随着Na^+大量流入和K^+的大量流出而发生的。

神经冲动的传导过程可概括如下：

① 刺激引起神经纤维膜透性发生变化，Na^+大量从膜外流入，从而引起膜电位的逆转，从原来的外正内负变为外负内正，这就是动作电位，动作电位的顺序传播即是神经冲动的传导。

② 纤维内的K^+向外渗出，从而使膜恢复了极化状态。

③ Na^+-K^+泵的主动运输使膜内的Na^+流出，使膜外的K^+流入，由于Na^+ ∶ K^+的主动运输量是3 ∶ 2，即流出的Na^+多，流入的K^+少，也由于膜内存在着不能渗出的有机物负离子，使膜的外正内负的静息电位和Na^+、K^+的正常分布得到恢复。

三、人的视觉系统

视觉是人与外界发生联系的最重要的感觉通道，人类常把眼睛比喻为心灵的窗户。据统计人对于外界的信息有80%以上是通过视觉获得的，所谓“眼见为实”。

1. 人的视觉机能

（1）视角与视距

视角是指由瞳孔中心到观察对象两端所张开的角度，如图2-10所示。视角的大小确定了被看物体的尺寸范围。视角大，看的范围广，反之亦然。视角的大小与观察距离与被看物体上下两端点的直线距离有关，可用下面公式表示：

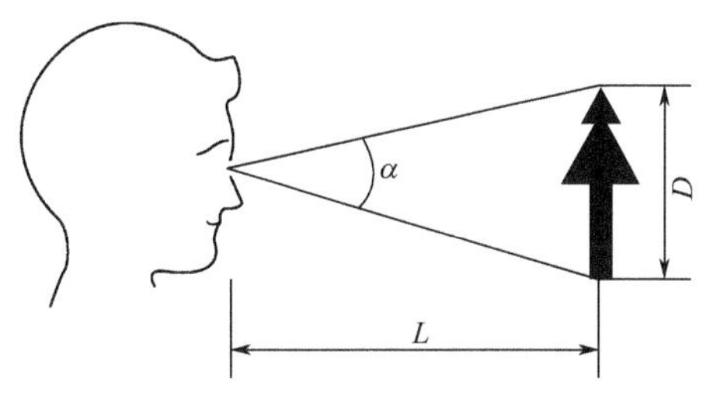

图2-10　视距与视角关系

$$\alpha = 2\arctan\frac{D}{2L}$$

式中，α为视角，用分（′）表示；D为被看物体上下两端的直线距离；L为眼睛到被看物体的距离。由上式可知，当角度（弧度值）比较小时，该角度的正切函数与角度（弧度）值近似相等，因此可以得出：

$$\frac{\alpha}{2} \approx \arctan\frac{D}{2L} = \frac{D}{2L}，即\alpha = \frac{D}{L}$$

将上面公式中的α弧度值换算成分（′），则可推导出：

$$D = \frac{\alpha}{3438}L$$

在工业设计中，视角是确定设计可视对象尺寸大小的依据。

眼睛能分辨被看物体最近两点的视角，称为临界视角。视力以临界视角的倒数来表示，表征眼睛分辨物体微观结构的能力。视力大小随年龄、观察对象的亮度、背景亮度以及两者之间的对比等条件变化而变化。

（2）视野及视线

视野，也称为视场，是指人的头部和眼球在规定的条件下，眼睛观看正前方物体时所能看得见的空间范围，通常以角度来表示。视野的大小和形状与视网膜上感觉细胞的分布有关。

视野又可细分为：直接视野、注视视野和观察视野三种。

直接视野，也叫静视野，指当头部与双眼静止不动时，人眼可观察到的水平面与铅垂面内所有的空间范围。

注视视野，也叫眼动视野，指头部保持不动，眼睛注视目标移动时，能一次注视到的水平面与铅垂面内的所有空间。

观察视野，指身体保持在固定位置，头部与眼睛转动注视目标时，能依次注视到的水平面与铅垂面内的所有空间。

图2-11～图2-13所示分别为直接、注视、观察三种视野在水平、铅垂两个方向上的最佳值。三种视野的最佳值之间有以下简单关系：

注视视野最佳值=直接视野最佳值+眼球可轻松偏转的角度（头部不动）

观察视野最佳值=注视视野最佳值+头部可轻松偏转的角度（躯干不动）

正常视线，头部和双眼都处于放松状态，头部与眼睛轴线的夹角为105° ～110° 时的视线，该视线在水平线以下25° ～ 35° ，如图2-14所示。

如图2-11 ～图2-13所示，水平视野最佳值都是左右对称的，但垂直视野最佳值对于水平线都不对称，其原因就是人的正常视线在水平线之下。

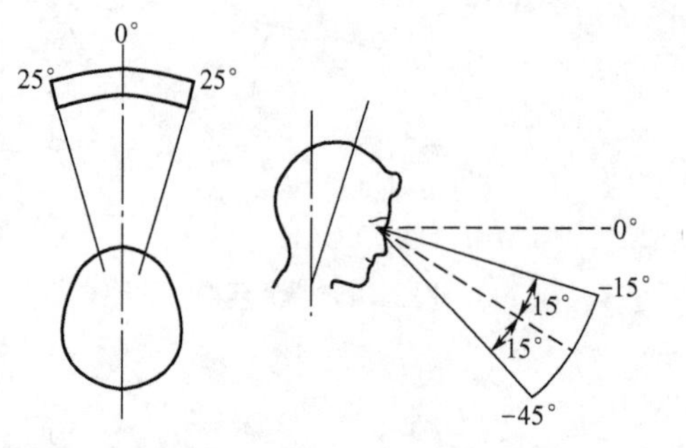

(a) 最佳水平直接视野(双眼)　(b) 最佳垂直直接视野

图2-11　最佳直接视野

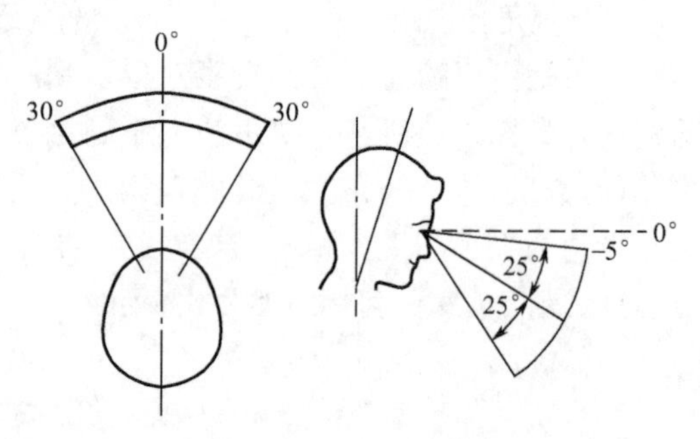

(a) 最佳水平注视视野(双眼)　(b) 最佳垂直注视视野

图2-12　最佳注视视野

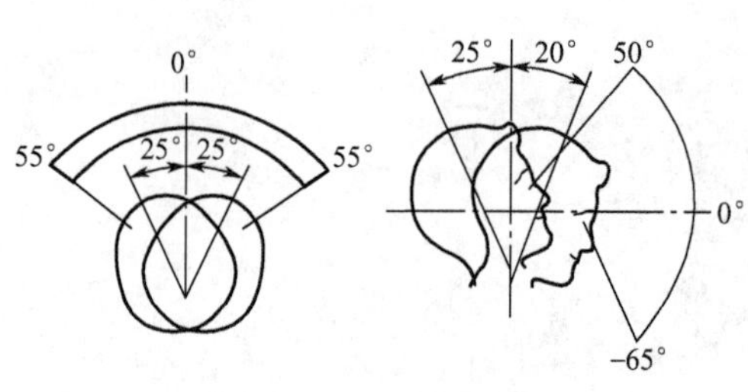

(a) 最佳水平观察视野(双眼)　(b) 最佳垂直观察视野

图2-13　最佳观察视野

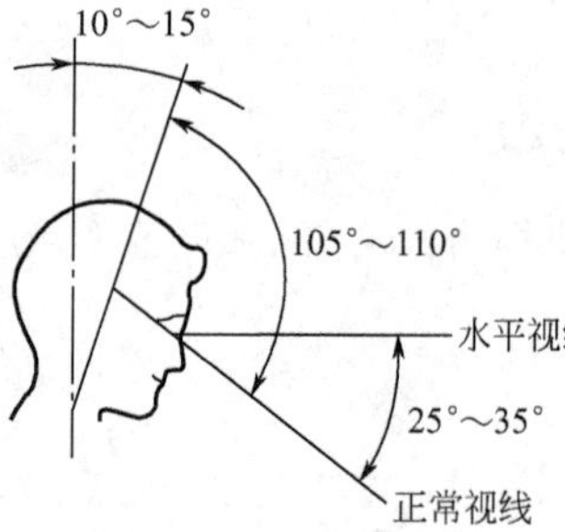

图2-14　正常视线

色觉视野，简称色视野。由于不同颜色对人眼的刺激有所不同，所以视野也不同。图2-15所示可以看出，白色视野最大，接着依次为黄色、蓝色，红色视野较小，绿色视野最小。在设计产品上的显示装置与操纵装置、社会设施和指示牌上的标识、符号等，在选择它们的颜色和位置时，均应考虑人的色视野因素。

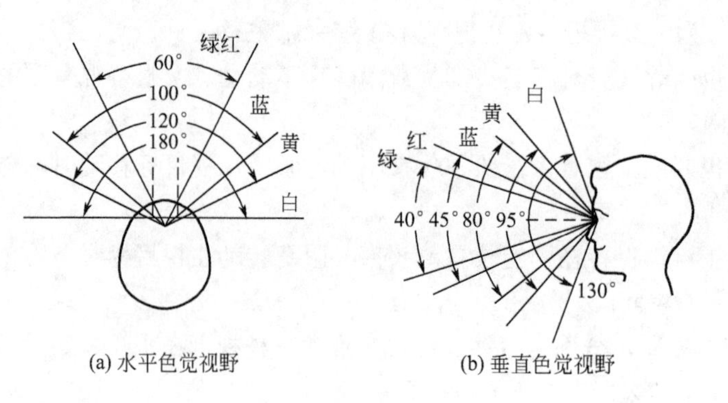

(a) 水平色觉视野　(b) 垂直色觉视野

图2-15　色觉视野

2. 常见的视觉现象

（1）暗适应和明适应

人眼的适应性分为暗适应和明适应两种。

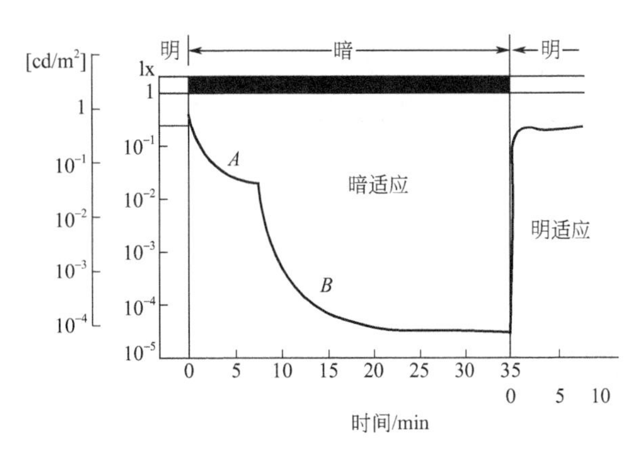

图2-16　明适应与暗适应曲线

暗适应是指人从光亮处进入黑暗处时，开始时一切都看不见，需要经过一定的时间以后才能逐渐看清被视物的轮廓。暗适应的过渡时间较长，约需要30min才能完全适应。暗适应开始时，瞳孔逐渐扩大，进光量增大，视杆细胞逐渐进入工作状态。明适应是指人从暗处进入亮处时，能够看清视物的适应时间，这个过渡时间很短，约需要1min，明适应过程即趋于完成。明适应开始时，瞳孔缩小，眼睛的进光量减少，同时视锥细胞迅速增多并投入工作，因此反应较快。暗适应与明适应曲线如图2-16所示，A段处于明适应主导阶段，*B*段处于暗适应主导阶段。

（2）视错觉

人观察外界事物所得印象与真实情况存在差异的现象称为视错觉。视错觉有形状错觉、色彩错觉和物体运动错觉三类。其中形状错觉又有（线段）长短错觉、大小错觉、对比错觉、方向方位错觉、分割错觉、透视错觉、变形错觉等。在设计中，有时需要避免视错觉的发生，有时又要利用视错觉来达到一定的目的。所以不论在产品设计、平面设计与环艺设计中都应予以重视。图2-17列举了一些视错觉的例子。

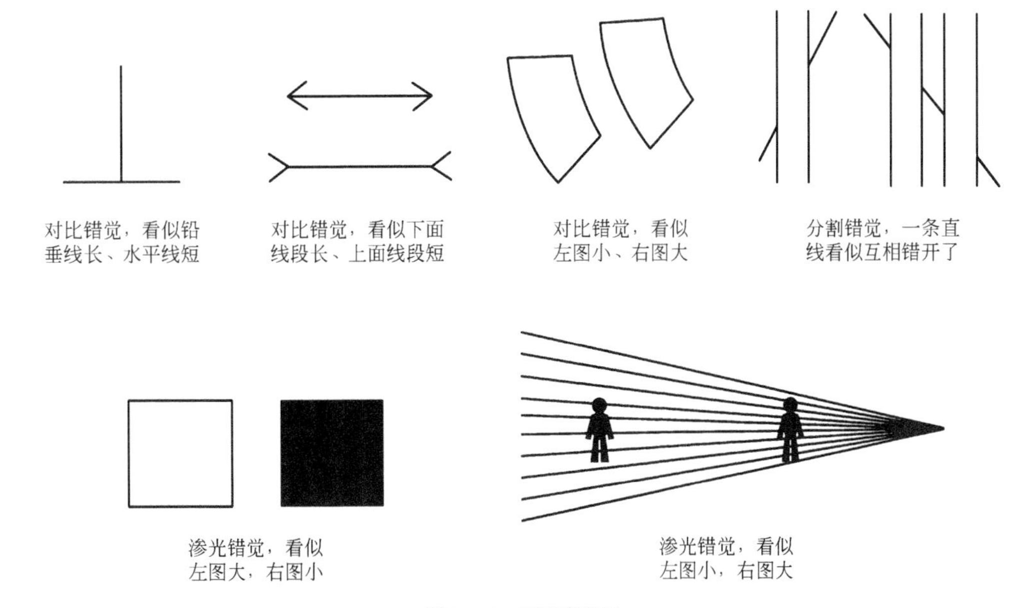

图2-17　视错觉现象

（3）视觉运动规律

视觉的运动规律又称作目光巡视特性，由于人眼在瞬时能看清的范围很小，人们观察事物多依赖目光的巡视，因此设计中必须考虑目光巡视特性。目光巡视特性主要有如下几种。

① 目光巡视的习惯方向为，水平方向：左→右；铅垂方向：上→下；旋转巡视时：顺时针。目光巡视运动是点点跳跃（如袋鼠）而非连续移动的。

② 视线水平方向的运动快于铅垂方向，而且不易感到疲劳；对水平方向上尺寸与比例的估测，比对铅垂方向的准确。

③ 两眼总是协调地同时注视一处，很难两眼分别看两处。只要不是遮挡一眼或故意闭住一眼，一般不可能一只眼睛看东西而另一只眼睛不看，所以设计中常取双眼视野为依据。

④ 当眼睛偏离视觉中心时，在偏离距离相等的情况下，人眼对左上限的观察最优，其次依次是右上限、左下限、右下限。视区内的仪表布置必须考虑到这一点。

四、人的听觉系统

听觉是仅次于视觉的重要感知途径，其独特的感知方式可弥补视觉通道的不足。

1.听觉的过程

人的听觉器官是耳。耳包括外耳、中耳和内耳三部分，如图2-18所示。

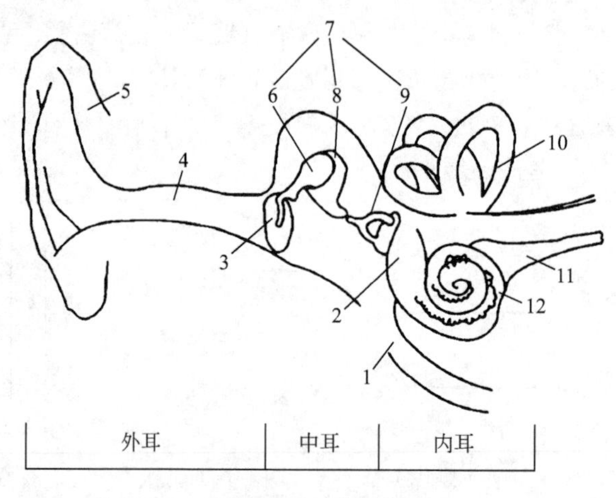

图2-18 人耳结构

1—欧氏管（咽鼓）；2—卵圆窗；3—鼓膜；4—外耳道；5—耳廓；6—锤骨；7—听小骨；8—砧骨；9—镫骨；10—半规管；11—听神经；12—耳蜗

外耳包括耳廓和外耳道，有保护耳孔、集声和传声的作用。

中耳包括鼓膜、鼓室以及连接鼓室与鼻咽腔的咽鼓管。鼓室内有三块听小骨，即锤骨、砧骨、镫骨，它们由关节连接成一个杠杆联动系统——听骨链。锤骨的长柄与鼓膜相连，镫骨底面附着在内耳耳蜗的卵圆窗上。中耳的鼓膜和听骨链是主要的传声装置。

内耳包括耳蜗、前庭和半规管。耳蜗是听觉感受器的所在部位，为螺旋状的骨性管，其中充满淋巴液。耳蜗内的基底膜上的柯蒂氏器含有感受声波刺激的毛细胞是听觉感受器。

在正常情况下，人耳的听觉过程有以下三个阶段。

第一阶段，将空气中的声波转变为机械振动。耳廓将收集到的外界声波，经外耳道传至鼓膜，引起鼓膜与之发生同步振动。

第二阶段，将机械振动转变为液体振动。鼓膜的振动推动中耳内起杠杆作用的听骨链，经放大后通过卵圆窗进入内耳，引起耳蜗内淋巴液的波动。

第三阶段，将液体波动转变为神经冲动。耳蜗内淋巴液的波动引起底膜的振动，从而使柯蒂氏器内所含的毛细胞收到刺激而发放神经冲动。冲动经耳蜗听神经最后传至大脑皮质听觉中枢，产生听觉。

2. 听觉的特性

（1）听觉范围

人的听觉能感受到的最弱的声音的界限值称为听阈（或闻阈）。使人耳产生难以忍受的刺痛感的高强度声音的界限值称为痛阈。听阈与痛阈之间是人的听觉正常感受范围，如图2-19所示。

人耳对声音频率变化的感觉符合指数递减规律，频率越高，频率的变化越不容易辨别。成年人能感受的声波频率一般在20～20000Hz，随着年龄增大，对高频声波感受能力下降，但对2000Hz以下声波变化不大。人们最敏感的频率范围是1000～3000Hz。

（2）方位辨别能力

听觉器官具有方位辨别能力，主要根据声信号到达两耳的强度差和时间差判别声源方向。其中对高频声信号根据强度差，对低频声信号则根据时间差来判断。声音的频率越高，声源的范围越容易辨别。右耳的方向敏感性与声音频率关系如图2-20所示。图中表明，200Hz的声音在听觉上几乎与方向无关，即对于200Hz的低频声音，一般人基本上不能分辨出声源方位，增加到500Hz、2500Hz方向性相当明显，而右耳对于5000Hz的声音方向敏感性尤为突出。

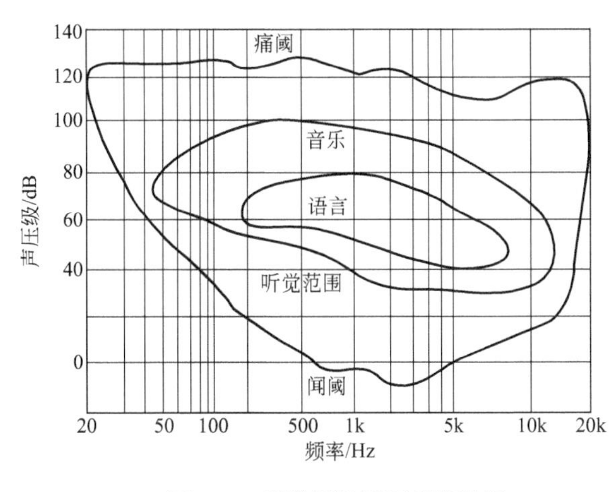

图2-19　听觉的频率和声压级范围

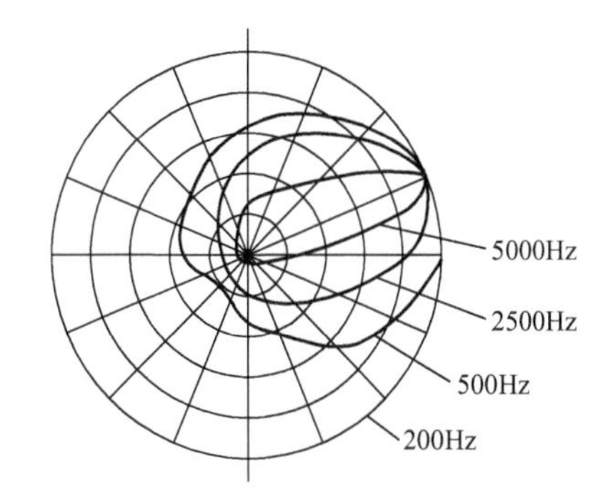

图2-20　右耳方向敏感性

（3）遮蔽效应

遮蔽效应是指由于干扰声的存在，使声信号清晰度阈限升高的现象。当两个声音同时出现时，听觉选择强大的一个；当两个声音的响度相同而频率不同时，听觉容易选择低频声

（低频声作用突出）。一般情况，噪声对语言掩蔽主要是语言声频范围。当噪声声压级超过语言10～15dB时，交谈困难；超过20～25dB时，基本无法交谈。遮蔽效应在遮蔽声消失后还会延续一段时间的现象称为听觉残留或残余遮蔽，这种现象会引起听觉疲劳。

（4）距离知觉

在自由声场中，距点声源的距离，每增加一倍和减少1/2时，声压级相应约减少和增加6dB，所以声觉器官可以通过声强的变化判断声源的距离。但在实际运用中，主观因素也占重要地位。

五、人的躯体感觉系统

躯体感觉包括触觉、痛觉和温度觉等。躯体感觉对人来说是至关重要的。我们可以看不清、听不见，但如果没有躯体的感受，就可能很难生存。假如人类没有触觉，将几乎不能吞咽食物。

1. 人的躯体感受器

躯体的感觉与视觉、听觉不一样，它一般没有像耳朵、眼睛这样特定的感受器，躯体感受器遍布全身。在人的身体表面，布满了对不同触觉刺激敏感的神经末梢，称为躯体感受器神经元，如图2-21所示。这些躯体感受神经元构成了躯体感受器。例如，触觉感受器在一定的刺激条件下能够辨别出某个物体正在接触人的皮肤，并能判断出物体接触皮肤的位置、物体的形状、大小和硬度。

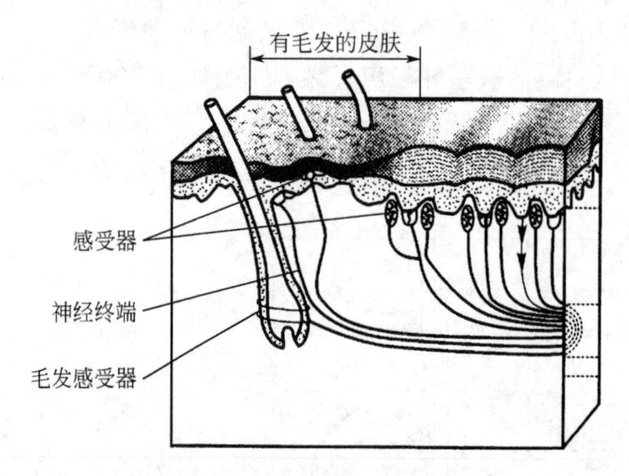

图2-21 躯体感受器神经元

2. 人的触觉

触觉是由机械刺激触及了皮肤的触觉感受器而引起的。机械压力最初使皮肤的某个区域变形，如果压力足够大，就会刺激到相应区域的触觉神经末梢，产生神经冲动。与视觉中的视野一样，这样的触觉也具有触觉神经的感受野。感受野中央位置的神经末梢密度最大，也最敏感。这样，通过感受野内神经刺激的强弱，就可以对触觉感受的位置定位。对于压力的大小，一般由多个神经元共同作用来进行综合比较和判断。

触觉在设计中一般运用在那些视觉和听觉负担过重的工作的设计中。触觉接收并对刺激做出反应的速度和听觉几乎是一样快的，而且在多数情况下比视觉更加迅速，在高噪声的区域或者视觉和听觉失效的时候（比如人缺氧初期），触觉警告信号具有很大的优势。

对于盲人来说，触觉具有十分重要的意义。盲人由于视觉上的缺失，在日常生活中带来了诸多不便，由此可以利用触觉来帮助盲人收集外界信息、与外界交流等。

3. 人的痛觉

痛觉比其他任何刺激更能引起人的行为反应。人的各个组织器官里，都具有可以感觉疼痛的神经末梢，在一定强度的刺激下，就会产生疼痛的感觉。疼痛对人具有生物保护意义，突然的疼痛对人意味着需要立即采取行动：回避刺激物或者是适应新的情况。虽然，很多时候疼痛总是伴随着人的其他刺激一起发生，但是在设计中，运用疼痛来传递信号的情况是比较少见的。

4. 人的温度觉

人的皮肤能够感受温度的变化。皮肤的温度大约是32℃或33℃，在这个温度下，人的皮肤是感觉不到温度的。人的皮肤能够适应16～40℃的温度，如图2-22所示。当低于这个温度时，人就会感觉冷，而高于这个温度时，人就会感觉热。

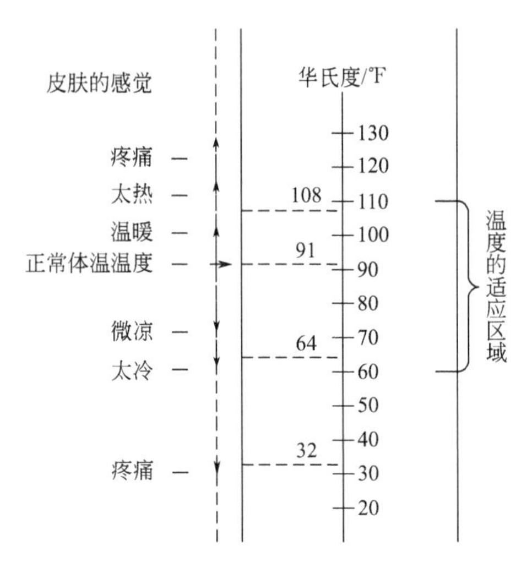

图2-22　皮肤对温度的反应

在进行设计的时候，要充分考虑人的温度觉问题。比如设计可能在冬季使用的产品时，应该设置一些保暖防寒设施，减少因为温度变化带来的不适。

六、人的味觉和嗅觉

人的味觉和嗅觉是主要的化学感觉。味觉和嗅觉都是在化学感受器（舌和鼻）觉察到特定的化学物质时产生的。通过这样的化学感受器，人可以了解到物质的性质。有研究表明，对于那些难闻的气味或者具有怪味的事物，一般都是对人体有害的。通常，味觉和嗅觉是联合起来作用的。例如，对食物香味的知觉依赖于味觉和嗅觉的交互作用。当感冒破坏了人的味觉时，自然就品尝不出食物的美味。

人有5种基本味觉：酸、甜、苦、辣、咸。事实上，它们都是心理知觉。这样的知觉和舌头上的化学物质存在对应关系。舌头上觉察化学物质的感受器是味蕾，如图2-23所示。人的鼻腔中的嗅觉感受器是嗅神经，人大约有五千万个气体感受器，如图2-24所示。

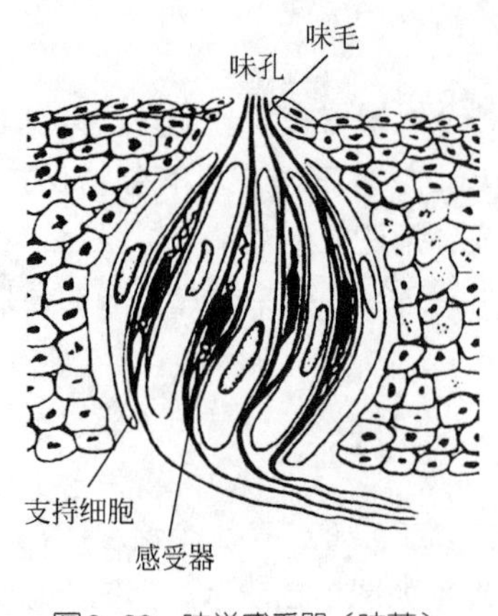

图2-23 味觉感受器（味蕾）

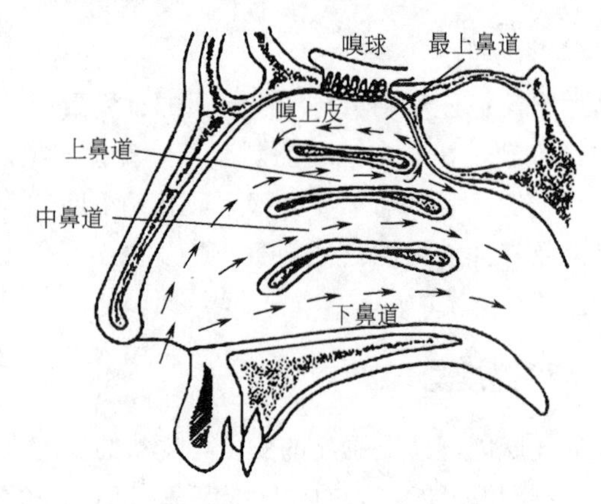

图2-24 嗅觉感受器

第三节 人的信息传递与处理

在日常工作和生活中，人们有目的地作业活动可分解为下述三个过程：第一是信息的接收过程，人通过感觉器官来获取外部信息；第二是对获取的信息进行加工处理的过程；第三是将加工处理的信息通过运动器官和相应器具传递到外部的信息传递过程。具体地说，人要进行一项作业，必须依赖于外界信息，即感觉器官接受外界条件（如声、光、温度等）刺激，这种刺激通过神经系统传至大脑，然后在大脑中进行分析、判断和决策，最后发出指令，通过输出神经纤维的神经末梢，传给运动器官，转化为人的作业活动。

一、信息量及信息通道

1. 信息量

信息是客观存在的一切事物通过物质载体所发出的消息、情报、指令、数据和信号中所包含的一切传递与交换的知识内容，是表现事物特征的一种普遍形式。人的大脑通过感觉器官直接或间接接受外界物质和事物发出的种种信息，从而识别物质和事物的存在、发展与变化。信息以“位”（bit）为基本单位，称为信息量。信息量的大小是由可供选择的刺激判断数和出现率决定的，它可以由下式求得：

$$H=-\sum_{i=1}^{n} p_i \lg p_i$$

式中，H表示信息量；n表示刺激判断数；p_i表示各刺激判断数的出现率。刺激判断数增大，信息量也随之增大。但出现率的偏差越大，则信息量越小。信息量越大，判断时间和反应时间越长。

2. 信息通道

不同类型的刺激（信息），首先要经相应的感受器来接收，并通过感受器的换能作用，把刺激能量转变为神经冲动，经感觉神经传到中枢神经，建立机体与内、外环境间的联系。所以把这些信息能通行的感觉器官叫做信息通道或感觉通道，如视觉通道、听觉通道等。所有感觉通道都有以下的共同特性。

① 一种通道只能接受某一种刺激（或说某一类信息），识别某一种特征，具有某种作用。比如，眼睛只接受外部光刺激（光信息），识别外部对象的颜色、形状和大小等特征，具有鉴别作用；耳只接受声刺激（声音信息），识别声音的特性，具有报警和联络的作用等。这种对应的刺激关系，称为适宜刺激。人的感觉通道的适宜刺激和识别外界的特征如表2-10所示。

表2-10　感觉通道适宜刺激和辨别特征

感觉类型	感觉器官	适宜刺激	刺激来源	识别外界的特征
视觉	眼	一定频率范围的电磁波	外部	形状、大小、位置、远近、色彩、明暗、运动方向等
听觉	耳	一定频率范围的声波	外部	声音的强弱和高低，声源的方向和远近等
嗅觉	鼻	挥发的和飞散的物质	外部	香气、臭气等
味觉	舌	被唾液溶解的物质	接触表面	酸、甜、苦、辣、咸等
皮肤觉	皮肤及皮下组织	物理和化学物质对皮肤的作用	直接和间接接触	触压觉、温度觉、痛觉等
深部感觉	肌体神经和关节	物质对肌体的作用	外部和内部	撞力、重力、姿势等
平衡感觉	耳内部神经器官	运动和位置变化	内部和外部	旋转运动、直线运动、摆动等

② 刺激本身要有一定的强度。如光刺激强度（亮度）很弱或没有（如黑暗的房间），眼睛就不能看清物体，没有分辨能力。发声要达到一定的响度时耳才能听到声音，否则将不起作用。但若刺激强度超过一定限度（最大阈值）时，不但无效，而且有害，如高强度的声音会导致耳聋，过冷、过热都会引起痛觉等。人体主要感觉通道的刺激强度范围如表2-11所示。

表2-11　人体主要感觉的感觉阈值

感觉	感觉阈值		感觉	感觉阈值	
	最低限	最高限		最低限	最高限
视觉	$(2.2\sim5.7)\times10^{-17}$J	$(2.2\sim5.7)\times10^{-8}$J	温度觉	6.28×10^{-9}kg·J/(m^2·s)	9.13×10^{-6}kg·J/(m^2·s)
听觉	1×10^{-12}J/m^2	1×10^{-2}J/m^2	味觉	4×10^{-7}(硫酸试剂摩尔浓度)	
触压觉	2.6×10^{-9}J		角加速度	2.1×10^{-3} rad/s^2	
振动觉	振幅 2.5×10^{-9}mm		直线加速度	减速时0.784 m/s^2	加速时49 ~ 78 m/s^2
嗅觉	2×10^{-7}kg/m^3				减速时29 ~ 44 m/s^2

③ 感觉器官经连续刺激一段时间后，会产生适应现象，即敏感性降低。例如，嗅觉经连

续刺激后不再发生兴奋作用，俗话说的“久闻不觉其臭”就是这个缘故，其他感觉器官都有不同程度的这种适应现象。

二、人的信息加工过程模型

感觉器官接受信息后，将其传递到大脑皮层进行加工和处理，这些活动受生理和心理活动状况的影响。从心理学角度来看，这种处理过程称为判断过程或决策过程。

在人和机器发生关系和相互作用的过程中，最本质的联系是信息交换。从人因工程学的观点出发，可以把人视为一个单通道的输送有限容量的信息处理系统来研究。该系统如图2-25所示为人类信息处理的模型。

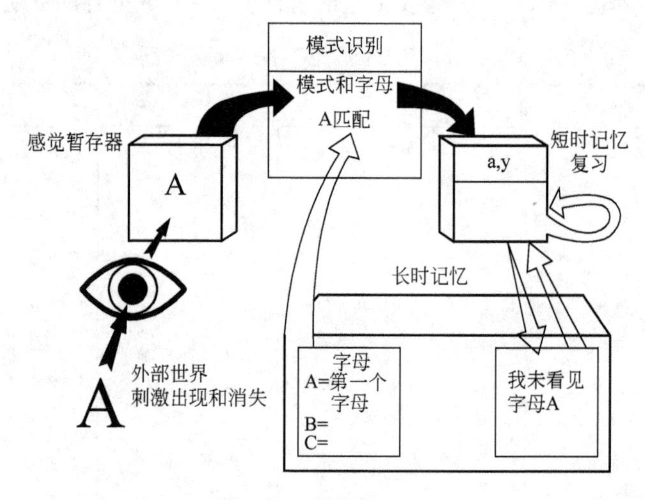

图2-25 信息处理模型

首先，信息加工随着刺激的呈现，来自系统以外的若干刺激被认识记下，即进入信息加工系统。因为信息是通过一种或几种感官进入系统的，并且以感觉的形式保持一个很短的时间，所以在这里叫做“感觉暂存器”。各种感官的信息在这里均可暂留一个很短的时间，但它停留的时间越长，其强度就越弱，直到最后完全消失。这种逐渐变弱的情况叫做“衰减”。

当信息在一个“感觉暂存器”中停留时，人们就把这个信息和以前获得的知识进行比较，当一个信息和某一个有意义的概念联系起来时，它就被认出来了，这就是所谓的模式识别。识别的一个重要标志就是交互名称。显然，当我们给这个刺激以“A”的名字时，就已经把这个视觉的信息和一个已知的概念（英文字母A）联系起来了。

模式识别后信息输入了这个系统，叫做信息储存“短时记忆”。这时，信息已经不再是原始的感觉形式。例如，信息就不再是没有认出的视觉刺激符号“A”的形式，而是英文字母“A”了。另外，在短时记忆中，所能储存的时间要比感觉暂存器长些。在感觉暂存器中，一个项目在1s之内就可以消失，但在短时记忆中，如果保持复习，可以无限地延长。如果不加复习，短时记忆中的信息也会消失。即使借助于复习，而能在短时记忆中同时储存的刺激数目也是有限的。

最后，从短时记忆输送的信息还可以更深入地投入系统，即永久储存系统，称为“长时记忆”。到这个时候，它所储存的信息，已经成为自觉的知识。

三、人接受信息的途径及其能力

1. 人体接受信息的途径

人们在日常工作和生活中，不断接受外界各种变化的信息，并根据这些信息自动调节自己的活动。人们操纵机器时，信息的交换是通过人机界面来实现的。具体地说，人们要进行操作行为，必须依赖于人体的感觉器官接受外界信息，即通过人机界面受到外界的刺激。感受器官在接受外界条件的刺激（如声、光、热等）刺激，这种刺激通过神经系统传至大脑，然后在大脑中进行分析、判断和决策，最后发出指令，通过输出神经纤维的神经末梢，传给运动器官，转化为人的作业活动。这就是人体处理信息的整个过程。这个“感觉→判断→行为”就构成了人体的信息处理系统，如图2-26所示。

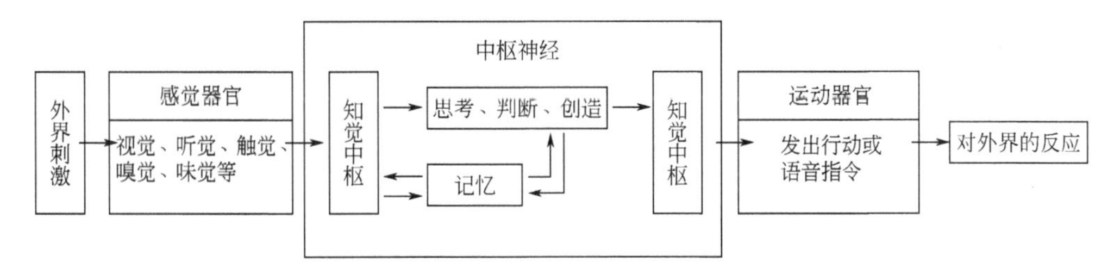

图2-26　人体的信息处理系统

人要正确地处理信息，首先要正确地接受来自人机界面的信息，然后通过人脑正确地分析、判断信息，最后通过人的行为正确地操纵机器，给机器正确的信息，也就是通过人机界面实现正确的信息交换，而不产生误判断和误操作。研究人体信息处理过程的目的是对影响信息处理的条件事先做好处理准备，减少误判断和误操作的机会，排除触发事故的因素，从而提高系统的可靠性和舒适感。具体地讲，就是如何设计各种向人显示信息的显示装置，使人清晰地得到信息，以及如何设计各种人给机器传送信息的操纵装置，使人操纵方便、省力、安全。

由图2-26可知，人接受外界刺激后，从分析、判断、加工信息到发出动作的一个循环，就是进行了一次信息处理操作。这种信息处理操作有时可能需要若干次循环才能达到准确控制。

2. 人体接受信息能力

一般来说，信息处理的核心在于判断。这就是说，一方面把通过知觉经过区别、识别或辨别的信息同记忆进行比较，一方面转化为指令，观察操作结果如何，再进行判断。可见，判断既是利用已有知识与经验的过程，也是累积和增加新的知识与经验的过程。但是，仅有知识和经验这个前提条件，并不能说就一定能正确地进行信息处理，还要受到人的生理和心理以及环境因素的限制或影响。

人的大脑的信息容量大得惊人，为$10^8\sim10^{11}$ bit，但大脑皮层只能处理感官接受的部分信息。从感官接受信息开始经中间加工到永久性记忆储存过程中，信息大量减少，真正作为记忆而永久存储的信息量仅有极少的一部分，如表2-12所示。

表2-12　不同处理阶段人的信息传递率

不同处理阶段	最大信息传递率/(bit/s)	不同处理阶段	最大信息传递率/(bit/s)
感官接受	10^9	意识（感知）	16
神经接触	3×10^6	永久储存	0 ~ 7

工作效率在很大程度上取决于人体接受信息的能力、速度和准确性，而这些又与感觉器官的机能状态有密切的联系。人具有多种感觉通道，每一种感觉通道传递信息的能力均有一定的限度。在工作中，又与各种条件的不断变化，使人的感觉能力受到一定影响。当这种变化超过一定限度时，人的感觉系统便会出现差错。感觉通道的物性比较如表2-13所示。

表2-13　感觉通道的物性比较

感觉通道	视觉	听觉	触觉	嗅觉	味觉			
					酸	甜	苦	咸
反应时间/s	0.188 ~ 0.206	0.115 ~ 0.182	0.200 ~ 0.370	0.117 ~ 0.201	0.536	0.446	1.082	0.308
刺激种类	光	声	冷、热、触、压	挥发性物质	物质刺激			
刺激情况	瞬间	瞬间	瞬间	一定时间	一定时间			
感知范围	有局限性	无局限性	无局限性	受风向影响	无局限性			
知觉难易	容易	最容易	稍困难	容易	困难			
作用	鉴别	报警、联络	报警	报警	报警			
实用性	大	大	不大	很小	很小			

四、影响人接受、处理的因素

一般来说，很多信息源无疑是可以被人直接感受的。但是，在很多情况下，人们对信息的接受能力将受到下列因素的影响。

1. 无关信息干扰

如果信息过多，会对想得到的信息产生干扰，很容易造成误判断。另外信号同时发生时，若二者的强度相近，则不易区别。

2. 信号维数量的影响

各种信号均以自己特有的性质作用于人的感觉器官，如声信号以它具有的频率、声强或声源方向等特性作用于听觉器官；视信号以形状、大小、亮度或颜色等特性作用于人的视觉器官。信号维量是指各个信号中包含的信号特性个数的量度，各种信号的每一特性为一个维量。一般来说，多维量信号的信息传递能力高于单维量的信号，但却小于组成该多维量信号的单一维量信号传递能力之和。

3. 分时影响

分时是指一个人同时或迅速交替做两种以上工作的现象。分时对信息传递能力有影响，特别是几个信号同时出现时，人们常常目不暇接，惊慌失措。因此，信号的输出最好有时间先后，或者事先提供暗示，并尽量减少需短时间记忆的事件。另外，尽可能利用两个或多个感觉通道去接受同一信息，以增加信息接收的机会。实践证明，双重信号显示的效果较好（如指示灯加铃声）。

4. 刺激

刺激-反应之间的一致性可以提高信息的传递率及其可靠性。刺激-反应一致性是刺激的反应在空间位置、运动方向和概念上分别或结合在一起，并与人的期望相一致的关系。例如，交通信号灯以绿色代表通行，红色代表停止；绿色代表安全，红色代表危险等与人的概念或习惯的适应。

5. 大脑意识水平

人体对信息的接受和处理直接受到大脑意识水平的支配。人的大脑意识水平可分为五个阶段，如表2-14所示。要使人头脑清醒、积极工作，必须使其意识水平处于Ⅳ阶段。应指出，大脑意识水平处于Ⅳ阶段的维持时间一般一次15 ～ 30min，一天总计也不超过2 ～ 3h。

表2-14　大脑意识水平的阶段

阶段	意识状态	主义的作用	生理状态	可靠度
Ⅰ	无意识、失神	0	睡眠、发呆	0
Ⅱ	正常以下、意识模糊不注意	不注意	疲劳、单调、睡眠、醉酒	0.9以下
Ⅲ	常态、松懈	消极的	安静起居、休息、正常作业	0.99 ～ 0.999 99
Ⅳ	常态、松懈	积极的	积极活动时	0.999 99以上
Ⅴ	超常态、过度紧张	凝视一点	精神兴奋时或恐惧时	0.9以下

习题与思考题

1. 试解释百分位数的意义是什么？
2. 什么是Ⅰ型产品、Ⅱ型产品和Ⅲ型产品？
3. 应如何设计公交车扶手的高度？怎样选择百分数才能符合“抓得住”与“不碰头”？
4. 视角与视距的关系与公式是什么？
5. 明适应与暗适应各是什么？
6. 人耳的听力范围是多少？听阈与痛阈各是什么？

3 Chapter

第三章 人因系统中的环境因素

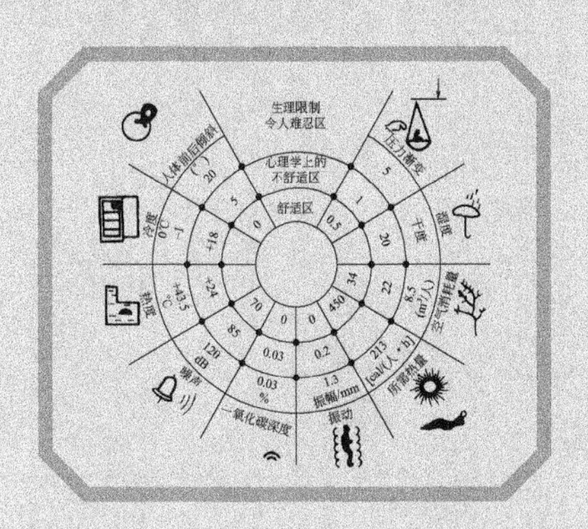

在人因系统中，环境因素应该作为一种主动的积极因素，而不是作为一种被动的干扰因素。环境与人、环境与机器、环境与整个系统之间，都存在着物质、能量和信息的流动，并通过信息传递、加工和控制，使人-机-环境有机地结合在一起。一个适宜的工作环境不仅可以最大限度地提高系统的综合效能，而且能够保持良好的工作情绪、减轻工作负荷，并保护劳动者的健康与安全。本章通过介绍人因系统中的四大环境因素，即微气候、光环境、声环境以及振动环境，揭示了人机设计的目的正是要创造舒适的生活环境以及良好、安全的作业环境。

学习目标

通过对本章的学习，使学生具有确定不同作业环境区域指标的能力；具有综合评价微气候环境条件的能力；具有进行作业场所环境照明设计的能力；具有分析环境噪声危害并制定相应治理措施的能力。

学习重点

1. 微气候的评价；
2. 光的度量及其评价；
3. 照明对作业的影响；
4. 噪声对人的影响与噪声防护；
5. 振动对人的影响与振动防护。

学习建议

本章难点为光环境和声环境的测量及其评价，其中涉及较多计算部分，学生在掌握有关概念的同时，应深刻了解各个测量值的含义，弄清各个指标之间的关系，注意对公式的灵活运用。

第一节　环境概述

人因系统是在特定环境中进行工作的，环境对人因系统的工作效能有很大影响，人因系统对环境也有具体要求。特别是作为系统主体的人，对工作环境的要求更为苛刻。为了保持系统的高效率、可靠性和持久性，单从不伤害人体的角度来设计环境是不够的，还必须考虑操作者工作的舒适性。

一、环境因素

对人体有影响的环境因素，大体上可分为以下五类，如表3-1所示。

表3-1　环境因素

因素	内容
物理环境	温度、湿度、压力、振动、噪声、照明、电磁辐射等
化学环境	有毒有害化学物等
生物环境	病毒和其他微生物等
生理环境	营养、疾病、药物等
心理环境	动机、恐惧感、工作负荷等

环境因素中有些因素存在着很明显的危险性，如有毒有害化学物、高温、高湿等；有些因素的作用则比较缓慢，如振动、噪声、电磁辐射等，但长时间在这种环境中工作，也可能对人和机器产生严重后果。

环境因素除对人产生影响外，对机器也有一定的影响，机器与环境之间的相互影响主要表现为以下两方面。

首先，机器对环境的影响主要是指机器工作过程中的废弃物（如废气、废液、废渣等）、振动、噪声等。为了减少环境污染，应采取合理的工艺流程，积极采取先进的技术措施，减少机器对环境的污染。其次，环境对机器的影响也是多因素的，如温度、湿度、腐蚀性气体和液体、易燃易爆物体、粉尘、振动和噪声等。为使机器能适应环境并可靠地工作，必须根据不同情况采取相应的防护措施。

另外，除了上诉讨论的环境因素外，还有一种对人的作业和行为产生影响的因素，就是人文社会环境因素。人是从属于社会的，文化社会对人的影响是巨大的，人文社会因素涉及很多领域，比如政治环境、社会环境、公司的组织环境、文化环境等。人文社会环境对人的影响比物理环境的影响要复杂得多，物理环境因素的影响一般是直接的，而人文社会因素的影响一般是间接的，它通过改变人的认识，进一步影响人的行为。

二、作业环境的区域划分

根据作业环境对人体的影响和人体对环境的适应程度，可以把人的作业环境分为四个区域。

① 最舒适区：各项指标最佳，使人在劳动过程中感到满意。

② 舒适区：在正常情况下这种环境使人能够接受，而且不会感到刺激和疲劳。

③ 不舒适区：作业环境的某种条件偏离了舒适指标的正常值，较长时间处于此种环境下，会使人疲劳或影响工效，因此，需要采取一定的保护措施，以保证正常工作。

④ 不能忍受区：若无相应的保护措施，在该环境下人将难以生存，为了能在该环境下工作，必须采取现代化技术手段（如密封），使人与有害的外界环境隔离开来。

创造一种令人舒适而又有利于工作的环境条件，必须了解各种环境因素应当保持在什么范围之内，才能使人感到舒适而工作效率又能达到最高。图3-1所示为根据作业环境分区原则提供了一个决定舒适程度的环境因素示意图，以直观的方式表示了不同舒适程度的范围。

图3-1中对冷度、热度、湿度、噪声、一氧化碳浓度、耗氧量等多种数据都给出了具体的舒适与不舒适的范围值。以噪声为例，当作业环境的噪声在70dB时，人处于舒适区，这时人并不会受到噪声的干扰；当作业环境的噪声达到85dB以上时，人处于心理学上的不舒适区，人会感觉到噪声的吵闹，心情会变得烦躁，但噪声对机体本身并没有生理上的影响；当噪声达到120dB以上时，人处于生理上的不可忍耐区，这时人会觉得耳鸣，甚至是产生头疼等生理病变。

图3-1 决定舒适程度的环境因素范围

操作者的作业空间、人因系统类型、操作者相互影响、系统的实现和操作方式、机器设备的布置等，无一不与作业的环境因素有关。环境因素对操作者的影响主要表现在三个方面：安全、效率和舒适。这三方面的不良影响又是相互关联的。例如安全状况不佳，可导致工作效率下降和不舒适感觉。

在生产实践中，由于技术、经济等各种原因，上述舒适的环境条件有时是难以充分保证的，于是就只能降低要求，创造一个允许环境，即要求环境条件保证在不危害人体健康和基本不影响工作效率的范围内。有时，由于事故、故障等原因，上述基本允许的环境条件也会难以充分保证，在这种情况下，必须保证人体不受伤害的最低限度的环境条件，创造一个安全的环境。

第二节　微气候

微气候又称热环境或作业环境的气象条件，是指作业环境局部的气温、湿度、气流以及作业场所的设备、产品和原料等的热辐射条件。

热环境直接影响操作者的作业能力、效率和舒适感，甚至会形成不安全状态。另外，热环境还会对生产设备产生不良影响。

一、微气候要素及其相互关系

影响热环境条件的主要因素有：空气温度、空气湿度、空气流速和热辐射。这四个要素对人体的热平衡都会产生影响，且各要素对机体的影响是综合的。

1. 气温

气温取决于大气温度、太阳辐射和作业场所的热源（冶炼炉、化学反应锅、被加热的物体、机器运转发热和人体散热等）。热源通过传导、对流使作业环境中的空气加热，并通过辐射加热四周物体，形成第二热源，扩大了直接加热的空气面积，使气温升高。舒适温度一般处于（21±3）℃范围内，某些劳动条件下的舒适温度指标有所不同，如表3-2所示，生活中的最佳气温如表3-3所示。

表3-2　劳动条件下的舒适温度

劳动条件	舒适温度/℃
坐姿脑力劳动（办公室、调度室、计算机室等）	10 ~ 24
坐姿轻体力劳动（操纵台、仪表安装等）	10 ~ 23
立姿轻体力劳动（检查仪表、车工等）	17 ~ 22
立姿重体力劳动（木工、沉重零件安装等）	15 ~ 21

表3-3　生活最佳气温

场所	最佳气温/℃	场所	最佳气温/℃
休闲处	16 ~ 20	散步	10 ~ 15
餐厅	16 ~ 20	浴室厕所	18 ~ 20
卧室	12 ~ 14		

2. 气湿

气湿以空气的相对湿度表示，相对湿度在80%以上称为高气湿，低于30%称为低气湿。高气湿时人的皮肤将感到不适，低气湿时人感到口干。当无风时，环境温度为16～18℃，湿度以45%～60%为宜。

3. 气流

气流受外界风力和作业场所的热源影响。因为气流是在温度差形成的热压力作用下产生的，所以室内外温差愈大，产生的气流愈大。在舒适温度范围内，人感到空气新鲜的平均气流速度为0.15m/s。舒适的气流与场所的用途和室温有关，不同季节舒适气流及温湿度如表3-4所示。

表3-4 冬季和夏季舒适气流及舒适温湿度

季节	舒适气流、舒适温度、舒适气湿
冬季	0.2～0.4m/s、(18±3)℃、40%～60%
夏季	0.4～0.5m/s、(21±3)℃、45%～65%

4. 热辐射

热辐射是指物体在热力学温度大于0K时的辐射能量。太阳及作业场所中的各热源，如熔炉、开放火焰、熔化的金属、被加热的材料等热源均能产生大量的热辐射。当周围物体表面温度高于人体表面温度时，周围物体向人体辐射热而使人体受热，称为正辐射。相反，人体表面辐射散热称为负辐射，有利于人体散热，在防暑降温上有一定意义。

在热环境中，作业场所中各种热源放出的热辐射，除直接作用于人体外，还可使周围物体温度升高，并以辐射、对流的形式再作用于人体，因此，热辐射亦是热环境中作用于人体的主要因素之一。

二、人体的热交换与平衡

人体所受热源，一种是机体的代谢产热；另一种是外界环境热量作用于机体。机体通过对流、传导、辐射、蒸发等途径与外界环境进行热交换，以保持机体的热平衡。机体与周围环境的热交换可用下式表示：

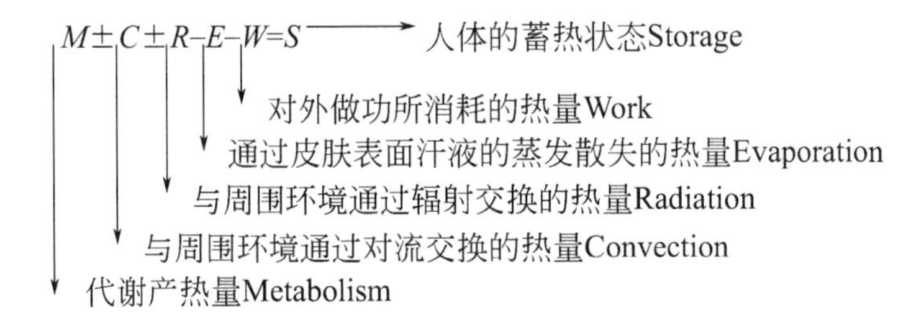

式中，当S=0时，人体处于动态热平衡状态；当S>0时，产热多于散热，人体体温升高；当S<0时，散热多于产热，人体体温下降。图3-2所示为人体热平衡状态图。

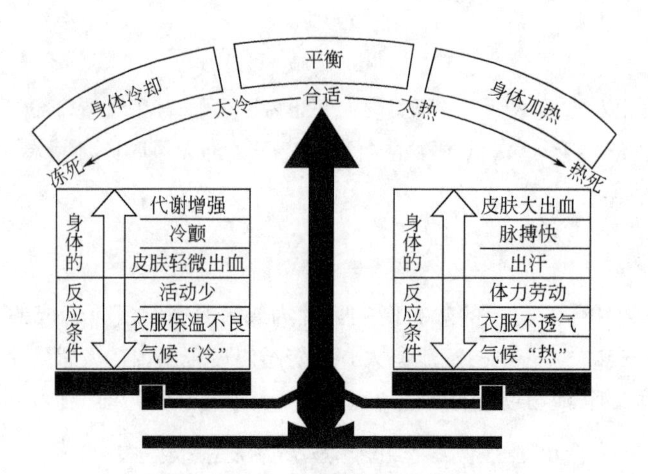

图3-2　人体热平衡状态图

人体的热平衡并不是一个简单的物理过程，而是在神经系统调节下的非常复杂的过程。所以，周围微气候各要素虽然经常在变化，而人体的体温仍能保持稳定。只有当外界微气候要素发生剧烈变化时，才会对机体产生不良影响。

三、微气候对人的影响

1. 过冷、过热环境对人体的影响

人体耐低温能力比耐高温能力强。当深部体温降至27℃时，经过抢救还可存活；而当深部体温高到42℃时，则往往引起死亡。

（1）低温冻伤

与人在低温环境中的暴露时间有关，温度越低，形成冻伤所需的时间越短。人体易于发生冻伤的部位是手、足、鼻尖和耳廓等部位。

（2）低温的全身性影响

深部体温降低引起低温症状，如呼吸和心率加快、颤抖、定向障碍、意识模糊等。

（3）高温烫伤

高温使皮肤温度达41～44℃时即会感到灼痛，若高温继续上升，则皮肤基础组织便会受到伤害。

（4）全身性高温反应

当局部体温到达38℃，会产生不舒适感。人在体力劳动时主诉可耐受的深部体温为38.5～38.8℃，高温极端不舒适反应的深部体温临界值为39.1～39.4℃。

2. 热环境对工作的影响

热环境对脑力劳动的影响主要表现在工作效率和相对差错次数两方面，如图3-3所示。对体力劳动的影响主要表现在生产率和事故发生率两方面，如图3-4所示。

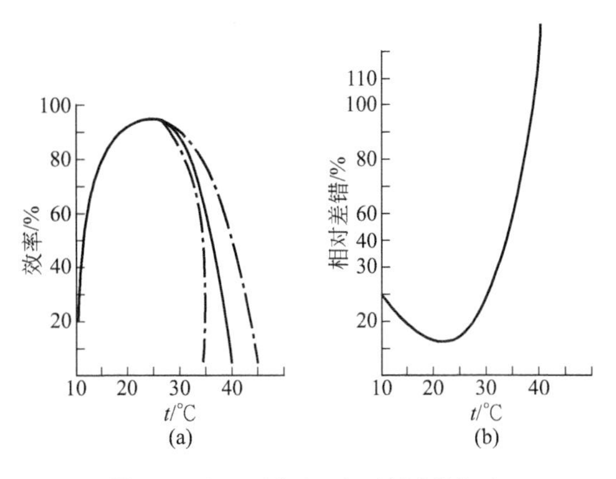

图3-3 气温对效率和相对差错的影响

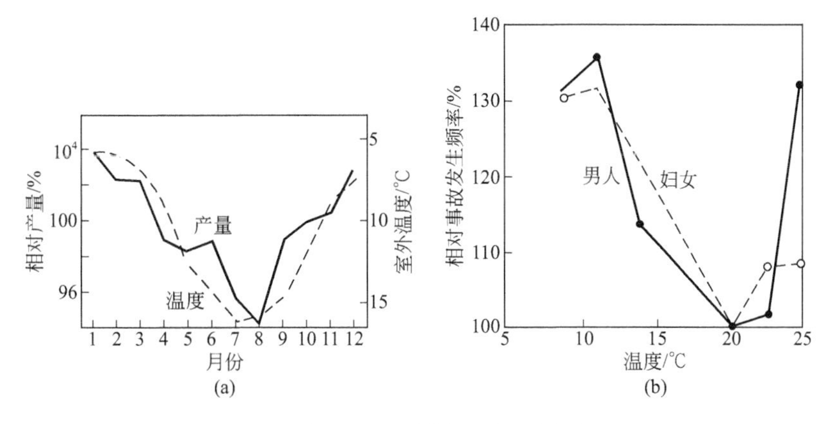

图3-4 温度对生产率和事故发生率的影响

工作时的温度最好在15.5～27℃。在作业环境中，随着气温的增高，人的工作效率明显降低。当温度在17～23℃时，事故发生的频率低，在这范围以下，事故频率增加；在这范围以上，事故频率明显增加。当手部皮肤温度降至15.5℃以下时，手的柔性和操作灵活性会急剧下降，因此，低温环境对工作效率和安全性产生不利的影响，当环境温度为7℃时，手工作业的效率仅为最舒适温度时的80%。

3.热环境对材料和设备的影响

材料具有热胀冷缩的性质。各种不同材料其线性膨胀系数是不一样的，塑料的线性膨胀系数大于金属。安装在环境温度变化较大场所中的机器、仪器和仪表，以及造型装饰用的塑料元件，只有考虑其膨胀的物理效应，才能保证正常工作。

高温不仅引起材料的尺寸、形状变化，而且其内部分子结构改变，使材料改变性能。有些金属材料由于受热会产生局部应力。特别是某些装配的组件，由于膨胀或收缩，使其内部应力进行重新分配，严重时由于变形产生卡死现象或破裂而发生事故。有些金属材料在低温时变脆，容易破裂。

另外，所有金属材料在常温下会缓慢地氧化和腐蚀，这种现象在有水分存在的条件下会加剧。因此，在湿度大的空气中，金属更容易氧化，从而增加腐蚀的可能性。若在干燥高温的环境或是采取了抗腐蚀措施的合理设计，可减少或避免腐蚀现象。金属氧化后表面形成氧化膜，失去光泽，表面暗淡，对造型上的装饰物不利。金属腐蚀后，还有可能成为事故隐患。相对湿度越高，腐蚀率越大。

四、微气候的综合评价指标

国家质量监督检验检疫总局于2003年2月批准了GB/T 18977—2003，即《热环境人类工效学使用主观判定量表评价热环境的影响》，明确了对热环境的主观评价方法。在工程实践中，经常还要对热环境进行客观评价，这时就要对热环境参数进行测定并计算，将计算结果与国家标准进行对比，以此评定热环境的舒适性，为设计提供更加合理的设计依据。

可适合于现场的综合评价指标目前已有不下20余种，最常用的有如下3种。

1. 有效温度 E_t

有效温度表示人在不同的空气温度、湿度和气流速度的作用下所产生的湿热主观感受指标。德国人因工程学即采用此指标。根据干球温度、湿球温度和风速即可从列线图上查出有效温度。由于有效温度不包括热辐射这一重要因素，在有热辐射的场所，可将黑球温度计测得的温度带入列线图的干球温度，此时所测得的有效温度称为修正有效温度CEF。图3-5所示的阴影区域即为舒适区的有效温度。

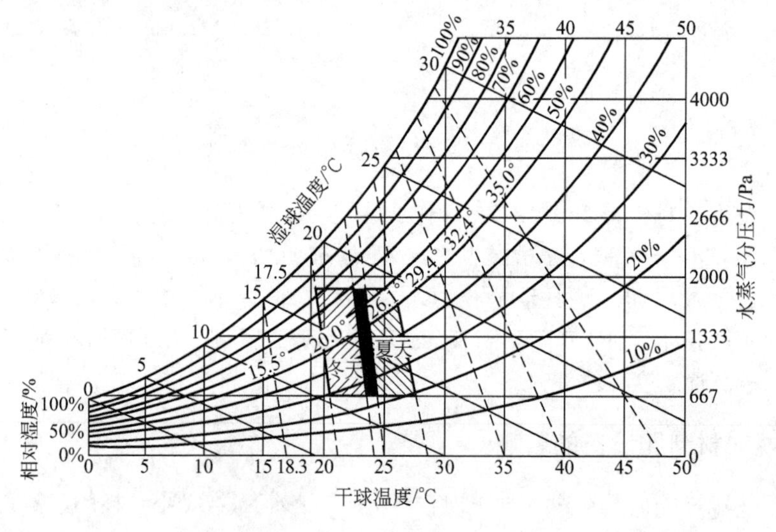

图3-5 常用的有效温度列线图

2. 计算温度 t_0

计算温度是把气温、风速和热辐射三个因素综合在一起来衡量环境气象条件对机体热平衡的影响。经过修正后所采用的计算公式为：

$$t_0=\left(h_c t_a+h_r t_r\right)/\left(h_c+h_r\right)$$

式中，h_c为对流热交换量系数，W/（m^2·℃）；t_a为空气温度，℃；t_r为热辐射温度，℃；

h_r为辐射的线性系数，W/（m^2 · ℃）。

计算h_c时考虑了风速和代谢产热量，计算h_r时考虑了服装的隔热值和工作姿势。由于计算t_0时考虑了气温、对流、热辐射交换量、服装、姿势和代谢量，因此能够全面反映热环境对人体的作用，现已被ISO推荐为常用热环境综合评价指标。

3. 有效热紧张指数EHSI

有效热紧张指数是根据机体在高温环境下必须蒸发散热量E_{req}和最大可能蒸发散热量E_{max}二者之间关系求出。当$E_{req}<E_{max}$时，E_{req}/E_{max}之比率越高，表明热紧张程度越高，反之亦然；当$E_{req}>E_{max}$，这时热在体内过量蓄积，必须对接触时间做出限制，计算允许暴露时间AET。

$$E_{req}=M+C+R$$

式中，M为代谢产热量，W/m^2；C为对流交换热量W/m^2；R为辐射交换热量，W/m^2。

$$E_{max}=\left(P_{sk}-P_a\right)/R_e$$

式中，P_{sk}为均皮肤温度下的饱和水蒸气分压，kPa；P_a为一定温度下空气中水蒸气分压，kPa；R_e为空气和衣服界面的总蒸发阻力，m^2 · kPa/W。

必需蒸发率E_{req}与最大可能蒸发率E_{max}之比称为必需皮肤湿润度W_{req}。在热环境下，通过出汗蒸发散热，使机体皮肤达到最大可能的湿润程度，称为机体最大湿润度W_{max1}。若$W_{req}<W_{max1}$，则体温上能维持稳定状态，但代谢热从深部组织向体表热传导已处于不良状态，记为W_{max2}。若$W_{req}\leqslant W_{max2}$，则不需要对热暴露时间加以限制。若$W_{req}>W_{max2}$，则必须对暴露时间加以限制，计算允许暴露时间AET。W_{max2}的阈限值对未习服工人为0.5，习服者为0.85。ISOTC-159技术委员会已将EHSI列为估计热应激的一个指标。

第三节　光环境

室内光环境可分为天然采光和人工照明。利用自然界的天然光源形成作业场所光环境的叫天然采光，简称采光；利用人工制造的光源构成作业场所光环境的称为人工照明，简称照明。

照明是视觉感知的必要条件。人们与自然界接触中，约有80%以上的信息是通过视觉获得的。照明的目的主要有两方面，一是以功能为主的明视照明，二是以舒适感为主的气氛照明。照明条件的好坏直接影响视觉获得信息的效率与质量。照明对工作效率、工作质量、安全及人的舒适、视力和身体健康有着重要关系。工作精度越高，机械化自动化程度越高，对照明也相应提出了更高更科学的要求。

一、光的物理性质及度量

1. 光的物理性质

光的物理性质由其波长和能量决定。波长决定光的颜色，能量决定光的强度。在电磁波辐射范围内，只有波长为380～780nm的辐射能引起人们的视感觉，这段光波叫做可见光。

在这段可见光谱内，不同波长的辐射会引起人们的不同色彩感觉。不同颜色的光波，在能量相当的情况下眼睛感受的刺激程度不一样。在能量不同的各种颜色的灯光照射下，人眼感觉到的亮度不同，比如人们感觉红色比深蓝色亮。

视觉是可见光进入眼睛引起的一种感觉。获得信息的效率和质量与眼睛的视觉特性、照明条件以及视觉舒适感有关。眼睛的生理特性决定了它的明暗视觉和视觉效能。影响视觉舒适感和引起视觉疲劳的主要因素有照度水平、照明均匀度、眩光和明暗视觉的变化等。

2. 光的度量

光的度量指标，主要包括光通量、光强、照度和亮度等。

（1）光通量

光通量是最基本的光度量。光通量是指光源在单位时间内所发生的光的能量的总和，也称之为光束（$\varPhi$）。光通量的单位是流明（lm，L），表示1烛光（每小时燃去7.776g烛所发出的光）的光源在单位立体内所发出的光通量（假设立体球半径为1m，球面积=$4\pi R^2$=12.56）流明。

光通量是按照国际照明委员会（CIE）规定的标准人眼视觉特性（光谱光效率函数）来评价的辐射通量，例如，一个200W的白炽灯比100W的白炽灯要亮得多，也就是发出的光通量多。

（2）光强

光强是发光强度的简称，表示光源在单位立体角内光通量的多少，也就是说光源向空间某一方向辐射的光通密度。符号用I表示，国际单位是Candela（坎德拉）简写cd。光强代表了光源在不同方向上的辐射能力。通俗地说发光强度就是光源所发出的光的强弱程度。光强度的定义式为：

$$I=\phi/\Omega$$

式中，I为光强度，cd；ϕ为光通量，lm；Ω为立体角，sr，球面度，一个球体为12.56个球面度。

（3）照度

照度（luminosity）指物体被照亮的程度，采用单位面积所接收的光通量来表示，单位为勒（克斯）lx，即lm/m^2。1勒（克斯）等于1流明（lm）的光通量均匀分布于1m^2面积上的光照度。照度是以垂直面所接收的光通量为标准，若倾斜照射则照度下降。

（4）亮度

亮度是指发光体（反光体）表面发光（反光）强弱的物理量。人眼从一个方向观察光源，在这个方向上的光强与人眼所“见到”的光源面积之比，定义为该光源单位的亮度，即单位投影面积上的发光强度。亮度用符号L表示，单位是坎德拉/平方米（cd/m^2）。

光源的明亮程度与发光体表面积有关系，同样光强的情况下，发光面积大则暗，反之则亮。亮度与发光面的方向也有关系，同一发光面在不同的方向上其亮度值也是不同的，通常是按垂直于视线的方向进行计量的。

当光照射到不发光的物体表面时，其中一部分被吸收，另一部分被反射。因此，对于不发光的物体而言，可以认为：亮度=照度×反射率。

二、照明对作业的影响

作业场所的合理采光与照明，可降低作业者的视觉疲劳，提高工作效率，减少差错率和事故发生率，如图3-6所示。

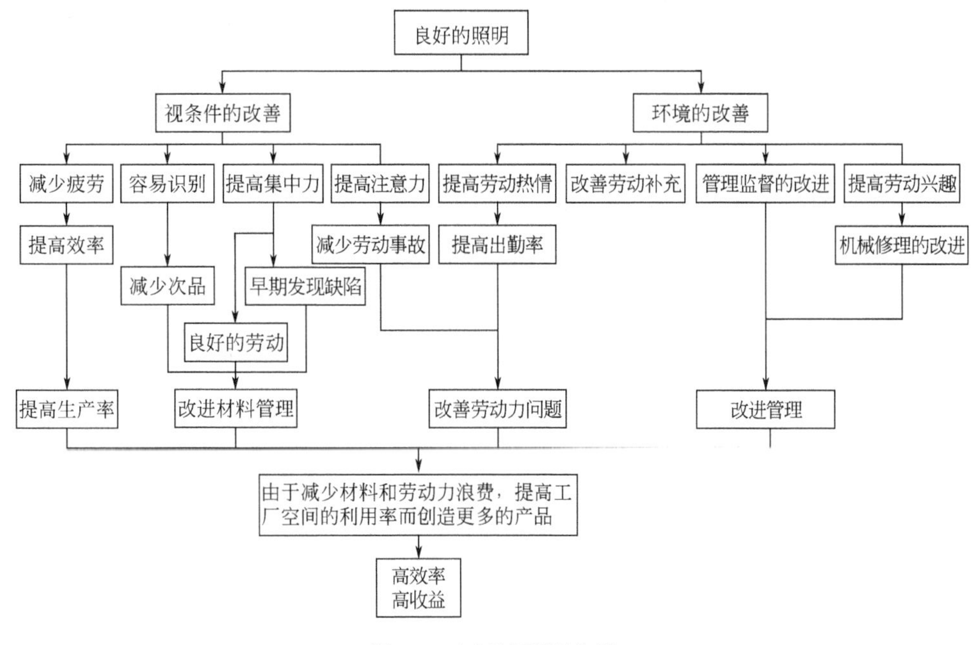

图3-6　良好光环境的作用

1. 照明对生产率的影响

光环境对工作效率的影响表现在能否使视觉系统功能得到充分发挥。良好的光环境主要是通过改善人的视觉条件（照明生理因素）和改善人的视觉环境（照明心理因素）来提高劳动生产率的目的。

人眼能适应10^{-3}～10^{5}lx的照度范围。人的活动、警觉和注意力可以通过提高照度而得到加强。实验表明，照度从10 lx增加到1000 lx时，视力可提高70%。视力不仅受注视目标亮度的影响，还与背景亮度有关。当背景亮度与目标亮度相等，或背景稍暗时，人的视力最好，反之则视力下降。在照明条件差的情况下，作业者长时间反复辨认目标，会引起眼睛疲劳，视力下降，严重时会导致全身性疲劳。

2. 照明对安全的影响

人在作业环境中进行生产活动，主要是通过视觉对外界的情况作出判断而行动的。若作业环境照明条件差，操作者就不能清晰地看到周围的物体和目标，容易接收错误的信息，从而在操作时产生差错而导致事故发生。

良好的光环境对降低事故发生率和保护工作人员的视力和安全有明显的效果，如图3-7所示。另外，由于设置和改善道路照明而减少夜间交通事故的效果也是明显的，一般能使交通事故减少20%～75%。

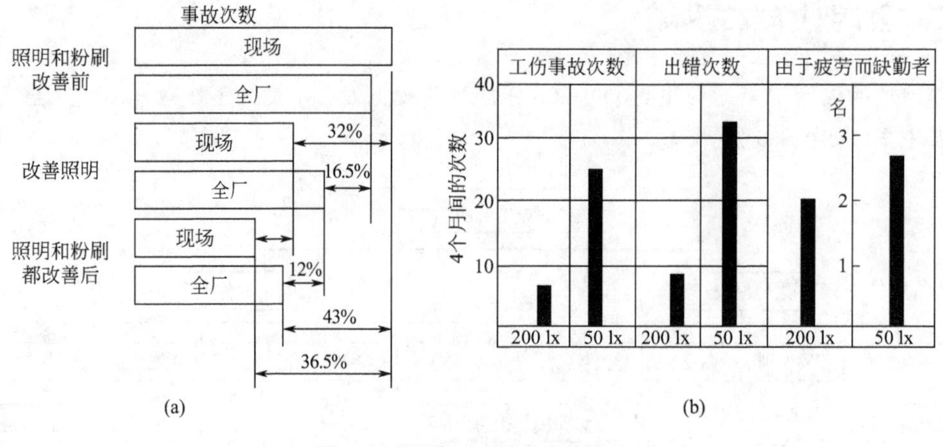

图3-7 照明与事故发生率的关系

三、工作场所照明

工作场所的照明设计可以参考相关的照明标准，如CIES008/E—2001。该标准是由CIE-TC 3-21和ISO-TC 159/SC5WG2联合起草编制的，以此标准代替原CIE 29-2—1986年的《室内照明指南》出版物。该标准不但关注照明数量，如照度指标，而且也同等重视照明质量指标，如规定了不舒适眩光和一般显色指数的限制。

工作场所的光环境要求做到视觉舒适，即工作者有良好的感受；视觉功效即工作者甚至在困难和长时间的工作条件下，能快速并且准确地完成其视觉工作；视觉安全即很快看出周围和危险的情况。要满足上述要求，要关注亮度分布、照度、眩光、光的方向性、光和表面的颜色、闪烁、昼光、维护的主要参数。此外，还应考虑影响工作者视觉工效的参数，如固有的工作特性（尺寸大小、形状、位置、颜色以及零件和背景的反射比）以及工作者的视功能（视力、深度感、颜色感）。

另外工作面和周围区域的照度及其分布，主要影响如何快速、安全和舒适的识别，该标准规定的所有照度值均为参考面上维持照度值，并为工作时视觉安全和视觉功效需要提供保证。如表3-5提供了一些场所的照度标准。

表3-5 一般场所的照度参考值

场所	照度/lx
前厅、结账柜台、局部陈列、重点陈列	1000 ~ 1500
书房、模型、重点厨房、厨房、镜子	500 ~ 800
餐桌、客厅、会议室、办公室、卧室、娱乐室、休息室	200 ~ 300
装饰柜、店面、出入口、大厅	200 ~ 300
走道、浴室、玄关、阳台、储藏室、酒廊、停车场、楼梯间	100 ~ 200

四、照明标准

室内场所的光环境，明视性是极其重要的一点因素，而环境的舒适感，心情舒畅也是非常重要的。前者与视觉工作对象的关系密切，而后者与环境舒适性的关系很大。

1. 天然光照度和采光系数

在采光设计中将天然采光系数作为天然采光设计的指标。在满足视机能基本要求的条件下，常以采光系数的最低值作为设计的标准值。为确保室内所必需的最低限度的照度，在进行采光设计时，采用通常出现的低天空照度值作为设计依据，将某种条件下的天空照度值乘以选用的采光系数，就可计算出某种条件下室内某点的天然光照度。采光系数C的计算公式为：

$$C = E_{\mathrm{n}} / E_{\mathrm{w}} \times 100\%$$

式中，E_{n}为室内某一点的照度；E_{w}为与E_{n}同一时刻的室外照度。

2. 照明的照度与照度分布

照度是照明设计的数量指标，它表明被照面上光的强弱，以被照场所光通量的面积密度来表示：

$$E = d_{\phi} / d_{\mathrm{A}}$$

式中，d_{ϕ}为入射光通量；d_{A}为该单元面积。

在全部工作平面内，照度不必都一样，但变化必须平缓，因此，对工作面上的照度分布推荐值为：局部工作面的照度值最好不大于照度平均值的25%；对于一般照明，最小照度与平均照度之比规定为0.8以上。

3. 亮度分布

要创造一个良好的使人感到舒适的照明环境，就需要亮度分布合理和室内各个面的反射率选择适当，照度的分配也应与之相配合，室内各表面的反射系数和相对照度参考标准如图3-8所示。

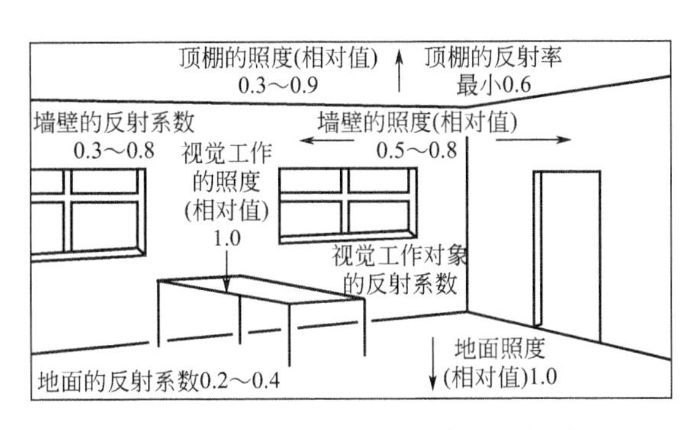

图3-8　室内各表面的反射系数和相对照度

4. 光的方向性和扩散性

满意的状态：当立体的明亮部分同最暗部分的亮度比为3 ∶ 1时，是形成立体感的最理想的照明条件。

不满意的状态：在工作面上产生手或身体的阴影（手术台），或者人脸由逆光照明所形成的阴影（拍照）都不能令人满意。

5. 光源色和显色性

（1）色温

当热辐射光源的光谱与加热到温度为T_c的黑体发出的光谱分布相似时，将该温度T_c称为该光源的色温。在不同的照明环境中，照明水平和反映照明光性质的色温都能影响人的舒适感，图3-9给出了照度水平与色温舒适感的关系。在低照度下，舒适光的色温接近火焰低色温；在高照度下，舒适的光色是接近正午阳光或偏蓝的高色温光色。

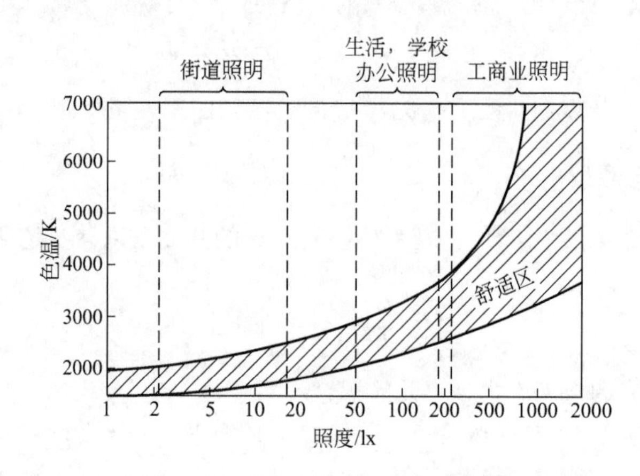

图3-9 照度水平与色温舒适感的关系

（2）显色性

光源所表现的物体色的性质，一般以日光或接近日光的人工光源作为标准光源，其显色性最优，将其显色指数R_a用100表示，其余光源的显色指数均小于100。

五、照明环境设计与评价

在进行照明环境设计时应遵循以下设计的基本原则：

① 合理的照度平均水平，同一环境中，亮度和照度不应过高或过低，也不要过于一致而产生单调感；

② 光线的方向和扩散要合理，避免产生干扰阴影，但可保留必要阴影，使物体有立体感；

③ 不让光线直接照射眼睛，避免产生眩光；而应让光源光线照射物体或物体的附近，只让反射光线进入眼睛，以防止晃眼；

④ 光源光色要合理，光源光谱要有再现各种颜色的特征；

⑤ 让照明和色相协调，使气氛令人满意，这称为照明环境设计美的思考；

⑥ 不能忽视经济条件的制约，必须考虑成本。

我国于1992年颁布了GB/T 13379—1992《视觉工效学原则室内工作系统照明》，给出了不同场合照度范围的数值，如表3-6所示。在设计中应该注意照明的强度、均匀性和稳定性，以使人的眼睛感觉舒服和视觉优良。我国照明标准规定，室内照明最低照度均匀度应不小于0.7。照明分布的稳定性主要是指在照明环境中不应有闪烁光源，并且光线变化不宜过大。

表3-6 不同区域、作业和活动的照度范围

区域、作业和活动的类型	照度范围/lx
室外交通区	3 ~ 5 ~ 10
室外工作区	10 ~ 15 ~ 20
室内交通区、一般观察、巡视	15 ~ 20 ~ 30
粗作业	30 ~ 50 ~ 75
一般作业	100 ~ 150 ~ 200
中等视觉要求作业	300 ~ 500 ~ 750
特殊视觉要求的作业	100 ~ 1500 ~ 2000
非常精密的视觉作业	> 2000

在照明设计中，照明方式通常分为一般照明、局部照明和混合照明（或称整体照明）三种方式。采用一般照明方式时，照明器（包括光源或灯泡在内的由灯罩等照明附件构成的整个照明装置）常采用对称的形式布置，整个照明区域中产生大致相等的照明水平。采用局部照明时，工作面或某一特定区域要求的照明水平较高，照明器需要安置在这一特定区域附近。

一般照明方式的照明均匀度较好，不易产生眩光，但若要保持较大区域中有较高的照明水平，则能源浪费较大，因而一般只在不进行精密视觉工作，即对照明水平要求不高的场合中采用。局部照明方式往往使整个照明环境中的照明均匀度变差，容易使人产生目眩。为了避免上述两种照明方式的缺点，实际照明环境的设计中往往采用一般照明和局部照明相结合的混合照明方式。采用混合照明方式时，由部分照明器在较大的工作区间中进行对称布置，提供占总照度大约10%的照度，同时，在特定的工作面附近安置专门的照明器，为特定的工作面提供占总照度90%左右的照度。

一定类型、一定瓦数的灯具所能发出的光通量实际上有相当大的波动范围，这是因为：第一，灯具的生产质量有差异；第二，灯具的光效系数都会随着使用时间的加长而衰减；第三，应用中应采用不同的灯罩，其聚光效应差别很大，引起的照度变化也很大；第四，灯泡（灯管）、灯罩的沾污程度影响实际的光效系数；第五，墙面等环境条件的反射情况也产生一定影响，等等。由于这些影响因素，因此“精确计算”灯具所产生的照度是做不到的。但是进行粗略的估算却是可以的，而且这正是照明设计初期所需要做的工作。下面以大学生熟悉的环境为简单的例子，进行照度估算与初步照明设计。

【例】大学生公寓的公共盥洗室面积为30m^2，拟采用直管荧光灯照明，试根据合理的照度要求，确定荧光灯的瓦数和盏数。

分析解决

a.工作面照度的选择。工作面基本是在水池上沿，距地面高度700 ～ 800mm的水平面，洗脸、洗衣服时主要视觉对象在此附近。

对照表3-6，洗脸、洗衣服对视觉的要求大体属于“一般作业”的类型，由表3-6选择：照度=150lx（=150lm/m^2）。

b.工作面上的总光通量：

$$总光通量=照度\times面积=150lx\times30m^2=150lm/m^2\times30m^2=4500lm$$

c.荧光灯每瓦功率能对工作面提供的光通量（以下简称“每瓦光通量）

荧光灯的光效系数选择为60lm/W。在荧光灯的光效系数范围50 ～ 80lm/W中选择偏小一

点的数值60lm/W，是为了在较为不利的情况下（例如灯管质量不太好，用过一段时间后有所变暗、灯管和灯罩有所沾污等），仍能基本保持初设的照度。这是初选灯具计算中常用的选择取向。

采用反射率高的镀铬灯罩，选择合适的灯罩折边角度，使大部分光通量能投射到工作面上，由此初步设定：利用率=75%。

每瓦光通量=光效系数×利用率=60lm/W×75%=45lm/W

d.需要的荧光灯总瓦数：

荧光灯总瓦数=（总光通量）/（每瓦光通量）=4500lm/（45lm/W）=100W

分析与小结

a.可选用25W的荧光灯管共4盏，较均匀地安置在盥洗室的顶部。上述分析计算的关键条件之一是有高反射率、折边适当的灯罩，否则投射到工作面的光通量不能达到75%，预设的照度就达不到了。

b.如根据盥洗室内水池的布置形式调整荧光灯的安排，使全室均匀的照明改进为有重点的照明，将能有效地改善照明效果。例如如果水池是沿盥洗室两侧的两个长条，就可以把荧光灯管安置在两侧水池的上方，每侧两个，选择适当的高度、距离和适当的灯罩角度（避免洗衣服时人的光影投射到脸盆上），可提高水池这个“工作区”的照度，且使“工作区”与人的通行区形成一定的照度差，盥洗室的照明效果即可大有改善。

c.从这个示例可以看到，估算虽然难以精确，但在初始的照明设计工作中还是有必要或有价值的。

要使采光与照明达到合理的要求，还需要对采光和照明进行科学的评价。评价采光与照明效果的方法是分别从数量和质量两个方面来考虑的，其数量指标是照度，质量指标包括眩光、光色和光分布、阴影、光源以及明暗变化等几个方面。

1.照度评价

（1）采光的照度评价

在采光设计中将天然采光系数作为天然采光设计的指标。在上一节中已经介绍了采光系数C的计算方法，将某种条件下的天空照度值乘以选用的采光系数，就可计算出某种条件下室内某点的天然光照度。对于常采用的矩形、锯齿形、平天窗和侧窗采光，采光系数最低值C_{min}为：

顶部采光时 $C_{min}=C_d K_\tau K_\rho K_g$

侧面采光时 $C_{min}=C_{d'} K_\tau K_{\rho'} K_w K_c$

混合采光时 $C_{min}=C_d K_\tau K_\rho K_g + C_{d'} K_\tau K_{\rho'} K_w K_c$

式中，C_d为天窗窗洞的采光系数；$C_{d'}$为侧窗窗洞的采光系数；K_τ为总透光系数，$K_\tau=\tau\tau_c\tau_w\tau_f$；$\tau$为采光材料透光系数；$\tau_c$为窗结构挡光折减系数；$\tau_w$为窗玻璃污染折减系数；$\tau_f$为室内结构挡光折减系数；$K_\rho$为顶部采光的室内反射光增量系数；$K_{\rho'}$为侧面采光的室内反射光增量系数；$K_g$为高跨比修正系数；$K_w$为侧面采光的室外建筑物挡光折减系数；$K_c$为侧面采光的窗宽修正系数，$K_c=\sum bc/L$；$\sum bc$为建筑长度方向一面墙的窗宽总和；$L$为建筑长度。

以上各系数值均可在照明设计手册中的计算图表选取，对于Ⅰ、Ⅱ级采光等级的建筑物，当开窗面积受到限制时，其采光系数最低值可按手册中降低一级采用，但对其所减少的天然光照度必须采用照明补充，以满足采光的数量评价指标的要求。

（2）照明的照度评价

照明的照度评价需引入最小照度系数Z，它等于房间工作面上的平均照度与最小照度之比，即：

$$Z = E_{av} / E_{min}$$

式中，E_{av}为房间工作面上的平均照度；E_{min}为房间工作面上的最小照度。

由于我国照度标准规定的是最小照度，因此，如果照度标准值用E_n表示，则照度应满足下式：

$$E_{min} \geqslant E_n$$

因为$E_{min} = E_{av} / Z$，所以应满足$E_{av} \geqslant ZE_n$。

对于生产车间工作面上的照度指标，E_n、Z值可由照明设计手册选取，采用上式进行评价。

2.眩光评价

（1）眩光指数法GI

英国照明工程学会将不快眩光强度用眩光指数GI来表示，评价方法如下。由一个照明器产生的眩光量G_i的计算：

$$G_i = KL_s^{1.6}\omega^{0.8} / FP^{1.6}$$

式中，K为系数，当亮度单位为英尺-朗伯（ft-L）时是1.0，亮度单位为cd/m^{2}时是0.478；L_s为观察者所看到的照明器的平均亮度；F为背景亮度；ω为观察者所看到的照明器发光部分的立体角，sr，其数值等于观察者所看到的灯具的正投影面积（m^2）除以观察者到灯具之间的直线距离（m）的平方；P为位置因素。

使用多个照明器时眩光量的计算：

$$G = \sum_{i=1}^{n} G_i$$

眩光指数GI的变换：

$$GI = 10\lg\left(0.5G\right)$$

式中，系数0.5是为了与眩光指数表中的数值相一致而引入的，眩光的强度和GI值的对应关系如表3-7所示，作为评价眩光程度的依据。

表3-7　眩光程度与眩光指数表

眩光指数GI	眩光程度
28	不可容忍——开始感到过分强烈
22	不舒适——开始感到不快
19	能接受——眩光临界值
16	可接受的——开始形成不快情绪
10	难以察觉——开始感到

（2）视觉舒适率法*VCP*

*VCP*是视觉舒适率的简称，它表示对某照明系统认为满意的人的百分数（%）。美国照明学会将眩光程度用视觉舒适率*VCP*值作为评价指标，*VCP*法考虑了影响视觉舒适感的各主要因素，适用于各种室内照明的评价。按*VCP*法的规定，只要*VCP*值等于或大于70，同时灯具亮度不超过某一最大值时，就不会造成直接眩光，其具体评价方法如下。

一个照明器产生的眩光量计算：

$$M_i = KL_sQ / L_F^{0.44} P$$

式中，K为系数，当亮度单位为英尺-朗伯（ft-L）时取1.0，亮度单位为cd/m^{2}时取0.5018；L_s为观测方向看到照明器发光部分的平均亮度；P为位置指数；Q为观测方向看到照明器发光部分的立体角ω（sr）的函数，其计算式为：

$$Q = 2.04\omega + 1.52\omega^{0.2} - 0.075$$

式中，L_F为视野的平均亮度，它是由顶、墙、地的平均亮度L_c、L_w、L_f和照明器的亮度L_{si}，分别与观察者所张立体角的乘积加权平均计算得出，即：

$$L_F = \frac{L_c\omega_c + L_w\omega_w + L_f\omega_f + \sum L_{si}(\omega_V)}{5.0}$$

多个照明器产生的眩光量*DGR*的计算：

$$DGR = \left(\sum_{i=1}^{n} M_i\right)^a$$

式中，a为眩光光源数量的函数。当眩光光源数量为n时，指数a为：$a=n^{-0.0914}$。*VCP*值变换：评价许多照明设施所得到的*VCP*和由计算求得的*DGR*之间的关系可近似用下列函数表示

$$VCP = \frac{100}{\sqrt{2\pi}} \int_{\infty}^{t_0} e^{-\frac{t^2}{2}} dt$$

$$t_0 = 6.374 - 1.333\ln(DGR)$$

根据查得或计算的*VCP*值，便可对照明系统眩光程度做出评价。

第四节　声环境

环境噪声可能妨碍工作者对听觉信息的感知，也可能造成生理或心理上的危害，因而将影响操作者的工作效能、舒适性或听觉器官的健康。但和谐的生产性音乐，对某些工种的工作效率却是有益的。

一、声音及其度量

声音是由物体振动产生的，正在发声的物体叫声源。声音以声波的形式传播。声音只是

声波通过固体、液体或气体传播形成的运动。声波振动内耳的听小骨，这些振动被转化为微小的电子脑波，就是人们觉察到的声音。内耳采用的原理与麦克风捕获声波或扬声器的发音一样，它是移动的机械部分与气压波之间的关系。

声音可以通过以下三方面的性质进行主观量度。

1.响度级与响度

（1）响度级

响度级是表示声音响度的量。它是把声压级和频率用一个单位统一起来，既考虑声音的物理效应，又考虑声音对人耳的生理效应，是人们对噪声的主观评价的基本量之一。以1000Hz的纯音作为标准参考纯音，其他频率的纯音和1000Hz纯音相比较，调整1000Hz纯音的声压级，使它和所研究的纯音听起来一样响，则这个1000Hz纯音的声压级就是纯音的响度级，用L_s表示，单位为方（phon），如一个声音听起来和声压级为80dB、频率为1000Hz的标准纯音一样响，则这个声音的响度级就是80phon。

利用与基准声音比较的方法，可以得到整个可听频率范围内的纯音和响度级，这就是等响度曲线，如图3-10所示。图中每一条曲线都是由声压级不同、频率不同、但具有相同响度级的声音对应点组成的连线。图中各等值曲线上的数字表示声音的响度级（phon）。图中最下面一条曲线是听阈曲线（0phon），最上面一条曲线是痛阈曲线（120phon）。

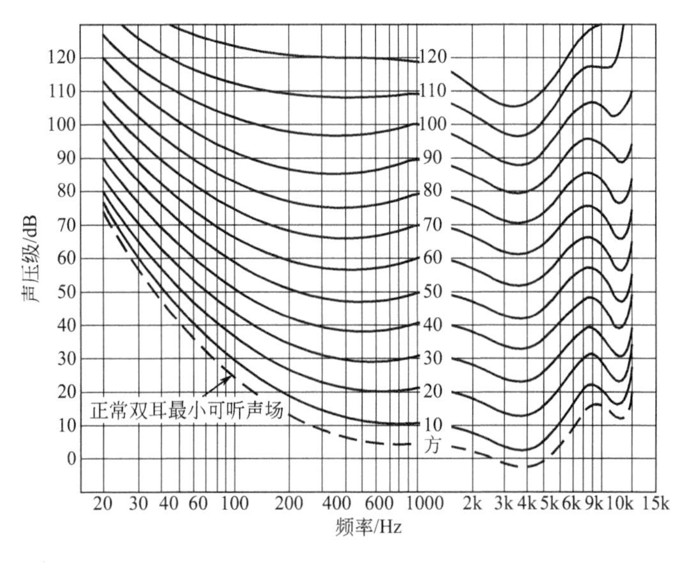

图3-10　等响度曲线

从等响度曲线上可看出，人耳对2000～5000Hz的声音最为敏感。例如，同样是80phon的响度级，对于1000Hz的声音，其声压级为80dB，而对3000～4000Hz的声音，其声压级是70dB，对于20Hz的声音，其声压级要达到113dB时才能同样响。

（2）响度

响度级是一个相对量，有时需要把它化为自然数，即用绝对值来表示。这就引出一个响度，用S表示，单位为宋（sone）。40phon为1sone，50phon为2sone，60phon为4sone，70phon为8sone……即响度级每改变10phon，响度相应改变1倍，其计算式为：

$$S=2^{(LS-40)/10} \text{或} LS=40+10\lg_2 S$$

式中，S为响度，sone；LS为响度级，phon。

2. 计权声级

人们对声音强弱的主观感受可用响度描述，但其测量和计算都十分复杂。为了使测量的声压值能够直接近似地代表人耳对于声音响度的感觉，在等响度曲线中选择了40phon、70phon和100phon的三条曲线，分别代表低声压、中等声压和高声压的响度感觉。在声级计中相应设置了A、B、C三个计权网络，分别对应于倒置的40 phon、70 phon和100phon等响度曲线，如图3-11所示。

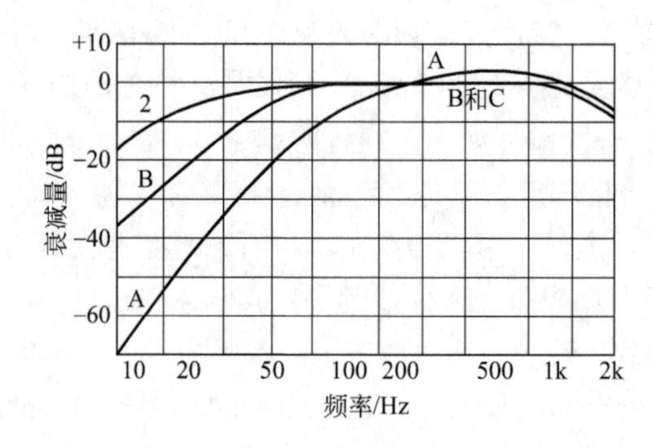

图3-11　A、B、C计权特性曲线

A计权网络对高频敏感，对低频不敏感，这正与人耳对噪声的主观感觉一致。用A计权网络测得的噪声声级称为A声级，记为dB（A）。由于A声级能较好地反映人耳对噪声响度的频率响应，因此，在很多噪声评价中都采用A声级或以A声级为基础的噪声评价参数。若用B或C计权网络测量则分别用dB（B）或dB（C）来表示。

从图中可看出，C计权网络在50～5000Hz范围内是平直的，所有在这频率范围内的噪声分量均可无衰减地进入仪器的读数中。因此，C计权可代表总声压级dB（C）。

3. 等效连续A声级

稳态噪声可用A声级评价。但当噪声的幅值随时间变化较大，或间歇暴露在几个不同的A声级时，就要用统计分析来描述。等效连续A声级就是在声场中一定点位置上，用某一段时间内能量平均的方法，将间歇暴露的几个不同的A声级噪声以一个A声级表示该段时间内的噪声大小。这个声级即为等效连续A声级，单位仍为dB（A）。

等效连续A声级可用下式表示：

$$L_{\mathrm{eq}}=10\lg\left(\frac{1}{T}\right)\int_0^T 10^{0.1L_{\mathrm{A}}}\mathrm{d}t$$

式中，L_{eq}为等效连续A声级dB（A）；T为测量时间间隔，可取任意值；L_{A}为瞬时A声级dB（A）。

一般实际测量是不连续的，或将测量的L_{A}值离散成n个等份，则

$$L_{\mathrm{eq}}\approx 10\lg\left[\frac{1}{T}\sum_{i=1}^{n}10^{0.1L_{\mathrm{A}i}}\Delta t_i\right]$$

式中，T为测量时间，$T=\sum \Delta t_i$；Δt_i为每个L_{Ai}测量的时间间隔；L_{Ai}为对应于时间间隔Δt_i所测的A声级dB（A）。

若测量的时间间隔相等，则上式可简化为：

$$L_{eq} \approx 10\lg \frac{1}{N} \sum_{i=1}^{n} 10^{0.1L_{Ai}}$$

式中，n为测量总次数。

二、噪声及其对人的影响

1.噪声对人体的影响

噪声对人的听觉具有一定的影响，其主要表现有以下四个方面。

① 暂时性听力下降：约10dB的较小减退。

② 听力疲劳。

③ 持久性听力损失：噪声性耳聋的特点是，在听力曲线图上以4000Hz处为中心的听力损失，即所谓“V”字形病变曲线。另一特点是，先有高音调缺损，然后是低音调缺损，噪声性耳聋听力损失的一般进展形势如图3-12所示。

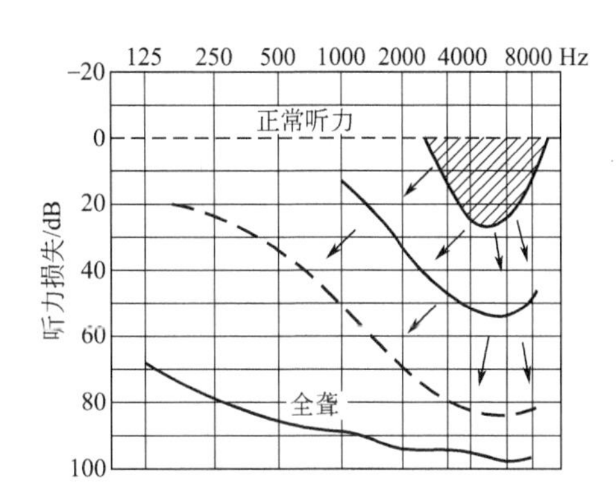

图3-12 噪声性耳聋的进展形势

④ 暴震性耳聋。

噪声对人的语言信息传递影响最大，如图3-13（a）所示，交谈者相距1m在50dB噪声环境中可用正常声音交谈，但在90dB噪声环境中应大声叫喊才能交谈。由此还将影响交谈着的情绪，如图3-13（b）所示，在上述情况下，交谈者情绪将由正常转变为不可忍耐。

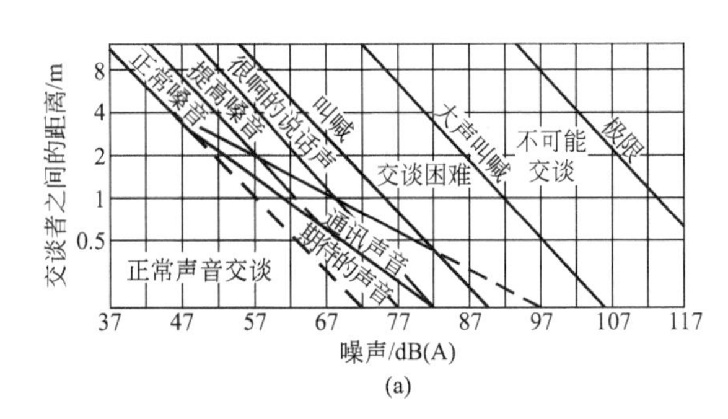

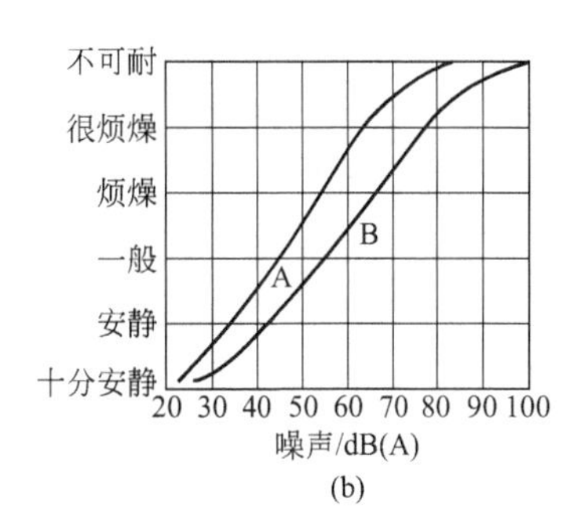

图3-13 噪声对语言信息传递的影响

另外，噪声还会对人的心理状态和健康产生影响。噪声在85dB（A）以下时，对人的生理作用不明显。90dB（A）以上的噪声，对神经系统、心血管系统、消化系统、内分泌系统都有一定的影响。噪声还会引起烦躁、焦虑、生气、心神不宁、急躁以及发牢骚等情绪。

2.噪声对工作的影响

当噪声级达到70dB（A），对各种工作产生的影响表现在以下几方面：

① 通常将会影响工作者的注意力；

② 对于脑力劳动和需要高度技巧的体力劳动等工种，将会降低工作效率；

③ 对于需要高度集中精力的工作，将会造成差错；

④ 对于需要经过学习后才能从事的工种，将会降低工作质量；

⑤ 对于不需要集中精力进行的工作，将会对中等噪声级的环境产生适应性；

⑥ 若已对噪声适应，同时又要求保持原有的生产能力，将要消耗较多的精力，从而会加速疲劳；

⑦ 对于非常单调的工作，处在中等噪声级的环境中，将可能产生有益的效果；

⑧ 对能够遮蔽危险报警信号和交通运行信号的强噪声环境下，还易引发事故。

因此，许多国家的标准在规定作业场所的最大允许噪声级时，对于需要高度集中精力的工作场所均以50dB（A）的稳态噪声级作为上限。

3. 噪声对仪器设备、建筑物的影响

大功率的强噪声会妨碍仪器设备的正常运转，造成仪表读数不准、失灵，甚至使金属材料因声疲劳而破坏。180dB的噪声能使金属变软，190dB能使铆钉脱落。大型喷气式飞机以超音速低空掠过时，它所产生的大功率冲击波有时能使建筑物玻璃震裂，甚至房屋倒塌。

三、噪声测量及评价标准

1. 噪声的测量

影响噪声对机体作用的因素主要包括噪声强度、接触时间、噪声的频谱（高频、窄频带）、噪声类型和接触方式（脉冲噪声和持续接触）、个体差异以及其他有害因素的共同存在。

为了统一起见，国际上及国内都制定了一些噪声测量的标准，这些标准中不仅规定了噪声测量的方法，也规定了需要使用声级计的技术要求，可根据这些标准来更好地选择合适的声级计。

（1）声学-环境噪声测量

测量方法可按照GB 3222—94《声学环境噪声测量方法》。要求测量值有L_A、L_{Aeq}、L_N（L_5，L_{10}，L_{50}，L_{90}，L_{95}）、L_d、L_n，对仪器精度要求为2型以上积分声级计及环境噪声自动监测仪器，性能符合GB 3785《声级计电、声性能及测量方法》的规定。

（2）城市环境噪声测量

测量方法可按照GB/T 14623—93《城市区域环境噪声测量方法》。要求测量值有L_A、L_{Aeq}、L_N（L_{10}，L_{50}，L_{90}）、L_d、L_n，对仪器精度要求为2型以上积分声级计及环境噪声自动监测仪器，性能符合GB 3785《声级计电、声性能及测量方法》的规定。

（3）工业企业噪声测量

测量方法可按照GB 12349—90《工业企业厂界噪声测量方法》。求测量值有L_A、L_{Aeq}，对仪器精度要求为2型以上声级计及环境噪声自动监测仪器，性能符合GB 3785《声级计电、声性能及测量方法》的规定。

（4）建筑施工场地噪声测量

测量方法可按照GB 12524—90《建筑施工厂界噪声测量方法》。要求测量值有L_{Aeq}，对仪

器精度要求为2型以上积分声级计环境噪声自动监测仪器（动态范围不小于50dB），性能符合GB 3785《声级计电、声性能及测量方法》的规定。

（5）噪声源声功率级测量

测量方法可按照GB/T 16538—96《声学声压法测定噪声源声功率级使用标准声源简易法》。测试仪器使用GB 3785中规定的2型或2型以上的声级计，用慢挡测量，声级计与传声器之间最好使用延伸电缆或延伸杆。

2.噪声评价标准

环境噪声标准制定的原则，应具有先进性、科学性和现实性。应以保护人的听力、睡眠休息、交谈思考为依据，根据不同的时间、不同的地点和人的行为状态制定相适应的标准。国际标准组织和我国编制的几项噪声标准分别列于表3-8～表3-11中。

表3-8　国际标准组织（ISO）制定的标准L_{eq}［单位：dB（A）］

性质	标准	性质	标准
寝室	20～50	办公室	25～60
生活室	30～60	工厂	70～75

表3-9　我国保证健康安宁的环境噪声标准（建议）L_{eq}［单位：dB（A）］

适用范围	标准
睡眠	35～50
交谈思想	50～70
听力保护	75～90

表3-10　工厂、车间环境噪声标准（听力保护标准）

每个工作日接触噪声时间/h	现有企业允许噪声/dB（A）	新改建企业允许噪声/dB（A）
8	90	85
4	93	88
2	96	91
1	99	94

表3-11　城市区域环境噪声标准等效声级L_{eq}［单位：dB（A）］

适用区域	昼间6：00～22：00	夜间22：00～6：00
特别安静区（医院、疗养院、高级宾馆等）	45	35
安静区（机关、学校、居民区）	50	40
一类混合区（小商店、手工作坊与居民混合区）	55	45
商业中心区、二类混合区（少量交通、街道工厂与居民混合区）	60	50
工业集中区	65	55
交通干线道路两侧	70	55

（1）GB 3096—2008声环境质量标准

该标准规定了各类声环境功能区的环境噪声等效声级限值。

（2）GB 22337—2008社会生活环境噪声排放标准

该标准规定了营业性文化娱乐场所和商业经营活动中可能产生环境污染的设备、设施边界噪声排放限值和测量方法，适用于营业性文化娱乐场所和商业经营活动中使用的向环境排放噪声的设备、设施的管理、评价与控制。

（3）GB 12348—2008工业企业厂界环境噪声排放标准

该标准规定了工业企业和固定设备厂界环境噪声排放限值及其测量方法，适用于工业企业噪声排放的管理、评价及控制。机关、事业单位、团体等对外环境排放噪声的单位也按本标准执行工业企业厂界环境噪声规定的排放限值与社会生活噪声排放标准一致。当固定设备排放的噪声通过建筑物结构传播至噪声敏感建筑物室内时，噪声敏感建筑物室内等效声级与社会生活噪声排放标准一致。

（4）GB/T 17249.1—1998声学-低噪声工作场所设计

该标准推荐了各种工作场所的背景噪声级dB（A）。

（5）GBJ 87—1985工业企业场区噪声控制设计规范

该标准适用于工业企业的新建、改建、扩建和技术改造工程的噪声（脉冲噪声除外）控制设计。新建、改建、扩建工程的噪声控制设计必须与主体工程设计同时进行。

四、噪声控制

对噪声的控制可以从以下三个方面进行。

（1）从声源上控制噪声

① 改进机械机构设计：选用发声小的材料，如使用减振合金；改变传动方式；改进设备结构，如提高箱体或机壳的刚度或将大平面改成小平面。

② 改进工艺和操作方法：焊接代替铆接，液压机代替锤锻机等。

③ 提高加工精度和装配质量。

（2）从噪声传播的途径上降低噪声

① 利用吸声、隔声材料降噪。

② 采用隔振与减振降噪。

（3）个人防护

使用耳塞、防声棉等。

另外，还可用音乐对噪声进行调节，对于纯体力劳动及无须集中注意力的工作，以节奏清晰，速度较快而轻松的音乐为好；单调发闷的工作，以娱乐味的音乐为好；需要集中注意力的工作（脑力劳动），以速度稍慢、节奏不明显，旋律舒缓的音乐为好。音乐对工作效率的影响作用有正、反两方面，有时不起作用，音乐调节是因时、因地、因工种、因人而异的，要慎重选用。

第五节　振动环境

振动既能通过辐射和传播固体声形成噪声危害，同时本身也具有很大的危害。人处于振动环境之中，会影响人的工作效率、舒适性以及人的健康和安全，还会影响机械、设备、工具、仪表的正常工作。

一、人体的振动特性

振动对人体产生三种作用力，分别是惯性力（质量）、黏性阻尼力（阻尼）和弹性力（刚度）。人体对振动敏感范围如图3-14（a）所示，表明人体暴露在振动环境中分为高频区和低频区，同时又分为整体敏感和局部敏感区。人是一个多自由度的振动系统，其中：

第一共振峰：4 ~ 8Hz，对胸腔影响最大；

第二共振峰：10 ～ 12Hz，对腹腔影响最大；

第三共振峰：20 ～ 25Hz，频率再增高，在人体内传递逐步衰减，对生理效应的影响相应减少。

显然，对人体影响最大的是低频区，当整体处于1 ～ 20Hz的低频区时，人体随着频率不同而发生的不同反应，如图3-14（b）所示。

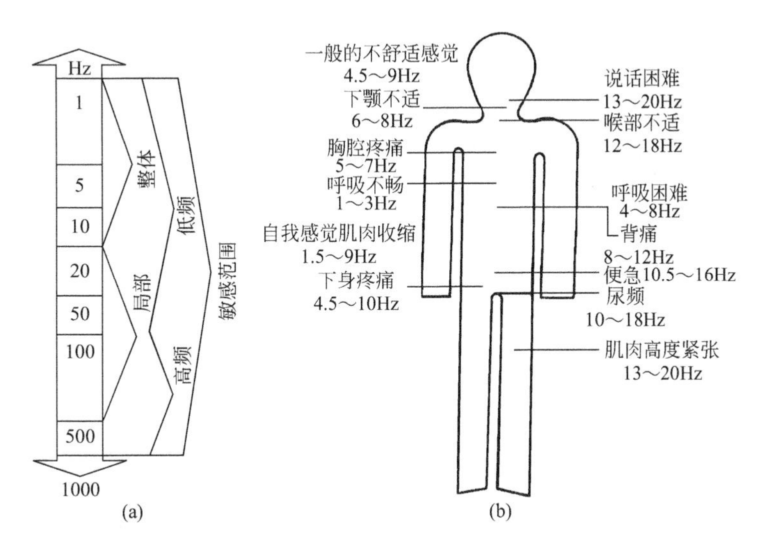

图3-14　人体对振动的敏感范围

振动频率、作用方向、振动强度是作用于人体的主要因素；作用方式、振动波形、暴露时间等因素也相当重要。此外，寒冷是振动引起人体不良反应的重要外界条件之一。振动对机体影响因素如图3-15所示。

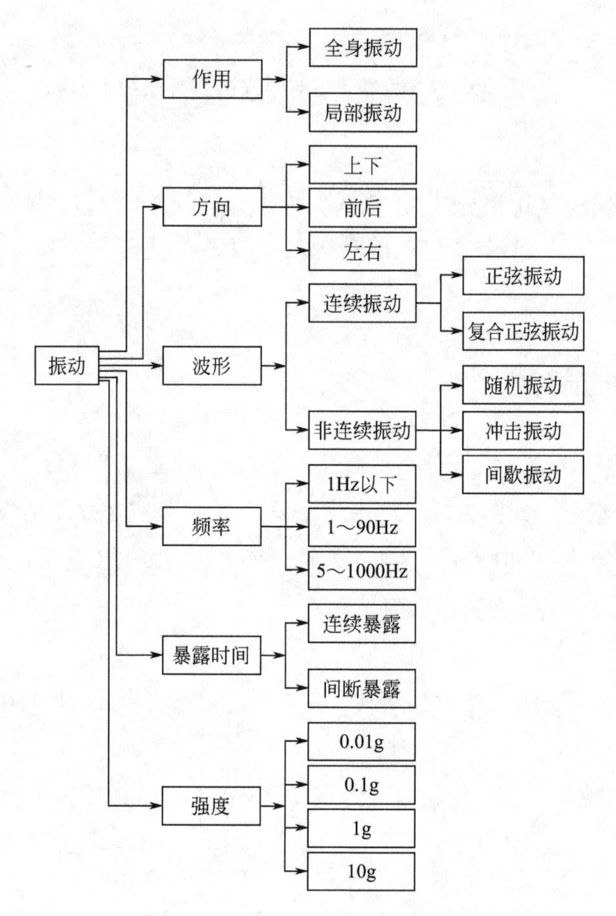

图3-15　振动对人体的影响因素

二、振动对人的影响

振动对人的影响，根据振动作用性质的不同，可分为全身振动和局部振动。全身振动是指人直接在振动物体上所受的振动，如人在汽车、轮船或振动的机器上等。局部振动则是使用振动工具时传递给手及臂的振动，如使用风钻、凿岩机、电锯、砂轮机等。

1. 振动对人体的影响

振动对人体的影响可分为以下4个阈值，如图3-16所示。

① 感觉阈：不觉不舒适，可容忍；

② 不舒适阈：有生理反应，但无生理影响；

③ 疲劳阈：对人体的其他功能产生影响，如注意力转移，工作效率降低；

④ 痛阈：对心理、生理产生影响，还产生病理性的损伤和病变，且在振动停止后不能复原。

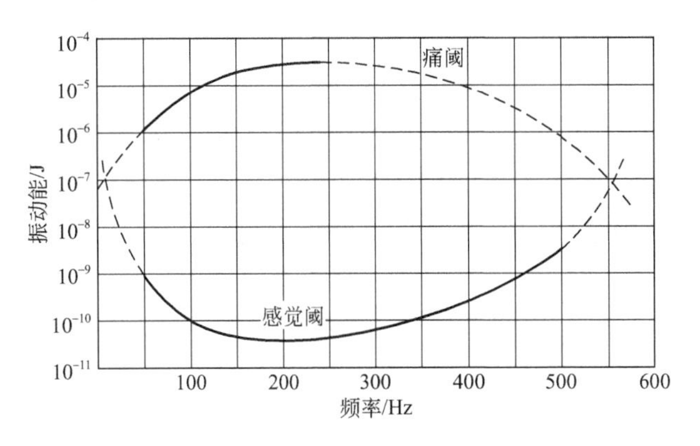

图3-16　振动的阈值

2. 振动对工作的影响

由于人体与目标的振动，使视觉模糊，仪表判读以及精细的视分辨发生困难，操纵误差增加。振动负荷导致人的操作能力的降低主要反映在操纵误差、操作时间、反应时间的变化上，具体如图3-17所示。

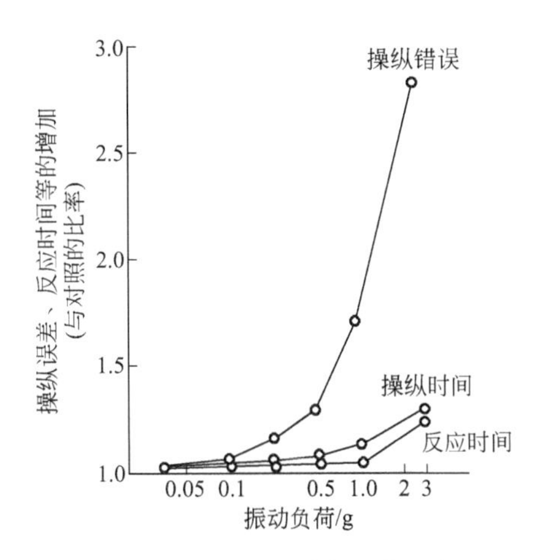

图3-17　振动对操作能力的影响

3. 振动对仪器设备的影响

由于振动产生局部弯曲而导致材料疲劳、机械损坏，若仪器仪表安装在转动的设备上，就会形成两个振动系统之间的碰撞而破坏。

三、振动的评价标准

国际标准化组织ISO提出了“人体承受全身振动评价指南”的标准ISO 2631—1978（E），以振动方向、振动频率、振动加速度有效值和人体受振持续时间四个最基本的振动参数之间的关系来评价全身振动对人体的影响。ISO2631根据振动对人的影响，规定了1～80Hz振动频率范围内人体对振动加速度均方值反应的三种不同感觉界限。

① 健康与安全界限（*EL*）：人体承受的振动强度在这个界限内，人体将保持健康和安全。

② 疲劳-降低工作效率界限（*FDP*）：当人体承受的振动在此界限内，人将能保持正常的工作效率。

③ 舒适降低界限（*RCB*）：当振动强度超过这个界限，人体将产生不舒适反应。

三种界限之间的简单关系为：

$$EL=2FDP\text{（两者相差6dB）}$$

$$RCB\approx\frac{FDP}{3.15}\text{（两者相差10dB）}$$

对于不同的工作环境，应根据具体的使用要求和条件，选取上述三种界限之一作为评价振动舒适性的基本标准。例如：对于小客车和旅游车的乘客和驾驶员，宜取舒适性降低界限作为评价振动舒适性的标准；对于拖拉机、工程机械和载重汽车，宜取疲劳-工作效率降低界限作为评价振动舒适性的标准。

图3-18是ISO2631振动评价标准中的疲劳-降低工作效率界限。图中实线为垂直振动评价标准；虚线为水平振动（胸背或侧面）评价标准。虚线比实线下降3dB，这说明人体对水平振动比对垂直振动更敏感。

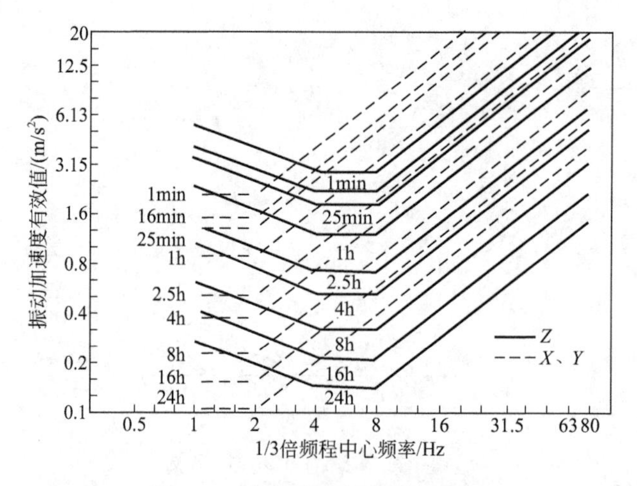

图3-18 疲劳-降低工作效率界限

评价全身振动时主要使用1/3倍频程分析对比法，从等效的观点考虑，可将ISO 2631直接用于集中在1/3倍频程或更小频带中的窄带随机振动的评价，这时，应当以1/3倍频程中心频率处的振动加速度有效值的容许界限值，去同相应的1/3倍频程通带内的实测振动加速度有效值相对比。

人耳听音的频率范围为20～20000Hz，信号频谱分析一般不需要对每个频率成分进行具体分析。为了方便起见，人们把20～20000Hz的声频范围分为几个段落，每个频带称为一个频程。频程的划分采用恒定带宽比，即保持频带的上、下限之比为一常数。若使每一频带的上限频率比下限频率高一倍，即频率之比为2，这样划分的每一个频程称1倍频程，简称倍频程。在有些更为精细的要求下，将频率更细地划分，形成1/3倍频程，也就是在一个倍频程的上、下限频率之间再插入两个频率，使4个频率之间的比值相同，即两频率比值=1.26倍。这样将一个倍频程划分为3个频程，称这种频程为1/3倍频程。如表3-12所示是1/3倍频程的中心频率与带宽的具体数值。

表3-12　1/3倍频程中心频率与带宽的数值

频带号	中心频率标称值/Hz	1/3倍频程带宽/Hz	频带号	中心频率标称值/Hz	1/3倍频程带宽/Hz
1	1.25	1.12 ~ 1.41	21	125	112 ~ 141
2	1.6	1.41 ~ 1.78	22	160	141 ~ 178
3	2	1.78 ~ 2.24	23	200	178 ~ 224
4	2.5	2.24 ~ 2.82	24	250	224 ~ 282
5	3.15	2.82 ~ 3.55	25	315	282 ~ 355
6	4	3.55 ~ 4.47	26	400	355 ~ 447
7	5	4.47 ~ 5.62	27	500	447 ~ 562
8	6.3	5.62 ~ 7.08	28	630	562 ~ 708
9	8	7.08 ~ 8.91	29	800	708 ~ 891
10	10	8.91 ~ 11.2	30	1000	891 ~ 1120
11	12.5	11.2 ~ 14.1	31	1250	1120 ~ 1410
12	16	14.1 ~ 17.8	32	1600	1410 ~ 1780
13	20	17.8 ~ 22.4	33	2000	1780 ~ 2240
14	25	22.4 ~ 28.2	34	2500	2240 ~ 2820
15	31.5	28.2 ~ 35.5	35	3150	2820 ~ 3550
16	40	35.5 ~ 44.7	36	4000	3550 ~ 4470
17	50	44.7 ~ 56.2	37	5000	4470 ~ 5620
18	63	56.2 ~ 70.8	38	6300	5620 ~ 7080
19	80	70.8 ~ 89.1	39	8000	7080 ~ 8910
20	100	89.1 ~ 112	40	10k	8910 ~ 11.2k

在1～80Hz频率范围内，按1/3倍频程将其分解为20个频带。将实测的振动加速度信号记录，利用频谱分析仪进行分析处理，求得1/3倍频程的振动加速度有效值（均方根值）谱；然后，将各个频带的实测振动加速度有效值，分别按照中心频率对应的原则，标注在疲劳-工作效率降低界限的评价图线中相应的1/3倍频程中心频率所对应的纵坐标位置上，如图3-19所示。

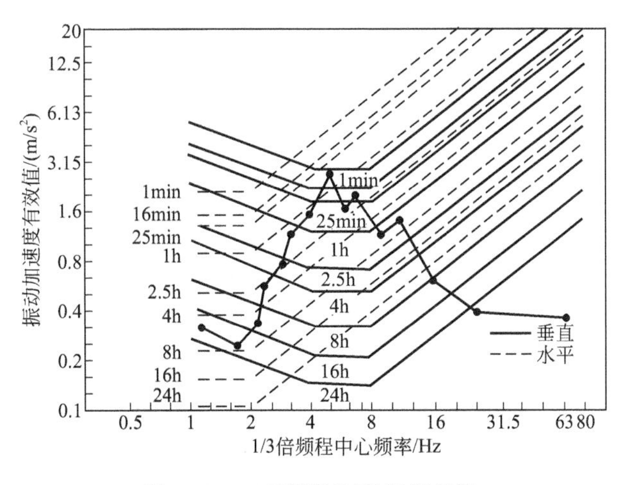

图3-19　1/3倍频程分析对比法示例

观察各频带的振动加速度有效值。若各点均低于对应频带的容许界限值（如1min界限线），则认为振动舒适性完全符合标准；若有一个或两个不在人体最敏感频率范围内的点超过所要求的界限线，但仍低于另一稍放宽的容许界限线（如1h界限线），则可认为基本符合标准；否则，就认为不符合标准。

四、特殊工作环境

1. 有毒气体和蒸汽

有毒气体是指常温、常压下呈气态的有害物质。例如，由冶炼过程、发动机排放的一氧化碳；由化工管道、容器或反应器逸出的氯化氢、二氧化硫等。有毒蒸气是指有毒的固体升华、液体蒸发或挥发时形成的蒸气。例如，喷漆作业中的苯、汽油、醋酸酯类等物质的蒸气。当空气中含有过量的有害气体或蒸气时，可使人产生中毒或导致职业性疾病。

2. 工业粉尘和烟雾

工业粉尘是指能较长时间漂浮在作业场所空气中的固体微粒，其粒子大小多在0.1～10μm。例如，炸药厂的三硝基甲苯粉尘、干电池厂的锰尘等。烟尘为悬浮在空气中直径小于0.1μm的固体微粒。例如，熔铜铸铜时产生的氧化锌烟。雾为悬浮于空气中的液体微滴，例如，喷洒农药时的药物；喷漆时的漆雾；电镀铬时的铬酸雾；金属酸洗时的硫酸雾等。从事有关作业的操作者接触这类有害物质会引起中毒。

3. 非电离辐射

包括紫外线、可见光、红外线射频（微波和高频电磁场）和激光。

习题与思考题

1. 大学生公寓的公共盥洗室面积为60m^2，拟采用直管荧光灯照明，试根据合理的照度要求，确定荧光灯的瓦数和盏数。
2. 调查某一教室的室内灯光布置是否满足人因工程学要求，如不满足要求提出改进意见。
3. 环境因素有哪些?
4. 作业环境区域如何划分，有何特点?
5. 影响微气候的因素有哪些?
6. 微气候的评价指标有哪些，简述其评价方法。
7. 简述高温作业环境和低温作业环境对人体的影响。
8. 作业场所环境照明设计的基本原则有哪些?
9. 如何对作业场所的光环境进行评价?
10. 简述噪声对人的影响及噪声防护。
11. 简述振动对人的影响及振动防护。

4 Chapter

第四章　人-机-环境界面

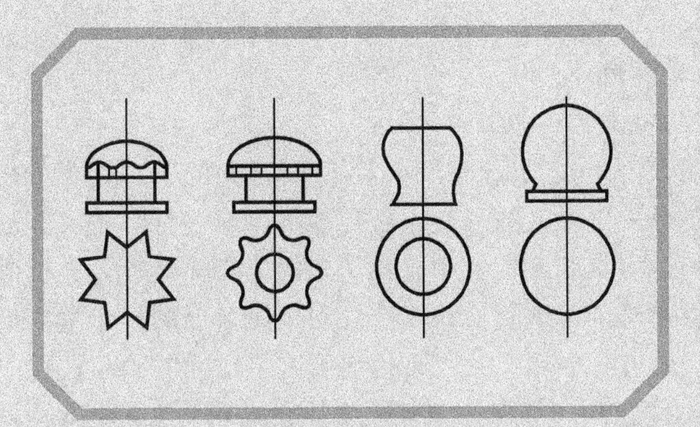

人-机-环境界面设计是人因工程学设计中基础性和应用性极强的综合性设计之一，是人、机和环境三者之间信息的相互作用，人们通过信息显示界面获取信息，再通过操纵装置对机器进行有效控制，达到人-机-环境三者之间的相互协调关系。本章主要从人-机-环境系统中的界面交互模型、显示装置、操作装置三个方面详细阐述在人-机-环境界面之间的相互关系，优化人-机-环境界面之间的信息交互，使人-机-环境之间可以相互配合，并提高生产质量和生产效率。

学习目标

通过本章的学习，可以了解各种显示装置和控制装置的类型、特征和相应的设计原则与设计手段，能够使读者独立进行显示装置、控制装置的分析和设计，并提出改进或设计建议。

学习重点

1.显示装置中的分类及其设计原则；

2.操纵装置中的手动操纵装置分类及设计原则；

3.脚动操纵装置分类及设计原则。

学习建议

本章应注意各种装置的特点，同时牢记相应的设计规范与计算公式及其应用原则。其中视觉显示和操纵装置应进行重点的学习与归纳。

第一节　人-机-环境界面概述

人机系统的建立伴随着人-机-环境的形成。人机系统的人-机-环境界面是人机关系中的人、机器、环境之间的相互作用的区域。通常人-机-环境界面中有信息界面、工具界面、环境界面等。

一、人－机－环境界面交互模型

在人-机-环境界面中，一般是以人为主进行信息、物质和能量之间的交换。首先是人感受到机器及环境作用到人的信息，再由人的神经系统传输到大脑进行综合、分析、判断，最后做出决策，然后由传出神经将大脑决策的信息传送到人体操作器官，向机器发出指挥信息或伴随操作的能量。机器被输入可识别的操作信息后按照自己的规律做出相应的调整与输出，并将工作状态用一定的方式显示出来，再传递给人。这样的循环过程中，整个系统将完成人所希望的功能。人-机-环境界面的交互模型如图4-1所示。人-机-环境界面中包括环境信息、机器信息、操纵信息，接下来主要讨论显示信息和操纵信息两种装置的设计原则。

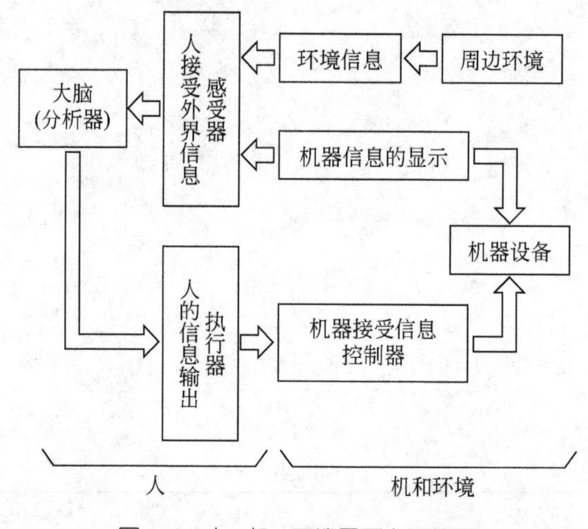

图4-1　人－机－环境界面交互模型

二、人－机－环境信息交互方式

在人机系统中，机器设备的信息是通过人的感觉器官传递的。然后人根据接受的信息作出反应。因此，信息的传递必须极其准确和迅速。可以根据人接受信息的感觉通道不同，将显示装置分为视觉显示装置、听觉显示装置和触觉显示装置三类。其中视觉显示装置被广泛应用，听觉显示装置次之，触觉显示装置只在特殊场合用于辅助显示。三种显示方式传递的信息特征如表4-1所示。

表4-1 三种显示方式传递的信息特征

方式	传递的信息特征
视觉信息	a.复杂、抽象信息或含有技术语的信息、图标、公式等 b.信息很长或需要延迟者 c.需要方位、距离等空间状态说明的信息 d.环境不适合听觉传递的信息 e.适合听觉，但听觉负荷过重 f.传递信息常须同时显示、监控
听觉显示	a.较短或无须延迟的信息 b.简单快速传达的信息 c.视觉通道负荷过重的场合 d.所处环境不适合听觉通道传递的信息
触觉显示	a.视听觉通道负荷过重 b.视听觉传递有困难 c.简单信息

在人机系统中，人通过信息显示装置获得关于机器设备的相关信息，利用效应器官对机器进行操纵控制，通过控制调节和改变机器系统的工作状态，完成预定的工作目标。常见的人-机-环境系统信息交换中，人对机器的控制大多数通过肢体活动来实现，主要分为手动操纵和脚动操纵两大类。

第二节　显示装置

显示被用来传递不能直接被察觉或容易被推断的信息。它们也被用来吸引人们的注意力。好的显示以一种快速和准确的分析解释传递信息。可以通过图4-2来了解显示装置的性质。一个完整的人机系统包括机器系统、人和显示装置三部分。在机器系统中会有一些有效的信息，同时操作者也有自己的感觉对系统如何起作用、系统运行情况以及系统中人的意识，而显示装置就是它们的中介。

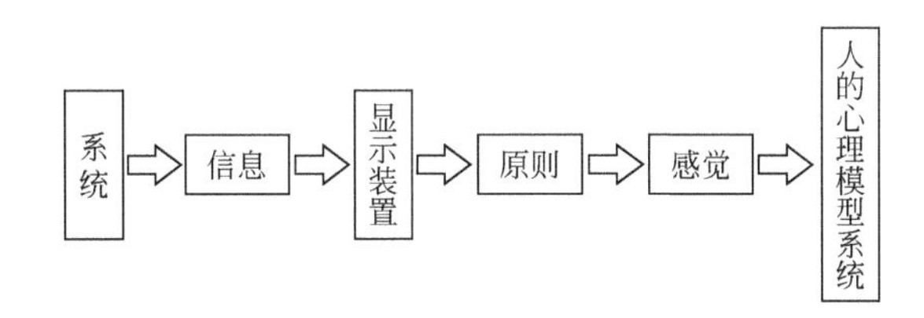

图4-2　显示装置设计的要素

一、显示装置的类型及特征

在人因工程学中有一条基本原则，就是必须用一定的框架把信息组织起来，否则即使是只有几条信息，也很容易让用户头昏眼花，难以记忆。为了改善这种情况，可以将与显示装置设计相关的十三条原则归为四大类，如表4-2所示。

表4-2 显示装置设计原则

类别	设计原则与特征
知觉原则	a.增强显示装置的易读性或易听性 b.避免绝对判断的局限性 c.显示方式应该尽量与人们的经验和预期相一致 d.重要信息采用多种方式进行提示 e.增强可辨别性，避免发生混淆
心理模型原则	a.形如其表，装配方式与表征环境和用户环境相一致 b.显示的空间模式、方向与用户的心理模型相一致
注意原则	a.将访问信息的消耗降到最低 b.接近相容原则 c.多自愿原则，根据本身特点进行合理分配
记忆原则	a.利用视觉信息降低记忆负荷 b.预测辅助原则 c.一致性原则，使用户记忆与显示装置信息一致

在显示装置设计中，为了更好地传递信息，常常要在感觉器官之间进行选择，这种选择主要是在视觉与听觉之间。在某种情况下，由于客观需要或某一感觉器官明显优于另一感觉器官时，这种选择就较容易确定，但在一般情况下则需要进行比较。现将较常用的显示信息进行视觉和听觉的选择比较，如表4-3所示。

表4-3 视觉与听觉表现形式的准确性比较

常用显示信息	视觉	听觉
短的或简单的		▲
长的或复杂的	▲	
日后将被提交	▲	
及时处理事件		▲
处理一个空间的位置	▲	
需要立刻注意		▲
环境灯光较暗		▲
环境较喧闹	▲	
用户连续不断地与设备接触		▲

二、视觉显示

利用视觉信号传递信息的方法称为视觉显示。视觉显示包括标志符号、仪表、电子指示灯等，如图4-3所示。视觉的显示比其他的显示方式更经常被使用，其主要包括数字显示、模拟显示、状态指示、标志符号等内容。

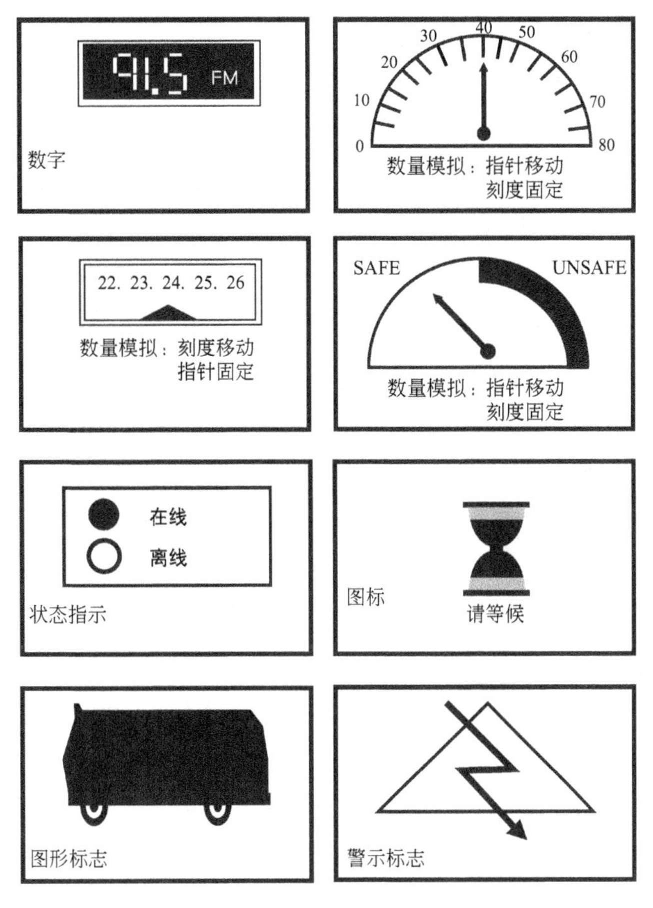

图4-3 不同类型的视觉显示

从人因工程学的角度出发，在进行视觉显示设计时应该着重考虑以下因素：

① 确定信息传递的主要内容、功能和用途，并确定其发送者和接受者。

② 确定显示方式，保证所选定的显示形式能恰当地显示并传递所涉及的信息。

③ 考虑信息传递的视觉环境性质，如照明强度、光朝向及周围环境表面对光的反射状况等因素。

④ 考虑视觉显示器的类型及细节设计。如字体、图形符号、字符与背景的对比度等内容。

视觉显示设计中可视信息是与机器设备间进行信息交流的人-机-环境交互面的设计的重要媒介，主要包括字体设计、字符与背景的对比、图形符号设计等问题。机械设备的视觉显示系统为操作者提供了设备的即时状态信息，方便操作者的合理控制、方便管理、提高产品质量等。

视觉信息显示可分为静态与动态两类，静态显示用于标明或提供指示内容，或表现固定的数字信息；动态显示则提供离散状态的指示量或稳定状态的指示值、动态量、空间关系及模拟指示量。标志显然属于静态显示形式。

在这些不同显示形式间进行选择是一项重要的人因工程学决策，并为人因工程学的研究所左右。这种研究提供了影响显示形式和整个操作过程的速度、准确性的客观数据。

1. 可视信息的设计

可视信息是人与物、机器之间进行信息交流的主要媒介，是人-机交互界面设计的载体。可视信息设计为人操纵机器产品提供了即时状态和显示信息，以便操作者进行恰当的控制；操纵装置使人能够进行操作，产品设备上的可视信息则可以让人区分这些操纵器和显示器的功能等，并提供其他显示的辅助信息。

（1）文字设计

设计中文字的合理尺寸，涉及的因素很多，主要有观看距离（视距）的远近、光照度的高低、字符的清晰度、可辨性、要求识别的速度快慢等。其中清晰度、可辨性又与字体、笔画粗细、文字与背景的色彩搭配对比等有关；易读性还受到适用大写字母或小写字母、行宽、字符间空格、单词、行、章节等影响。上述这些因素不同，文字的合理尺寸可以相差很大。所以，各种特定具体条件下的合理字符尺寸，常需要通过实际测试才能确定。

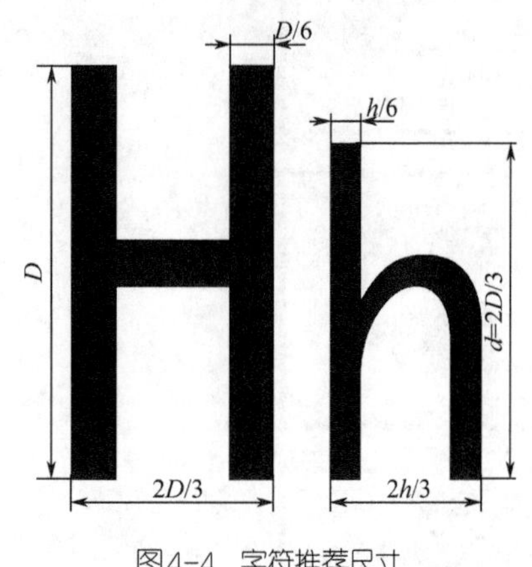

图4-4　字符推荐尺寸

经专家研究表明，在以下三个方面的一般条件下，即中等光照强度；字符基本清晰可辨（不要求特别高的清晰度，但也不是模糊不清）；稍作定睛凝视即可看清，字符的尺寸与视距关系的基本数据是：

字符（高度）尺寸=（1/200）视距～（1/300）视距

通常情况下，若取其中间值则有

字符（高度）尺寸=视距/250

字符的其他尺寸可以根据高度（D）确定，如图4-4所示。字符之间最小间距为$D/5$；单词或数值之间最小间距为$2D/3$。字符的宽度为$2D/3$；笔画粗细为$D/6$。

可以根据以上公式获得常见视距下的字体各个部分的基本数据，如表4-4所示。

表4-4　常见视距与字符的关系

视距/cm	推荐高度/cm	字符宽度/cm	笔画粗细/cm
100	0.4	0.26	0.06
200	0.8	0.53	0.13
300	1.2	0.80	0.20
400	2.0	1.33	0.33

【例4.1】地铁车厢内需要贴地铁的运行线路图，试确定图上车站站名文字的大小。

分析解决

a. 地铁车厢内壁的光照条件一般，大部分乘客不太关注线路图，只有少量不熟悉路线的乘客会着重关注。因此与上述一般条件相符合，可以参照表4-4的数值关系。

b. 应该让坐在座位上的乘客能看清对面车厢车壁上的线路图文字，视距约为L=2m，由公式可算得文字尺寸应为：D=0.8cm，字符宽度为0.53cm，笔画粗细0.13cm。

c. 如果车厢内壁整个线路图的尺寸或其他条件无限制，那么可根据实际情况将文字尺寸粗细略微加大，例如D=0.9cm，乘客观看效果会更好一些。

【例4.2】试确定高速公路上驾车者对于路牌文字的尺寸（如“沈阳出口”）。

分析解决

a.条件分析：首先，室外路牌白天光照强，夜晚文字有荧光屏，光照条件较好；其次，字体、色彩对比等有国家标准，保证文字的清晰度和可辨性；第三，路牌文字内容较少且简单；第四，出口指示路牌的醒目性要求较高。综合上述条件后可判定文字尺寸D对于视距L应取较大比例，如$D=L/200$。

b.视距分析：高速公路上驾车者对于路牌的视距可由两部分组成。第一，静态视距L_1，因为车在路上开，路牌在路旁，驾驶者头部不能有太大的角度侧转，现把驾驶者能方便观看路牌时车与路牌在行进方向上的距离称为静态视距，初步定为L_1=10m。第二，驾驶者注意到路牌需要一定时间；设这段时间内汽车行进的距离为L_2。多数驾驶者会在多长时间内注意路牌是较关键数据，应以实际测试数据为准，现设为t=2s。并按高速公路行驶速度v=120km/h=33.3m/s为准进行计算。在设定2s时间内汽车行进的距离$L_2=vt$=（33.3×2）m=67m。第三，本问题的视距$L=L_1+L_2$=（10+67）m=77m。

c.高速公路路牌上文字的尺寸D

$$D=\frac{L}{200}=\frac{77}{200}\text{m}=0.385\text{m}=38.5\text{cm}$$

实际可取

$$D=40\text{cm}$$

（2）字符与背景色彩

色彩作为界面设计中的重要组成成分，毫无疑问，色彩使信息界面更加吸引用户，可以使用户在读取信息或者控制信息的过程中更多地获取信息。在设计形式和式样时，为了达到最好的视觉显示效果，字母数字选择合适的色彩和背景是十分关键的。如果选择了一个不合适的字符、背景色彩组合，字符的辨认时间可能增加，如果辨认时间延迟超过50%，用户产生差错的可能性就会增加350%。研究人员强调了要仔细考虑色彩的组合。

字符与背景的色彩搭配问题是值得引起人们注意的重要内容之一，所以在进行设计时应注意遵循以下人因工程学原则。

① 字符与背景间的色彩明度差，应在梦塞尔系数2级以上。

② 照明度低于10 lx时，黑字白底与白字黑底的辨认性差不多；照明度为10～100 lx时，黑底白字的辨认性较优；而照明度超过100 lx 时，白底黑字的辨认性较优。这里的黑色、白色可以分别扩展理解为低明度色彩和高明度色彩。

③ 字符主体色彩（非背景色）的特性决定了视觉传达的效果。如红、橙、黄是前进色、扩张色，蓝、绿、灰是后退色、收缩色。

④ 字符与背景的色彩对视觉辨认性影响较大。

人眼识别颜色是根据各种色彩的波长不同，波长越长越容易被识别，字体颜色与背景颜色的比值越小，人眼观察到的越清晰，反之则越模糊，表4-5所示为字符与背景的色彩搭配与辨认性。

表4-5 字符与背景色彩搭配与辨认性

背景色	字符色	清晰度	背景色	字符色	模糊度
黑	黄	1	黄	白	1
黄	黑	2	白	黄	2
黑	白	3	红	绿	3
紫	黄	4	红	蓝	4
紫	白	5	黑	紫	5
蓝	白	6	紫	黑	6
绿	白	7	灰	绿	7
白	黑	8	红	紫	8
黑	绿	9	绿	红	9
黄	蓝	10	黑	蓝	10

（3）图形符号

图形是经过对信息内容高度概括和抽象处理而成的，与标志客体间有着相似的特征，使人便于识别，是语言和文字交流的替代物。众所周知，紧急逃生路线图解是以国际道路符号和图像来图解的，图形给设计师提供了一种不用语言的方法来标注显示和控制装备，传达警示以及规定操作指令的方法，如图4-5所示。

目前，图形符号的主要应用领域如下。

① 在技术文件上标明：制造或施工要求、设备所用材料和配置、功能、原理、结构指示或制造、施工工艺过程等。

② 在设备、仪表的操纵器、显示器、包装、连接插口上作操作指示。

③ 在标识上表示公共信息、安全信息、交通规则、包装运输指示等。

图4-5 无障碍设施符号示意图

视觉显示中所采用的图形符号，是经过对显示内容高度概括和抽象处理而形成的，图形和符号与标志之间有着相似的特征，可以让人便于识别辨认。据研究表明，图形符号的辨认速度和准确性与图形符号的特征数量有关，并不是越简单越容易辨认。例如选择三类在信息量大体相同时的图形符号，考察其辨认效果。第一类，简单的图形符号，只按形状（三角、梯形）辨认；第二类为中等符号，除了主要特征外还有辅助特征（外表和内部细节）；第三类是复杂的符号，有若干个彼此混淆的辅助特征（一般1～2个），结果表明，简单符号与复杂符号一样，比中等符号辨认时间更长，准确率更低，如表4-6所示。

表4-6　辨认的速度和准确性与识别特征数量的关系

辨认速度和准确性指标	简单的	中等的	复杂的
呈现的时间阈值/s	0.034	0.053	0.169
感觉-语言反应潜伏期/s	3.11	2.70	3.13
占呈现总数的认错率/%	10.8	2.2	2.5

图形符号的选择与设计在遵循国际ISO 4196—1984《图形符号箭头及其应用》和国家的GB/T 1252—1989《图形符号箭头及其应用》相关标准以外，同时必须从人-机-环境界面的上下关系中进行考虑，其中既包括显示也包括控制。操作者在操作过程中产生的心理问题是设计者必须认识的重要问题之一，因此人-机-环境界面对图形符号的要求主要包括以下几个方面：

① 含义的内涵不应过大，应让人能够准确、快速地理解，并不产生歧义；

② 构成形式应简明，突出所要表达对象的主要内容和独特属性；

③ 构成应醒目、清晰、易懂、易记、易辨、易制；

④ 图形边界应明确稳定；

⑤ 应尽量采用封闭轮廓图形，以利于对目光的吸引积聚；

⑥ 为每个显示信息进行图形符号的开发与试验；

⑦ 通过试验获得最有效并符合既定目标的图形符号；

⑧ 确定是否需要记忆性测试的识别；

⑨ 进行匹配测试，通过语句描述将符号与事物联系起来的书面说明。

同时，也可以根据图4-6所示的ISO公众信息符号的发展步骤进行图形符号的开发设计，这样就得以满足操作者在操作过程中按照图形符号的相关指示说明进行正确的操作和生产。

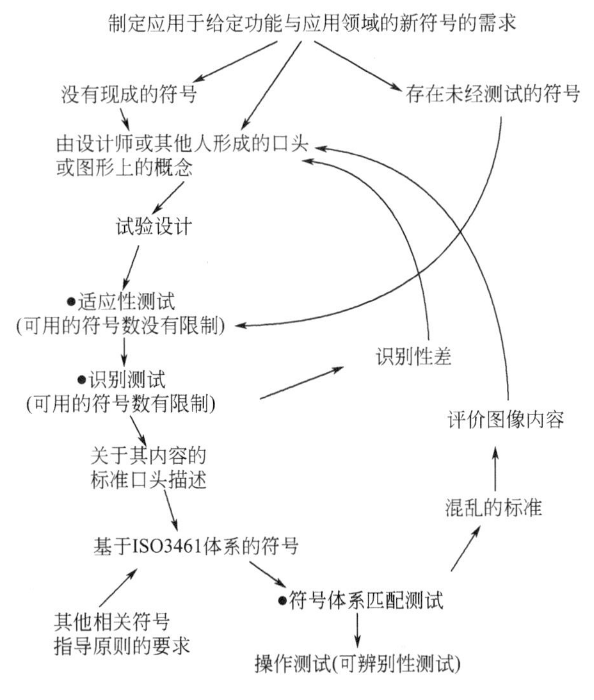

图4-6　ISO公众信息符号的发展步骤

(4) 标志设计

标志是给人行为指示的符号和说明性文字，主要应用于公共场所、建筑物、产品的外包装以及印刷品等。图形标志则是图形符号、文字、边框等视觉符号的组合，以图像为主要特征，用于表示特定的信息。

我国已经颁布了一系列有关标志设计的国家标准，现将部分标准代号、名称列举如下：

GB 7291—1987　与消费者有关图形符号的一般要求

GB 10001—1994　公共信息标志用图形符号

GB/T 7058—1986　铁路客运服务图形标志

GB 5768—1999　道路交通标志和标线

GB 5845.1～5845.12—1986　城市公共交通标志

GB 191—2000　包装储运图示标志

GB 190—1990　危险货物包装标志

GB/6388—1986　运输包装收发货标志

GB 6527.1—1986　安全色卡

① 标志设计原则　标志设计也可以参照图4-6 ISO公共信息符号的发展步骤和图形符号设计的基本原则，同时应注意以下基本事项：

a.应只包含所传达信息的主要特征，减少图形要素，避免不必要的细节；

b.长和宽宜尽量接近，长宽比一般不超过1 ∶ 4；

c.标志图形不宜采用复杂多变和凌乱的轮廓界限，注意控制和减小图形周长对比面积；

d.优先采用对称图形和实心图形。

② 标志的公称尺寸与视距　从标志的设计来说，确定图形各部分的大小比例需要一个基准；从标志的使用来说，要根据人们视觉要求确定标志的大小，而所谓的标志大小也需要一个度量标注。一般取边框作为图形标志设计计算的依据，定义图形标志边框内缘的尺寸为图形标志的工程尺寸。确定标志各项尺寸是应注意其最小公称尺寸、构图尺寸与视距之间的关系，表4-7所示为图形标志最小公称尺寸S_{min}与视距L之间的关系。

表4-7　图形标志最小公称尺寸S_{min}与视距L之间的关系

标志的边框类型	保证清晰度的最小公称尺寸S_{min}	保证醒目度的最小公称尺寸S_{min}
正方形边框	$12L/1000$	$25L/1000$
斜置方正边框	$14L/1000$	$25L/1000$
圆形边框	$16L/1000$	$28L/1000$
三角形边框	$20L/1000$	$35L/1000$

2.仪表显示设计

仪表显示是信息显示装置中一种最为常见和传统的显示装置，其主要显示数字或某种状态，按其功能可分为读数用仪表、检查用仪表、追踪用仪表和调节用仪表等；按其认读特征也分为数字显示和模拟显示两大类，其中数字显示仪表又分为指针运动式仪表和指针固定式仪表，如图4-7所示。可以通过表4-8对仪表设计进行全面的分析研究。

(a) 指针运动式仪表

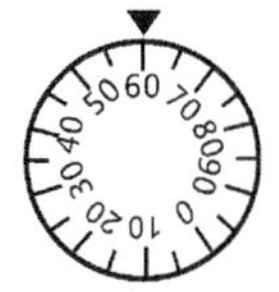

(b) 指针固定式仪表

(c) 模拟仪表

图4-7 仪表的类型

表4-8 三种仪表的显示性能比较

比较项目	指针活动式仪表	指针固定式仪表	数字显示仪表
读数精度			▲
读数速度		▲	▲
数值变化显示快	▲		
用户得到变化信息	▲		
可显示最小空间		▲	▲
要求设置数值参数	▲		▲
需要准确数值变化数据	▲		

（1）表盘

在仪表设计中，表盘的尺寸、刻度与标数的设计等都与人的观察视距、视角有着重要的关系，它们都随着视距的增加而增加。以圆形仪表为例，其最佳直径D与视距L、刻度显示最大数I之间的关系如图4-8所示。由图可知，I一定时，D随着L的增加而增大；L不变时，D随着I的增加而增大。

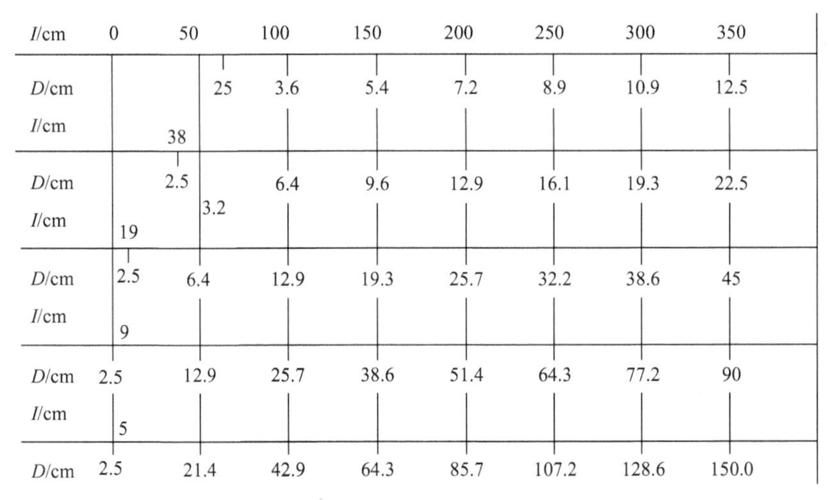

图4-8 圆形仪表最佳直径

（2）刻度与标数

刻度线之间的距离称为刻度。经研究表明，仪表盘上的字符尺寸D与视距L具有如下关系：

$$D=\frac{L}{350}\sim\frac{L}{100}$$

一般情况下，若视距为L，那么表盘小刻度的最小间距应为$L/600$；大刻度的最小间距应为$L/50$。刻度线一般情况下取间距大小的5%～15%，其中当刻度线宽度为间距的10%时，判读误差最小。表4-9是表盘各级刻度线、字符与常用视距之间的关系。

表4-9 视距与刻度线、字符之间的关系

视距/m	字符高/cm	长刻度线/cm	中刻度线/cm	短刻度线/cm
0.5以下	0.23	0.5	0.40	0.23
0.5～0.9	0.43	1.00	0.70	0.43
0.9～1.8	0.85	1.95	1.40	0.85
1.8～3.6	1.70	3.92	2.80	1.70
3.6～6.0	2.70	6.58	4.68	2.70

（3）指针

指针是指示显示装置变化的指示性标志。在仪表设计中，指针宽度不得超过最细的刻度线线宽，且不能将其刻度线完全遮盖。对于圆形刻度，其指针应为半径的0.8倍。指针尾部颜色应与刻度盘面颜色一致，整个指针应尽量贴近表盘。一般情况下，指针的零位置应设在时钟12时或9时的位置上。指针不动表面运动的仪表指针零位应在时钟12时位置；追踪仪表应处于9时或12时位置；圆形仪表可根据需要安排或设在12时位置；警戒仪表的警戒区应设在12时处，危险区和安全区应处于其两侧。

通过以上综述，可以将仪表显示的刻度、模拟显示指针的设计要点总结为以下12点。

① 对于模拟显示的刻度，每个要被读取的数值上都应该有标志。例如，在以km/h为单位的速度计上每两个km/h之间都必须有标记。

② 主要、中等、次要的标记高度（即垂直刻度，也称作“杆高”）分别应不低于0.56cm、0.40 cm和0.22cm。

③ 所有主要标记都必须注明数值。在主要标记之间必须有1、5或者10个单位的增量（其中单位通常是1、10、100或者是10的倍数）。

④ 标记的最小值由可视距离决定。字母和数字高度的最远视角应当不小于0.20°（通常取视角为0.25°为0.30°）。

⑤ 所有标记必须是水平方向。

⑥ 刻度上的数字在不会被指针遮挡的位置上。

⑦ 两个标记的大刻度之间通常不少于九个小刻度。

⑧ 标记应该使用加粗的字体。

⑨ 数字应该顺时针方向沿曲线递增，刻度也必须排成一个圆形。线性的刻度数字必须自下而上、从左到右递增。

⑩ 除非必须表示变化是零开始，否则零通常被置于环形刻度的底部。

⑪ 刻度必须简单易懂。

⑫ 指针的尖端必须是尖的。尾部应当小于总长的1/3。

【例4.3】某机械厂需要安装一款用于观测水温变化的仪表，一般需要在0.5 ~ 1m范围内观测，请问需要选择什么样的仪表?

分析解决

a.车间内照明条件良好，仪器需要观察其温度变化，所以应选择模拟仪表中指针移动式仪表。

b.操作者的观测范围在0.5 ～ 1m之间，可以参照表4-9中的数值，经查表可得字符与短刻度线高0.43cm，长刻度线1cm，中刻度线0.7cm。

c.根据需要确定最大刻度值和最小刻度值，并设有报警区域标志。

d.采用自上而下或从左到右的标记方法；且指针的尖端必须是尖的，尾部应当小于总长的1/3。

3.信号灯设计原则

视觉信号是指由信号灯产生的视觉信息，目前已广泛应用于飞机、车辆、航海、铁路运输及仪表板面上。其特点是面积小、视距远，可以起到强调的作用，但是信息负荷有限，当信号过多时会引起杂乱现象和产生干扰。

视觉信号灯具有强调或提示作用，可以根据其表示的意义进行逻辑分析。从人因工程学的角度出发，信号灯的设计与视距、环境因素、信号颜色有着重要的关系，一般情况下，红色预示着危险或告急，黄色提示着注意，绿色则代表安全。在特殊情况下，可以根据信号灯自身需要对其设定闪烁、持续显示等问题。为引起注意，通常使用强光和闪烁信号，其频率为0.67 ～ 1.67Hz，闪烁方式为明暗、明灭、似动等，若亮度较差时，可适当提高其频率。表4-10所示为不同背景下人对电子信号的辨认。

表4-10 不同背景下人对电子信号的辨认

信号灯	背景灯	认读效果
闪光	稳光	最佳
稳光	稳光	好
稳光	闪光	好
闪光	闪光	差

对于重要信号灯的布置与重要仪表一样，必须布置在最佳视野中心3° 范围内，一般信号灯则在20° 范围内，次要信号灯可设置在视野中心60° ～ 80° 之间，但必须不需要进行转头才能看到。

4.电子视觉显示设计原则

电子视觉显示是主要以LED彩色发光技术的信号显示装置，其根据显示信息的能力可分为点阵式显示、高分辨图像显示和彩色图形显示。其主要应用于电子产品中，少部分应用于户外场所。电子视觉显示的发光度、对比度、图像质量、颜色、视觉距离、视角都决定着视觉感受。

（1）显示的尺寸大小

在电子视觉显示中，人能够接受显示器的最小显示尺寸，首先是由物体的具体型号，和在同一时间内将被传递的信息的数量以及视距决定的。如果显示的是信息量过大的数字字符，它们就必须足够大，使得在最大的阅读范围内都能被很清楚地辨认出来。讯息排布的密度是另一个值得考虑的问题。如果信息排布的密度过高，那么用户将很难找到自己需要的信息。可以根据可视信息设计中的内容确定信息的字符等相关问题。

（2）发光度与对比度

发光度是指对应于光源和反光体表面的本身发光度的发光体的数量。发光度测量的单位是新烛光每立方米（cd/m^2）或者英尺-朗值（ft-L）测量时使用一种叫做光度计的工具。显示屏的发亮区域的最低发光度是由环境的情况所决定的。为了能照亮全局（例如，办公室）最少需要30cd/m^2（8.8 ft-L）的发光度。

显示中所能让人们辨认的最小对比度通常是3 ∶ 1。大多数的指南手册和规范都提议使用高对比度，然而，通常情况下的电子显示的要求是6 ∶ 1和15 ∶ 1（Knave.1983）。如果文字或者图形很小，那就需要更高的对比度。

对比度有时高达30 ∶ 1或者更多，但随着使用的发展并不提倡这么做，过分高的对比度不利于眼睛的精确聚焦，特别是在暗背景上观察亮的物体。最小的背景光亮度必须能够避免在许多不恰当的观察距离上视觉机构所产生的盲点。对比度还有以下两个公式被广泛应用。即：

$$S_c = \frac{L_o - L_b}{L_o}$$

$$S_c = \frac{L_{max} - L_{min}}{L_{max} + L_{min}}$$

式中，L_o为白色信号在100%时的饱和度；L_b为0%时的饱和度；L_{max}为明暗区域内最亮的白的亮度；L_{min}为最暗的黑的亮度。

为对比度所建立的这些效应计算并不十分准确，因为这些数据是在理想化的固定不变的环境下测得的。因此，显示的对比度是否充足，应该在真实的世界里进行测评，其中还应该包括最恶劣的使用环境。

色彩的对比可以参见可视信息设计中的字符与背景色彩设计部分。

（3）分辨率、点距和图像质量

显示器的分辨率和点距是两个与图像质量有关的重要参数。分辨率是指视频显示可以显示的最小细节，它实际上受到每个可视像素直径大小的限制；而点距则是像素密度的计算方法，它以两相邻像素中心的距离来表示。

图像质量取决于显示器的参数、观察者和观察条件等。一般，平板式显示器对图像质量相应要求比CRT显示器严格，这是由于平板式显示器的像素点具有方形的发光表面和不重叠性。

三、听觉显示

利用听觉信号传递信息的方式称为听觉显示。听觉信息传递具有反应快，传示装置可配置在任何一方向上，用语言通话时应答性良好等特点，因而被广泛应用于：信号简单、简短时；要求迅速传递时；传递后无须检查信号来源时；视觉信息超负荷时等。一般可将听觉显示分为听觉信息传示装置和语音传示装置。

1.听觉传示设计

听觉传示装置很多，常见的有铃、喇叭、蜂鸣器等，主要是为了提醒操作者进行操作或提示预警。因此在进行听觉显示设计时，通常从人因工程学的以下因素进行考虑。

① 确定正确的显示类型。明确传示信息的内容、性质、用途和功能。此外，还需了解它与其他显示形式相比较的相对优点、不同听觉显示形式的性能等。

② 确定信号与环境因素的异同。搞清听觉显示所处环境的噪声强度与波谱构成，保证听觉信号具有可察觉性，其强度与频率必须与周围的噪声有明显区别。

③ 人的因素。保证显示器发出的听觉频率在人的听觉范围内，任何给定听觉显示的有效性受制于它所处的总的环境。信号的大小和它们的编码应该尽量利用与使用者之间的自然关系。理想的听觉信号能“解释”所要求的反应，以便扩大其兼容性。

听觉传示装置主要是以听觉信号为主，听觉信号的评判标准与噪声强度有着重要的联系，通常以信号与噪声强度比值来进行描述，即：

信/噪=10lg（信号强度/噪声强度）

信噪比越小，听觉信号的可辨性越差，所以根据不同作业环境需选择适宜的信号强度。表4-11提供了部分听觉显示信号的强度范围及主要频率。其中大范围高强度的听觉信号在安静场所用50～60dB强度，露天用70～80dB，强噪声地区用90～100dB。

表4-11　听觉显示装置的强度范围与主要频率

分类	听觉信号	在3m处平均强度/dB	在0.9m处平均强度/dB	可听频率/Hz
大范围、高强度作业区域	10cm铃	65～77	75～83	1000
	15cm铃	74～83	84～94	600
	25cm铃	85～90	95～100	300
	喇叭	90～100	100～110	5000
	汽笛	100～110	110～121	7000
小范围、低强度作业区域	重声蜂鸣器	50～60	70	200
	轻声蜂鸣器	60～70	70～80	400～1000
	2.5cm铃	60	70	1100
	5cm铃	62	72	1000
	7.5cm铃	63	73	650
	谐音钟	69	78	500～1000

在众多听觉传示设计中，报警信号应该具有其独特的格调，以便与其他信号进行区别，故在设计中应注意遵循以下原则。

① 应使用高强度可变频的特发声音，更容易引起警觉性；

② 保证报警音不影响或惊吓接受者；

③ 避免报警音引起接受者的不适或损伤，同时也避免信号频率过于集中；

④ 引起警觉的时间不到ls，因此，声音应尽快地转换成明确的信息；任何后续信号也必须转换为其他信息，并在2s后才表现出来；

⑤ 如果具有多种警报信号，必须进行明显区分；

⑥ 警报信号既不应遮掩其他重要信号，也不能为其他信号所遮蔽；

⑦ 建议所有报警信号至少比预期的环境噪声高10～15dB，并保证0.5s内引起听者注意；

⑧ 报警频率一般在250～2500Hz之间。连续或间断的应限制在400～1500Hz之间。蜂鸣器可低至150Hz，喇叭可以高达4000Hz。

2.语言信息传示设计

人与机器之间可以用语音来进行操作，传递和显示语言信息的装置被称为语言信息传示装置。用语言作为载体进行信息传递和显示具有准确性高、接收迅速、信息量大等特点，但是也比较容易受到噪声干扰。因此在设计语言传示装置时应注意以下人因工程学原则。

① 语言清晰，不易混淆。需要显示较多内容时，用一种语言传示装置代替多个音响装置，且需表达准确，内容不易混淆。

② 语言强度不影响生理健康。语言的强度直接影响语言的清晰度，语言的平局感觉阈值限为25～30dB，汉语为27dB。135dB以上时人体会有开始不舒服、痒痛等感觉。

③ 噪声环境保持正常语言通信。保证在存在噪声时，双方语言清晰度达到75%以上，并避免产生人体听觉不适。

在噪声环境中作业，为保证语言信息传示正常，需按正常噪声提高噪声和提高了的噪声定出的极限通信距离。表4-12是语言通信与噪声干扰之间的关系。

表4-12 语言通信与噪声干扰之间的关系

干扰噪声的A计权声级（L_A）/dB	语言干涉声级/dB	认为可以听懂正常语音下的距离/m	认为在提高了的语音时可以听懂的距离/m
43	36	7	14
48	40	4	8
53	45	2.2	4.5
58	50	1.3	2.5
63	55	0.7	1.4
68	60	0.4	0.8
73	65	0.22	0.45
78	70	0.13	0.25
83	75	0.07	0.14

为产生语言信息，一般采用预先录音、语音数字化和合成语音三种方式。

用模拟磁带录制人讲话音是最熟悉的预先录音例子。这种预先录制讲话的方法的主要优点是它的讲话质量高，其缺点是缺乏灵活性（不重新录音就完全不能产生新的信息）和不能及时得到所希望的信息。而后面的那个缺点已经可以部分地通过某种新的技术给予迅速解决，这种技术就是通过大量的存储和将那些经过合理地规范化过短语与句子串接起来的方法实现的。

语音数字化也需要一个录制阶段。通过一个合成的设备从存储器件中选择出单词，构成短语和句子。同样，这种方法也缺乏灵活性。如果某个单词原先没有录音和存储，那么，在某个信息中就不能使用。这种数字化语音方法的优点是有较好的语音质量和较低的成本。许多可以“讲话”的产品（汽车、照相机、微波炉、复印机等）都是采用这种方法。

合成语音是一种最复杂和最灵活的方法，因为其可创建的讲话单词数量几乎是无限制的，它不需要人口头输入。语音信息可以采用按照模拟人讲话的规则将各种音素串接起来的方法构成。可惜的是用这种方法产生的讲话听起来还不够自然，因为它还缺乏真人讲话所有的音调、语气和重音。

表4-13所示是在应用时三种方法都具有各自的优缺点的比较。

表4-13　产生语音的集中方法比较

方法	可懂性	可理解性	自然性	可接受性
预先录音	高	高	高	高
语音数字合成	中	中	中	高
语音合成	低	中	低	中

虽然在商业和消费产品中，潜在的语音输出非常巨大，但是所介绍的产品中大部分至今还没有为人们很好地接受。尤其在消费产品中。语音输出还属于超前，因为目前使用它们还比较昂贵，而且也还显得华而不实。但是，这些已经给消费者留下了印象。所以，语言信息传示的方式必须建立在消费者的基础上，应具有非常清晰的效果，且技术和应用极其合理，否则会产生负面影响。

第三节　操纵装置

操纵装置是将人的信息输给机器，用于调整、改变机器状态的装置。操纵装置将操纵者输出的信号转换成机器的输入信号。因此，操纵装置的设计首先要充分考虑操作者的体型、生理、心理、体力和能力。操纵装置的大小、形态等要适应人的手或脚的运动特征。用力范围应当处在人体最佳用力范围之内，不能超出人体用力的极限，重要的或使用频率高的操纵装置应布置在人反应最灵敏、操作最方便、肢体能够达到的空间范围内。操纵装置的设计还要考虑耐用性、运转速度、外观和能耗。操纵装置是人-机系统中的重要组成部分，其设计是否得当，关系到整个系统能否正常安全运行。

一、操纵装置的类型与特征

操纵装置又称为操纵器、控制器、控制装置等。人通过操纵装置使机器起动、改变运行状态或停止等。在人因工程学中，不研究其工作原理、结构组成等科技问题，而是研究与它的操作有关的解剖学、生理学、心理学诸因素。在操纵装置设计中主要包括：控制装置外形、大小、位置、运动方向、运动范围、操纵力以及操纵过程的宜人性等。

1.操纵装置的类型

操纵装置按人使用的身体部位不同，可分为手动操纵装置，脚动操纵装置，膝动操纵装置、口（语言）操纵装置及其他特殊方式操纵装置（专为残疾人设计的特殊操纵装置器）等；按功能可分为开关类、转换类、调节类、紧急开关类；按操纵装置运动类别不同，操纵装置可分为旋转控制、摆动控制、按压控制、滑动控制和牵拉控制等。表4-14所示为操纵装置的基本分类。图4-9为操纵装置的基本形状。

表4-14 操纵装置的分类

基本类型	动作类型	举例	说　明
旋转操纵装置	旋转	曲柄，手轮，旋钮，钥匙等	可以做360°以下旋转
近似平移的操纵装置	摆动	开关杆，调节杆，拨动式开关，脚踏板等	受力后，围绕旋转点或轴摆动，或者倾倒到一个或数个其他位置。通过反向调节可返回到起始位置
平移操纵装置	按压	按钮，按键，键盘等	受力后，在一个方向上运动。在施加的力被解除之前，停留在被压的位置上。通过反弹力可回到起始位置
	滑动	手闸，指拨滑块等	受力后，在一个方向上运动，并停留在运动后的位置上，只有在相同方向上继续向前推或者改变方向，才可使控制装置做返回运动
	牵拉	拉环，拉手，拉钮	受力后，在一个方向上运动。回弹力可使其返回起始位置，或者用手使其在相反方向上运动

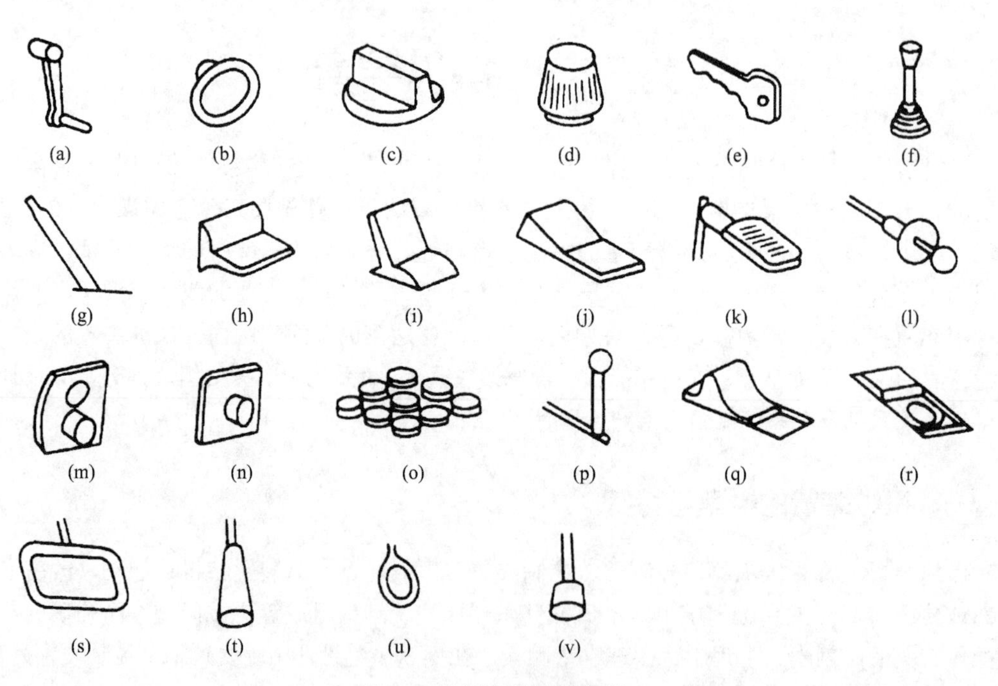

图4-9 操纵装置的基本形状

（a）曲柄；（b）手轮；（c）旋塞；（d）旋钮；（e）钥匙；（f）开关杆；（g）调节杆；（h）杠杆电键；（i）拨动式开关；（j）摆动式开关；（k）脚踏板；（l）钢丝脱扣器；（m）按钮；（n）按键；（o）键盘；（p）手闸；（q）指拨滑块（形状传递）；（r）指拨滑块（摩擦传递）；（s）拉环；（t）拉手；（u）拉圈；（v）拉钮

2. 人体尺寸在操纵装置设计中的应用

操纵装置的高度设计，作业空间的最大范围、正常范围、最佳范围的确定以及各种控制器、控制台、操作平台的设计都应以人体尺寸数据为依据，力求操作者操作方便、安全、舒适。在进行操纵装置设计时，应在GB/T 10000—1988给出的中国成年人手部尺寸5项、足部尺寸2项和GB/T 16252—1996《成年人手部型号》中手长和手宽两个参数的回归方程和20个手部控制部位的尺寸公式。图4-10为人体上肢和下肢基本活动范围数据，以便在设计过程中参考。

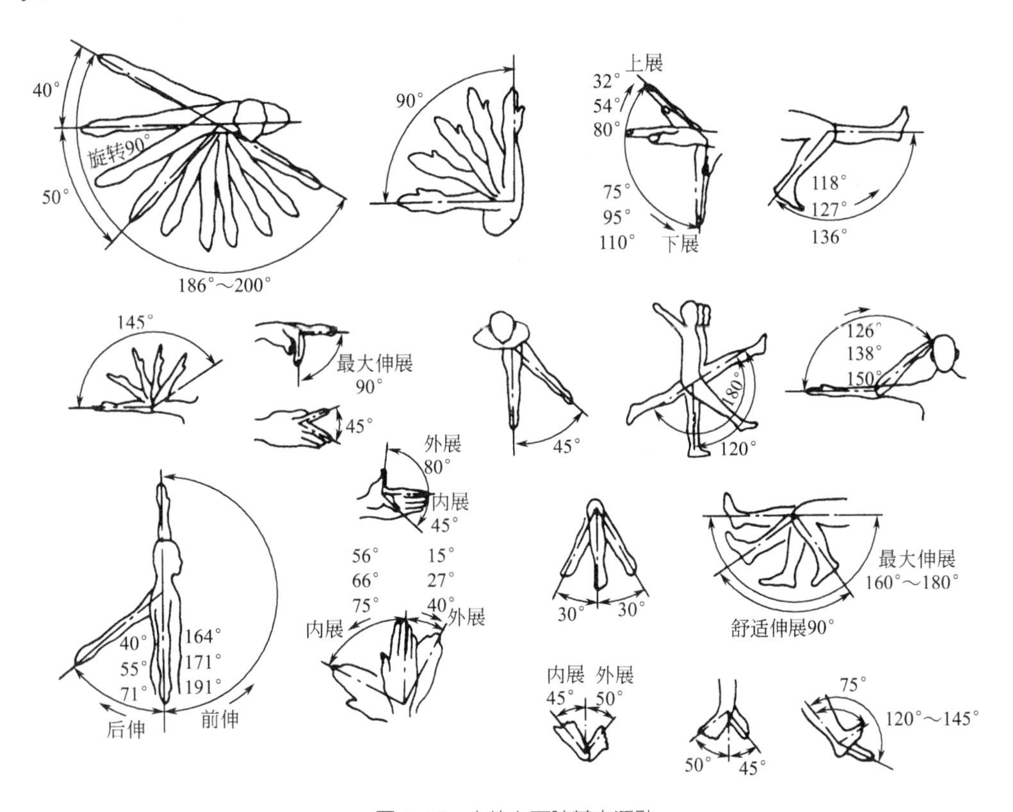

图4-10 人体上下肢基本活动

【例4.4】试求：

a. 女子5百分位数的掌厚；

b. 男子95百分位数的掌厚。

解 a. 根据GB/T 16252—1996查得，女子掌厚的回归方程为

$$Y = 9.23 + 0.21X_2$$

由GB/T 10000—1988查得：女子5百分位数的手宽为X_2=70mm，带入上面回归方程，即得到女子5百分位数的掌厚为：

$$Y = 9.23 + 0.21X_2 = 9.23 + 0.21 \times 70 = 23.93\text{mm}$$

b. 试用同样的方法计算男子95百分位数的掌厚，并与下式对照检验

$$Y = 6.51 + 0.27X_2 = 6.51 + 0.27 \times 89 = 30.54\text{mm}$$

3.操纵装置的用力特征

在进行操作时，操作者所付出的一定数量的力就是操作力。在设计操纵装置时，必须很好地考虑操纵力的数值，使操作者既能发挥最大的主观能动性而又不感到疲劳。

操纵力的大小因人而异，男性的力量比女性平均大30%～35%。年龄是影响操纵力的显著因素，男性的力量在20岁之前是不断增长的，20岁左右达到顶峰，这种状态大约可以保持10～15年，随后开始下降，40岁下降5%～10%，50岁下降15%，60岁时下降20%，65岁时下降25%。腿部肌力下降比上肢明显，60岁的人手的力量下降16%，而胳膊和腿的力量下降高达50%。人体能够发挥的力的大小，决定于人体的姿势、着力部位以及作用力的方向。见图4-11和表4-15。

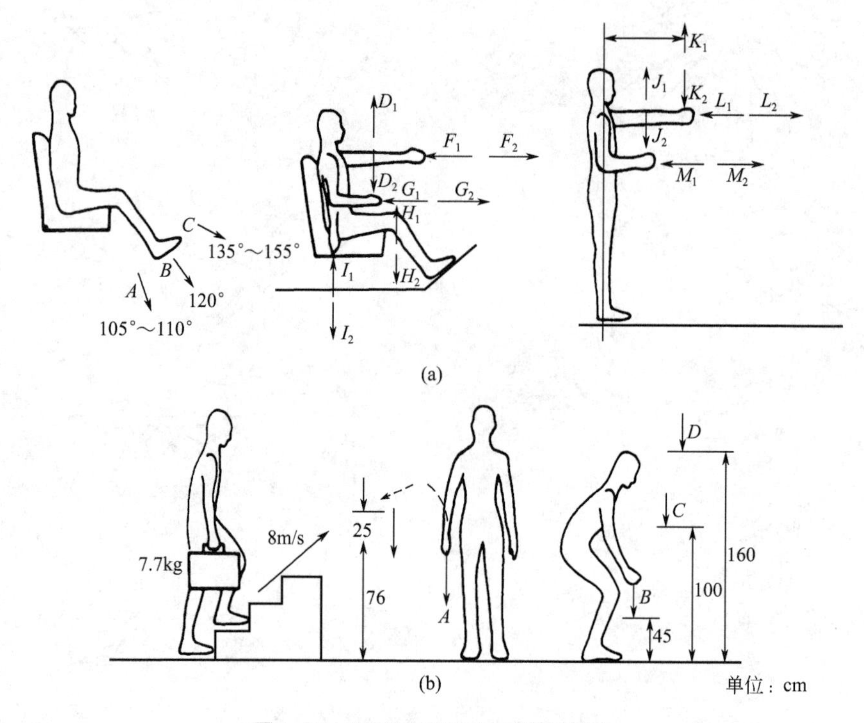

图4-11　人体在各种状态时的施力状态

表4-15　人体在不同姿态下的力量（单位：N）

施力	强壮男人	强壮女人	瘦弱男人	瘦弱女人
A	1494	969	591	382
B	1868	1214	778	502
C	1997	1298	800	520
D_1	502	324	53	35
D_2	422	275	80	53
F_1	418	249	32	21
F_2	373	244	71	44

续表

施力	强壮男人	强壮女人	瘦弱男人	瘦弱女人
G_1	814	529	173	111
G_2	1000	649	151	7
H_1	641	382	120	5
H_2	70	458	137	97
I_1	809	524	155	102
I_2	676	404	137	89
J_1	177	177	53	35
J_2	146	146	80	53
K_1	80	80	32	21
K_2	146	146	71	44
L_1	129	129	129	71
L_2	177	177	151	97
M_1	133	133	75	48
M_2	133	133	133	88

在操纵装置设计时应注意其应有一定的操纵阻力。有操纵阻力的作用，可以提高操作的准确性、平稳性和速度以及向操作者提供反馈信息，以判断操纵是否被执行，同时防止控制装置被意外碰撞而引起的偶发启动。操纵阻力主要有静摩擦力、弹性力、黏滞力和惯性力四种形式。它们的特点见表4-16。

表4-16 摩擦、弹性、黏滞性、惯性等控制装置的阻力特性

阻力类型	举例	特性	优点	缺点	用途
摩擦力	开关闸刀	开始时阻力较大，开关滑动时阻力即下降	因阻力大，可减少意外动作	控制准确度低	适宜作不连续控制
弹性阻力	弹簧	阻力随控制装置的移动距离加大而增大	控制准确度高；控制装置能自动归位	控制装置移动中间位置要定位时，需设定位装置	可作连续控制
黏滞阻力	活塞	阻力与控制装置移动速度相对应	控制准确度高；运动速度均匀；稳定性好	造价高	适宜作连续控制
惯性	调节旋钮	阻力由多级结构的惯性产生，一般较大	允许平滑移动；因需要较大作用力，故减少了意外移动的可能	操作疲劳；移动准确性差	可用于不精确控制

阻力大小与控制装置的类型、位置、移动的距离、操作频率、力的方向等因素有关。关于控制装置的阻力水平，很难规定某个最大值。阻力最大值显然应该在大多数操作者用力能力范围之内。操作阻力也不能过小，最小阻力应大于操作者手脚的最小敏感压力，防止由于动觉反馈差引起误操作。表4-17为操纵装置的最小阻力。

表4-17　控制装置的最小操作阻力

控制装置类型	最小阻力/N	控制装置类型	最小阻力/N
手动按钮	2.8	曲柄	9 ~ 22
脚动按钮	5.6（脚停留在控制器上） 17.8（脚不停留在控制器上）	手轮	22
拨动开关	2.8	手柄	9
旋转选择开关	3.3	脚踏板	417.8（脚不停留在控制器上） 4.5（脚停留在控制器上）
旋钮	0 ~ 1.7		

4.操纵装置的特征编码与识别

对具有多个控制器的系统，为了提高操作者辨别控制器的效果，应对控制器进行编码。这不仅能改进操作绩效，也能减少训练时间。控制器的编码一般有形状编码、大小编码、颜色编码、标志编码、操作方法编码，如图4-12所示。根据使用条件，每一种编码方式都有自己的优点与弊端，但它们往往可以组合起来使用，以弥补各自的不足。编码方式的选择将取决于以下各种条件：① 操作者使用控制器时的任务要求；② 辨认控制器的速度和准确性；③ 该种编码在别的系统上使用的程度；④ 需要编码的控制器的数目；⑤ 照明条件；⑥ 可利用的控制键空间等。

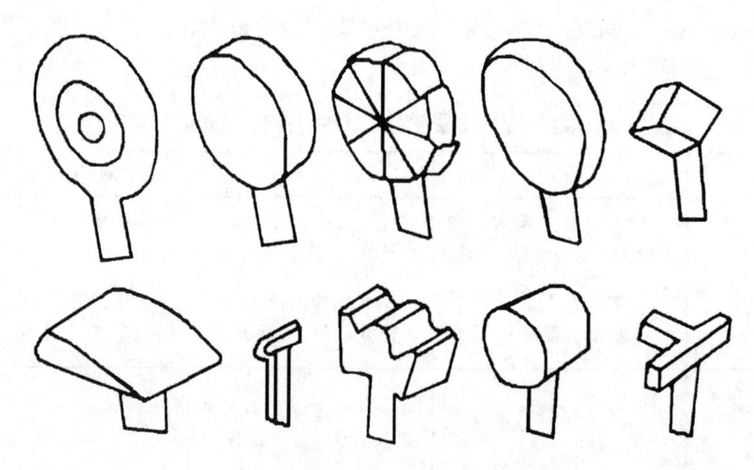

图4-12　形状编码

对操纵器进行形状编码，是使具有不同功能的操纵器具有各自的形状特征，便于操纵者的视觉辨认，并有助于记忆，因而操纵器的各种形状设计要与其功能有某种逻辑上的联系，使操纵者从外观上就能迅速地辨认操纵器的功能。但是，在进行操纵器的设计时也应注意其与其他操纵器的混淆关系。如图4-13所示，在（a）、（b）、（c）三类旋钮之间不易混淆，而同一类之间容易混淆；（a）和（b）类旋钮适合作360°以上旋转操作；（c）类旋钮适合360°以内旋转操作；（d）类适合作定位指示调节。

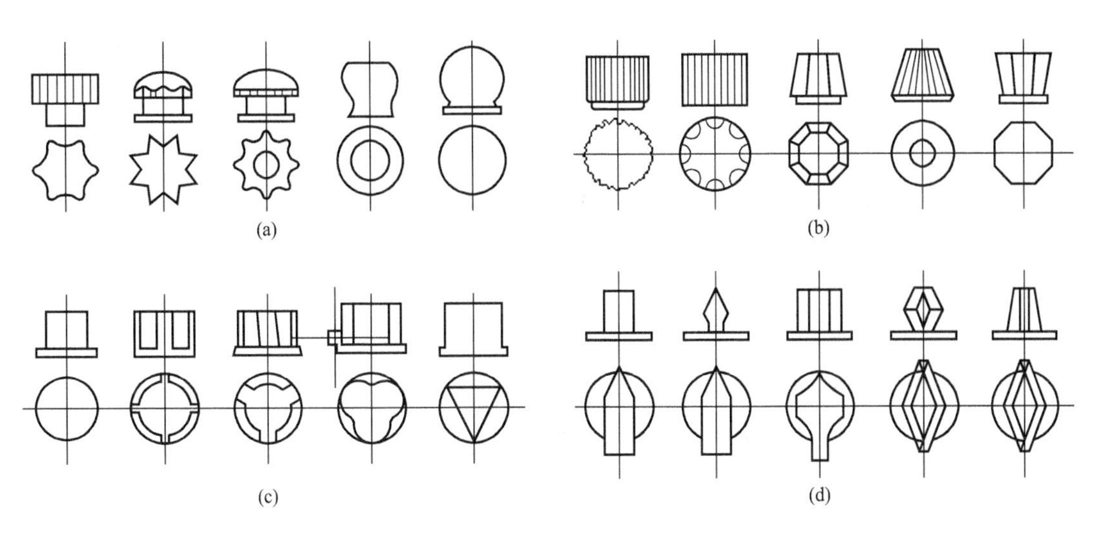

图4-13　旋钮的混淆与区分

（1）大小编码

操纵装置采用大小编码时，一般来说，大操纵装置的尺寸要比小操纵装置的大20%以上，才有准确操纵的把握，而这一点是较难保证的，所以，大小编码形式的使用是有限的。

（2）颜色编码

形体和颜色是物体的外部特征，因此，可用颜色编码来区分操纵器，人眼虽然可分辨各种颜色，但用于操纵装置的编码颜色，一般只有红、橙、黄、绿、蓝五种，色相多了，容易混淆。操纵装置的颜色编码一般只能同形状和大小编码合并使用，而且只能靠视觉辨认，还容易受照度的影响，故使用范围有限。

（3）标志编码

当操纵器数量很多，而形状又难以区分时，可采用标志编码，即在操纵装置上刻以适当的符号以示区别，符号的设计应只靠触觉就能清楚地识别。因此，符号应当简明易辨，有很强的外形特征，如图4-14所示。

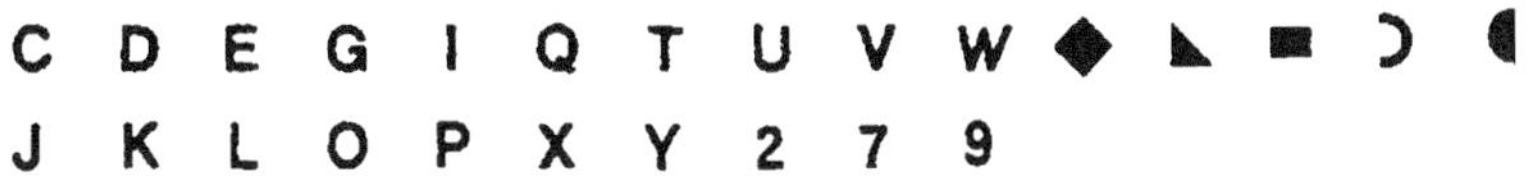

C D E G I Q T U V W ◆ ◣ ■) (

J K L O P X Y 2 7 9

图4-14　可触觉辨别的标志编码

（4）操作方法编码

采用操作方法编码时，每个控制器都有自己独特的驱动方式，比如拉、推、旋转、滑动、按压等。它是通过来自不同操作方式产生的运动差异来辨认的。这种编码方法一般可作为备用方法，以证实操纵装置的最初选择是否正确，不能用于时间紧迫感或准确性高的场合。

5.操纵装置的空间位置设计

布置操纵装置的主要目的是使人的手脚活动便捷、辨别敏锐、反应快、肢力较大的位置，若操纵装置很多，则以其功能重要程度和使用频度的递减，从优先区域逐渐扩大布置范围。在操纵装置设计的布局中主要有三个问题：一是控制器应布置在什么位置；二是各控制器之间的间隔；三是防止意外误操作的措施。

（1）位置安排的优先权

当具有许多操纵装置且它们不可能都安装在最佳操作区时，应该根据操纵装置的重要性和使用频率（或时间长短）来确定它们的排列优先权。操纵装置的重要性一般指它的绩效对实现系统目的和其他考虑是必需的或致命的程度，使用频率可以实测，这两项指标也可综合成一个评价分数。

（2）功能组合与顺序排列

为了减少位置的记忆负荷和搜索时间，控制器的位置可按功能组合或按使用顺序排列。功能组合包括两个方面：

① 具有相同功能的操纵装置或者所有与某一子系统相联系的操纵装置，在位置上构成一个功能整体。为了使这些功能组合起来的操纵区比较醒目，可在它的周围加边框或留出较大的间隔或用颜色加以标志。

② 所有同类设备上功能相似的操纵装置应放在控制板的相对统一的位置上。

有一些控制板的操纵装置具有固定的使用顺序，它们的位置应按顺序排列，并应按人所习惯的顺序形式，即从左至右或从上至下地排列。对于同轴安装的旋钮，在连接上应使大旋钮（高增益）是首先驱动的旋钮，小旋钮（低增益）是最后驱动的旋钮。

（3）操纵装置的间隔设计

操纵装置之间的间隔不是越小越好，间隔小虽可以排列紧凑，观察方便，但实验证明，过小间隔会明显地增加误操作率。操纵装置的间距取决于操纵装置的形式、操作的顺序和是否需要防护等因素。

操纵装置的形式对控制器的间隔影响最大。不同形式的操纵装置要求不同的使用方式。例如按钮只需指尖操作，对周围的影响较小。而扳动开关既要求手指在钮柄两侧有足够的空间以便捏住钮柄，又要求留出沿扳动方向的手活动空间。再如杠杆操纵器，如果两个杠杆必须两手同时操作，两只手柄间就必须留有可容纳两只手动作时不会相碰的距离；如果两只杠杆是用一只手顺序操作，两只手柄的间距就可以小很多。

因此，操纵装置间距的确定要根据所用肢体的工作面积（按第95百分位值），使用该控制器对操作者作出的心理动作的运动精确性、操作方式以及控制器本身的工作区域等各种因素加以考虑。如表4-18所示。

表4-18　相邻控制器的间距

操纵装置	操作肢体	间距/mm	
		最小	最佳
按钮	手指	20	50
肘节开关	手指	25	50
手柄	手	50	100
	双手	75	125
手轮	双手	75	125
旋钮和旋转选择开关	手	25	50
踏板	单脚	50	100

二、操纵装置与人因工程学选择原则

操纵装置是人机系统的重要组成部分，也是人机界面设计的一项重要内容，它的设计是否得当，直接关系到整个系统的工作效率、安全运行以及使用者操作的舒适性。控制装置的设计必须符合人因工程学的要求，也就是说，必须考虑心理、生理，人体解剖和人体机能等方面的特性。

1. 操纵装置的设计与动作节约

人体动作的灵活性，是指操作时的动作速度和动作频率两个方面，其影响因素与人体的运动部位、运动形式、运动方向、阻力、运动轨迹等特征有关，因此，在进行操纵装置设计时应注意此方面因素的影响，保证操纵装置设计达到最好的使用要求。

由于人体结构的原因，人的肢体在某些方向上的运动要快于另一些方向，其主要原因是受到了动作方向和动作轨迹的影响。在进行操纵装置设计时应注意到实际中选择动作方向和轨迹影响，所以，有必要考虑到下面的基本情况：

① 在操纵动作中，连续改变的和突然改变的曲线动作不同，它们的速度不同；

② 水平操纵动作比垂直操纵动作的速度快；

③ 一直向前的动作速度，比旋转时的动作速度快1.5～2倍；

④ 操纵动作的圆形轨迹比直线轨迹灵活；

⑤ 顺时针动作比逆时针动作方便；

⑥ 手向着身体动作，比离开身体的动作灵活而准确；向前后的往复动作比向左右的往复动作快；

⑦ 最大动作速度与被移动负荷的重量成反比，而达到最大速度所需时间与负载重量成正比。

另一方面，在人体进行操纵时，人的不同部位的操纵动作频率也是不尽相同的。所谓操纵者动作的频率是指在一定时间内动作所重复的次数，其大小与操纵方式、机构形状、种类、尺寸及人体部位有关。表4-19所示为人体各部位动作的最大频率，其中包括右手指的敲击、手的抓取、臂的屈伸、脚的踩蹬（以足跟为支点）等。表4-20中给出了两只手动作的最大频率。表4-21给出了最大转动频率与手柄长度之间的关系，从表中可以看出，手柄长为60mm时，其转动频率最大。

表4-19　人体各部位动作的最大频率

动作部位	动作的最大频率/（次/min）	动作部位	动作的最大频率/（次/min）
手指	204～406	臂	99～344
手	360～431	脚	300～378
前臂	190～392	腿	330～406

表4-20　两只手动作的最大频率

动作种类	最大频率	
	右手	左手
旋转/（r/s）	4.8	4.0
推压/（次/s）	6.7	5.3
打击/（次/s）	5～14	8.5

表4-21　最大转动频率与手柄长度关系

最大转动频率/（r/min）	手柄长度/mm	最大转动频率/（r/min）	手柄长度/mm
26	30	23.5	140
27	40	18.5	240
27.5	60	14	580
25.5	100		

一般来说，从外界刺激出现到操作者根据刺激信息做出反应完成之间的时间间隔称为反应时。反应时又称为反应潜伏期，反应不能在接受刺激的同时立即发生，而是有一个反应过程，这种过程在体内进行时是潜伏的。反应过程包括刺激使感觉器官产生活动，经由神经传递给大脑，经过加工处理，再从大脑传给肌肉，肌肉收缩后作用于外界的客体。

反应时是人因工程学在研究和应用中经常使用的一种重要的心理特性指标，通过对反应时的试验和测定，就可以发现在人机系统中人的反应时明显落后于机器环节的反应时。因此，操纵系统中人的反应时就决定了人的调节作用的总时间周期。由此可见，要设计出合理、高效的操纵系统必须研究人的操作反应时，选择合理的操纵方式，缩短人体对刺激的接收时间，缩短人体的操作反应时，提高操作效率，以求达到最佳的设计预期。表4-22所示为信号作用于人体不同部位时简单感觉反应实际特性的比较。

表4-22　信号作用于人体不同部位时简单感觉反应实际特性的比较

感觉通道＼特性	视觉	听觉	触觉	嗅觉	味觉			
					咸的	甜的	酸的	苦的
反应时/ms	150 ～ 225	120 ～ 182	117 ～ 182	210 ～ 390	310	450	540	1080
知觉方法	光为介质	音为介质	直接的	间接的	直接的			
知觉范围	有局限性	无局限性	无局限性	无局限性	无局限性			
知觉难易	必须看见对方	最容易	少许困难	容易	相当困难			
知觉复原难易	容易	容易	容易	不易	不易			
重复采用的频度	大	大	小	小	没有			
实用性	大	大	较大					

从表中可知，触觉信号的反应时短，其次为听觉、视觉，所以在一般人机系统中应优先采用触觉、视觉、听觉通道，并且根据人接受信号的负荷量合理地分配信号感觉通道，不能过分集中。

2.操纵装置设计的一般人因工程学原则

在操纵装置的设计中首先需要考虑人的因素，但在具体的使用过程中，人的尺寸，视、听、触觉辨别等因素不尽相同，很容易导致一些误操作的产生。通过统计，人们在使用操纵装置过程中时常发生以下错误。

① 辨别错误：因分辨不清不同的操纵器而发生操纵错误。

② 调节错误：把开关等操纵器移动到错误的位置或忘记检查未加固定，触动了处于正确位置的操纵器。

③ 逆转错误：把操纵器移动到与要求相反的方向上。

④ 无意引发：即不小心造成的误操作。

⑤ 难以触及：由于操纵位置设计不合理，操作者需要大幅度改变身体姿势，影响控制速度和准确性。

因此，在设计与选择操纵器时不仅要考虑其本身的功能、转速、能耗、耐久性以及外观，还必须考虑与操作者的关系，这里先简要分几条概述操纵装置设计的一般人的因素方面的原则，关于每一条详细内容，会在下面手动操纵装置和脚动操纵装置中详细阐述：

① 操纵器的样式要便于操作，尽量减少或避免不必要的操作动作；

② 操纵器的运动方向应尽量与预期的功能方向一致；

③ 操纵器的大小、形状应符合人体相应操作部位的解剖学特征，以便于操作者把握和移动；

④ 操纵器的移动范围要根据操作者的身体部位、活动范围和人体尺寸来确定；

⑤ 操纵器的用力应选在人的体力适宜范围之内，并确保人身安全；

⑥ 操纵器应按其性质的不同，选择不同的形状，以便于记忆；

⑦ 在操纵器较多，按其形状不便辨认的情况下，应采用标牌、刻度、颜色等标出其功能、操作次序，以便于操作者辨认和操作。

3. 操纵装置的选择原则

操纵装置的选择应根据操作要求而宜时宜地，根据具体使用特性进行不同选择，一般应遵循如下几个原则。

① 快速、精细的操作，主要采用手动或指动操纵装置。用力的操作应采用手臂及下肢控制。

② 手动控制器应安排在容易接触到和易看到的空间。

③ 按钮的间距应为15mm，各手动控制器的间距不小于50mm。

④ 手揿按钮、旋钮适用于费力小、移动幅度不大及高精度的阶梯式或连续式调节。

⑤ 长臂杆、手柄、手轮、踏板则适用于费力、幅度大和低精度的操作。

表4-23给出了各种操纵装置的功能和使用情况，可供选用时参考。

表4-23　各种操纵器的功能和使用情况

装置名称	使用功能					使用情况					
	启动制动	不连续调节	定量调节	连续调节	数据输入	性能	视觉辨别位置	触觉辨别位置	多个类似操纵器的检查	多个类似操纵器的操作	复合控制
按钮	▲					好	一般	差	差	好	好
纽子开关	▲	▲			▲	较好	好	好	好	好	好
旋转纽子开关		▲				好	好	好	好	差	较好
旋钮		▲	▲	▲		好	好	一般	好	差	好
踏钮	▲					差	差	一般	差	差	差
踏板			▲	▲		差	差	较好	差	差	差
曲柄			▲	▲		较好	一般	一般	差	差	差
手轮			▲	▲		较好	较好	较好	差	差	好
操作杆			▲	▲		好	好	较好	好	好	好
键盘					▲	好	较好	差	一般	好	差

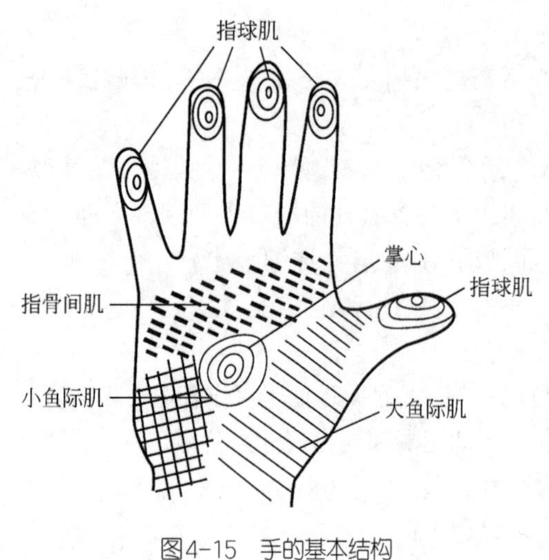

图4-15　手的基本结构

三、手动操纵装置

手是人体进行操作活动最多的器官之一。长期使用不合理的手动操纵装置，可使操作者产生痛觉，出现老茧甚至变形，并可影响劳动情绪、劳动效率和劳动质量。因此手动操纵装置的手把外形、大小、长短、重量以及材料等，除应满足操纵的基本要求外，还需要满足手的结构、尺度及触觉特征。图4-15所示为手的基本结构。手的掌心部位肌肉最少，指骨间肌和手指肌是神经末梢满布的区域，而指球肌、大鱼际肌、小鱼际肌是肌肉丰满的肌肉部位，是手掌上的天然减振器。

1. 手动操纵装置设计因素

（1）手的操纵力

手的操纵力的大小，与人体姿势、着力部位、用力方向和用力方式等都有关系。

坐姿操纵时的操纵力：操作者坐姿运用水平推力或水平拉力垂直上下或水平外向用力时，上臂需要与水平前伸的小臂成不同角度。测试结果表明，对于不同方向的力和上臂，小臂间的不同角度，第5百分位的力值和第50百分位的力值如表4-24所示。

表4-24　立姿时的操纵力（单位：N）

手臂角度/（°）	拉力		推力	
	左手	右手	左手	右手
	向后		向前	
180（向伸臂前平）	230	240	190	230
150	190	250	140	190
120	160	190	120	160
90（垂臂）	150	170	100	160
60	110	120	100	160
	向上		向下	
180	40	60	60	80
150	70	80	80	90
120	80	110	100	120
90	80	90	100	120
60	70	90	80	90

操纵者站着时臂伸直的最大拉力产生在180°的位置上。所以需要向上拉的操纵机构应布置在下面，才能得到最大的操纵力，站着操纵时臂伸直的最大推力产生在0°的位置上，即垂

直向上推的位置上。但一般在这个方位布置操纵机构的比较少见，如图4-16所示，其中（a）中施力的大小是施力者体重的100%；（b）中施力的大小是施力者体重的130%。

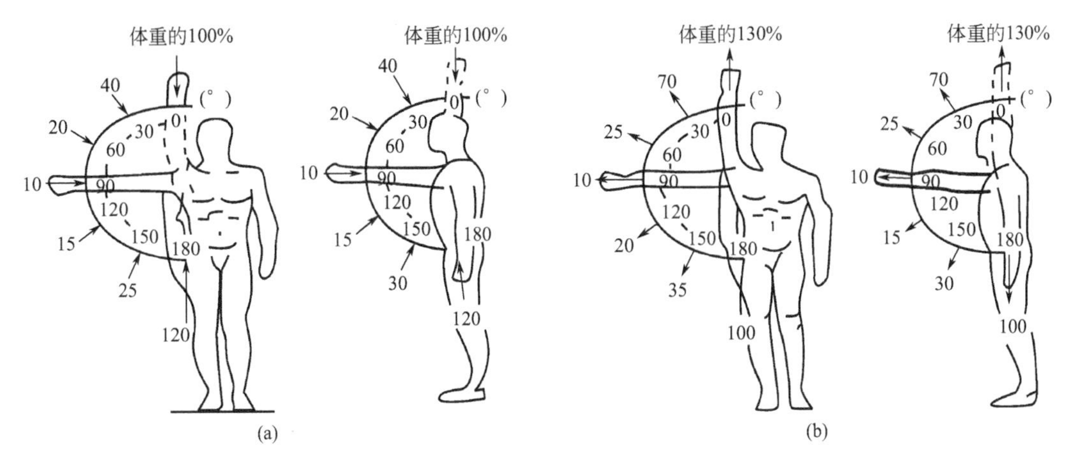

图4-16　立姿操纵力

（2）手的结构和运动特点

与脚相比，手指纤细灵巧，手骨体型小，数量多。整个手骨由四块腕骨、五块掌骨和十四块指骨组成，手肌主要位于手的侧掌面，可分为外侧群、中间群和内侧群。外侧群能使拇指屈伸、内收、外展和对掌运动。中间群可使手指屈伸以及向中指靠拢和分开。内侧群能使小指屈伸、外展和对掌运动。

手在操纵过程中的运动是若干个基本动作联合而成的，是一种复合运动，其运动形式有旋转、按压、敲击、推拉、抓握、扭捏等，由这些运动合称为操纵中的一些基本动作，如运物动作、定位动作、装配动作、拆卸动作等。手的动作敏捷、迅速，图4-17所示为手骨结构示意图。

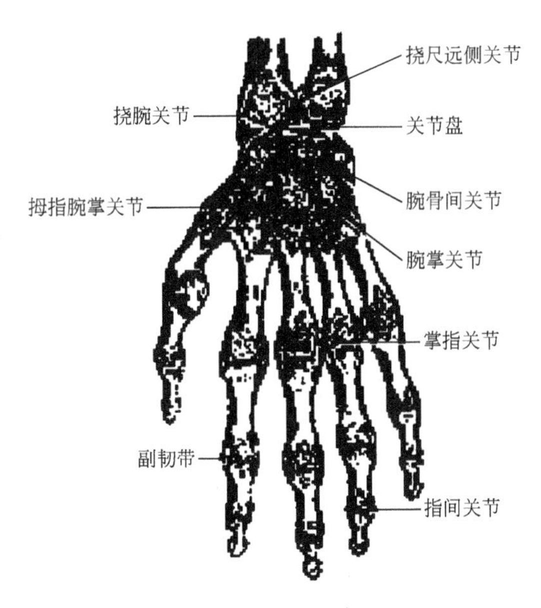

图4-17　手骨结构

2. 手动操纵装置的类型

由于手的动作工作精细准确，灵活多变，所以绝大多数操纵装置都是用手进行操纵，因此手动操纵装置的种类极多，最常用的手动操纵装置有旋钮、按钮、扳动开关、控制杆、曲柄、手轮等。表4-25中为手动操纵装置的重要性和使用频率的分布，可供设计时参考。

表4-25 手动操纵装置的重要性和使用频率的分布

操纵装置类型	躯体和手臂活动特征	布置的区域
使用频率	躯体不动，上臂微动，主要由前臂活动操纵	以上臂自然下垂状态的肘部附近为中心，活动前臂时手的操纵区域
重要 较常用	躯体不动，上臂小动，主要由前臂活动操纵	在上臂小幅度活动的条件下，活动前臂时手的操纵区域
一般	躯体不动，上臂、前臂活动操纵	以躯干不动的肩部为中心，活动上臂和前臂时手的操纵区域
不重要、不常用	需要躯干活动	躯干活动中手能达到的存在区域

（1）旋钮的设计

通过旋转操纵的装置统称为旋钮，旋钮一般可分为两类，一类是旋转操纵，手指操作执行的机构，它能做平滑、非步进式的弧线运动；另一类是可以做步进式的弧线运动，图4-18所示为旋钮的基本样式。

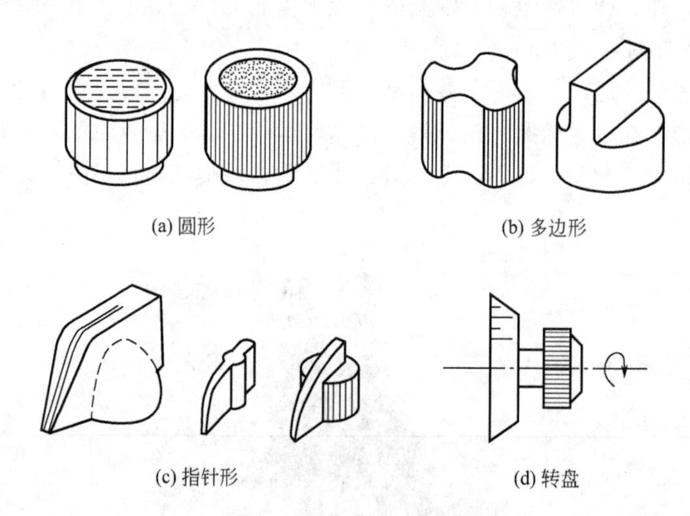

(a) 圆形　(b) 多边形

(c) 指针形　(d) 转盘

图4-18 旋钮的基本样式

在进行旋钮设计时，主要有两个重要的设计尺寸：一个是直径，另一个是高度。布雷德利对48个被试用的不同直径的单旋钮做左旋和右旋实验，旋钮直径为13～83mm，旋转摩擦力矩为0.5～0.6N · m和1.2～1.3N · m两种，以旋转时间作为测试尺度。试验中发现，不论对哪种旋转力矩，直径都以50mm左右为最佳。多层旋钮必须使之在旋动某一层旋钮时不会无意中触动其他层旋钮。布雷德利对三层旋钮的实验表明，当取中间一层旋钮直径为50mm时，最上面的小钮直径应小于25mm，最下面的一个大旋钮直径应以80mm左右为宜。钮的厚度上面两个可取8mm，最下面一个可取6mm。各层旋钮之间应不相接触，每层旋钮应有足够的旋动阻力，才能保证不会发生相互影响。如图4-19所示为圆形同心旋钮尺寸设计及注意事项，图4-20为适宜操作的旋钮尺寸。

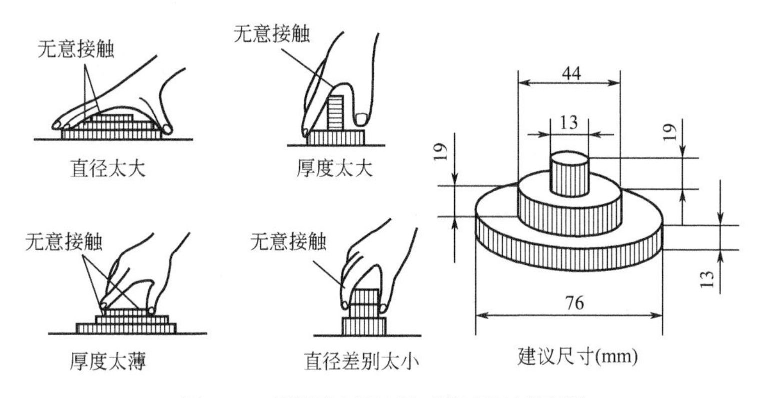

图4-19　圆形同心旋钮尺寸设计及注意事项

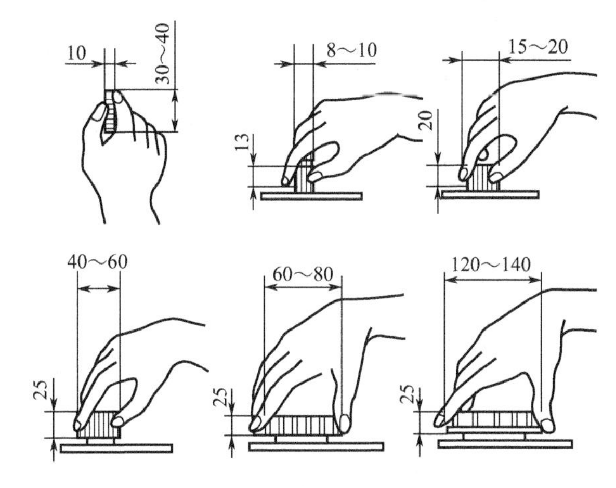

图4-20　适宜操作的旋钮尺寸（mm）

（2）按钮的设计

按钮是轻型触觉操纵装置的主要类型之一，应用极其广泛，在触觉接触中占有极其重要的地位，现已应用到了电子行业的各个领域，图4-21是按钮的基本类型。

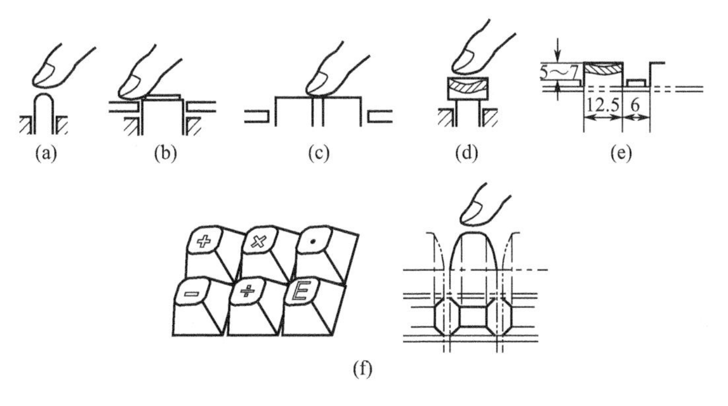

图4-21　按钮的基本类型

在按钮的设计中，按钮的界面形状一般以圆形和矩形为主，其尺寸大小，即圆截面直径*d*，或矩形界面的两个边长$a \times b$，应与相关的人体操作部位的尺寸相适应。其他主要人因工程学参量还有操纵力和工作行程，同时还应注意按钮表面应稍有凹陷或纹理粗糙和蘑菇形，这样有利于手掌用力均匀，以便揿时手指不易滑脱。表4-26为按钮的三项人因工程学参量。

表4-26　按钮的三项人因工程学参量

操纵装置及方式	基本尺寸/mm		操纵力/N	工作行程/m
	直径d（圆形）	边长$a \times b$（矩形）		
按钮 用食指按压	3 ~ 5 10 12 15	10×5 12×7 18×8 20×12	1 ~ 8	< 2 2 ~ 3 3 ~ 5 4 ~ 6
按钮 用拇指按压	18 ~ 30		8 ~ 35	3 ~ 8
按钮 用手掌按压	50		10 ~ 50	5 ~ 10

在设计过程中除了表4-26所列参数外，按钮设计中还需注意以下人因工程学原则：

① 操作次数少的轻小型设备可适当降低按钮的触觉接触；

② 一般情况下，按钮应凸出一定高度；

③ 按钮间应有间距，否则容易同时接触两个键；

④ 按钮以中间凹型为佳；

⑤ 适宜的尺寸可参考图示；

⑥ 密集按键的形式。

（3）手动操纵杆设计

大家所熟悉的汽车挡位器就是手动操纵杆的种类之一，它在其他机器或产品上也多有应用。手动操纵杆的设计主要集中于其外形、大小、长短、重量以及材料等，除应满足操作要求外，还应符合手的结构、尺度及触觉特性。虽然在前面已经介绍了很多关于操纵装置的设计，但这里仍需要指出一些应用于这类操纵杆的有关人因工程学方面的内容：

① 要使对紧握的操纵杆施加的力达到最大；

② 操纵杆的位置应在人站立时肩部高度处，或坐着时的肘部高度处；

③ 操纵杆最大操作力不宜超过14kg，瞬间拉力可允许达到110kg；

④ 施加于操纵杆的推力应大于拉力，且无论是拉力还是推力，从坐姿位置施出的力均应大于从站姿位置施出的；

⑤ 在人体韵律的极限内，操纵杆行程越长，其控制精度越高。

在一般设计中，通常要考虑的是那些与舒适相关的内容，例如有些操纵杆可能与运行时会产生较高温度的齿轮连接，这时就应考虑采取某种隔离形式。图4-22是操纵杆把手处的优劣比较。其中，（a）、（b）、（c）设计较好，根据符合人手的基本长度与幅宽，把手径向尺寸适中；（d）、（e）、（f）设计较差。

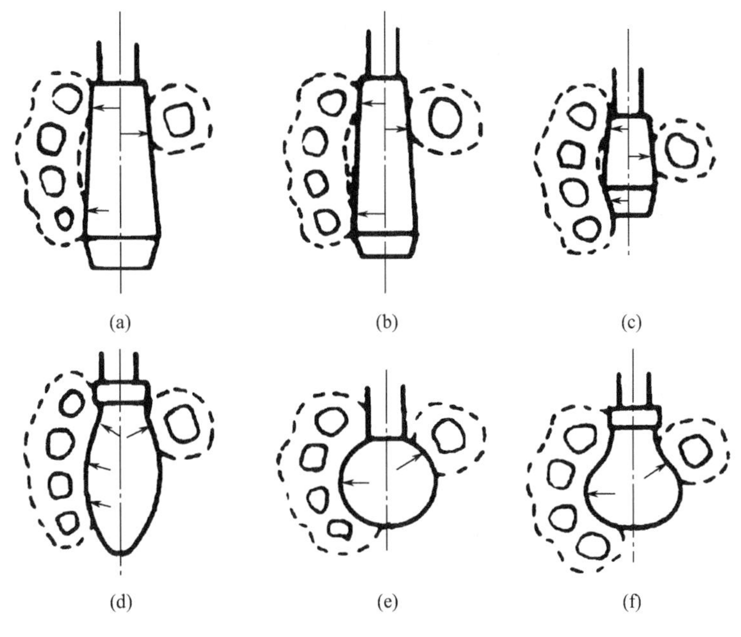

图4-22 把手优劣比较

四、脚动操纵装置设计

脚动操纵的操纵装置也是比较常用的。如汽车的离合器踏板、刹车踏板及其他机械（如冲床、蒸汽锤）的脚踏板等。在操纵过程中，脚的操作速度和准确度都不如手，因此只有在下列情况下才考虑选用脚动控制器：

① 需要连续进行操作，而用手又不方便时；

② 无论是连续控制或间歇性控制，其操纵力超过49 ～ 147N时；

③ 手的控制工作负荷过大，需要使用脚以减轻手的负担时。

1.脚操纵力

在很多场合，操纵工作用脚来完成。脚作用在机构上的力，称为脚操纵力，其出力大小与下肢姿态、位置和方向有关。脚所产生的操纵力都是压力的形式，其大小与脚偏离人体中心线的程度有关，脚处于正中位置时压力最大。一般情况方便用脚进行操作的操纵装置设计时就避免用手操纵，这样可以用手做其他工作。如图4-23所示，坐姿时脚的出力比立姿时大；坐姿时右腿出力比左腿大，右腿的最大力平均可达2567.6N，左腿最大力平均可达2361.8N。在进行脚动操纵装置设计时，也可以参考表4-27脚动操纵装置的操纵力。

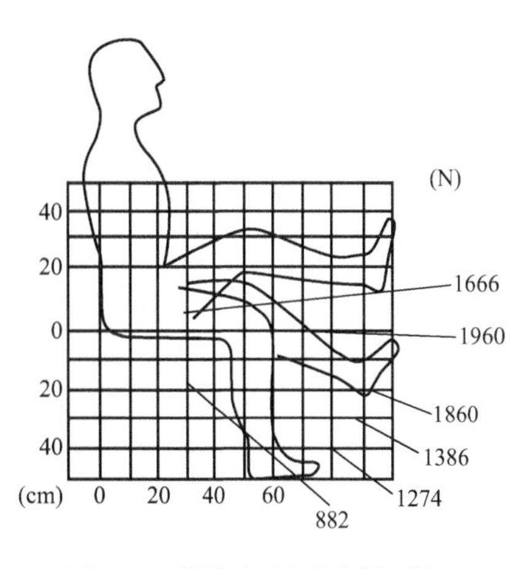

图4-23 脚在不同位置的最大蹬力

表4-27　脚动操纵装置的操纵力

操纵方式	作用力/N	
	最小	最大
停歇时脚放在操纵装置上	45	90
停歇时脚不放在操纵装置上	45	90
仅裸关节运动		45
整个腿部运动	45	750

2.脚的结构和运动特点

在脚控制器的设计中，必须重视人体腿部的动作特点和脚部的结构。由人体解剖学可知，脚骨由36块骨骼和两块趾骨小头组成。整个脚骨形成几个纵横脚弓，以利行走。如图4-24所示，以横向观察，脚骨可以分为由跟骨、距骨、楔骨构成的弓状骨群a（内侧纵弓）和由跟骨、骰骨构成的弓状骨群b（外侧纵弓）。着地时，骨群a位于骨群b上方，承担运动职能；而b群的作用是支撑人体，两者功能不同，结构上也有差异。前者靠肌肉和韧带连接，易于运动；后者坚实，不易弯曲。

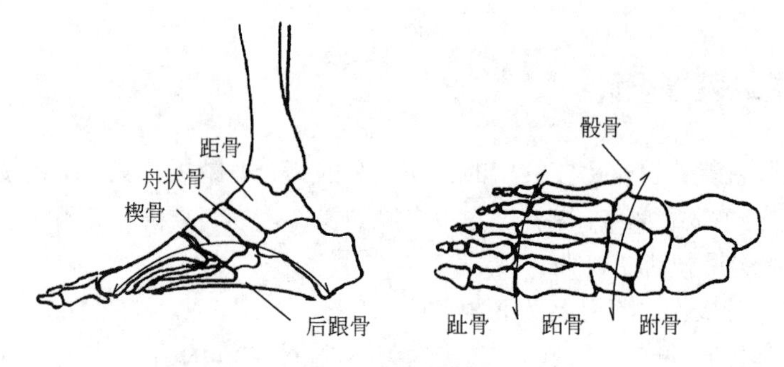

图4-24　脚骨构造

脚的运动依靠小腿和脚底肌群，脚底肌群多数是弯向脚心的屈肌，向脚背弯曲的伸肌很少，力量很弱。这样的结构，适于人蹬地向前行走。在用脚操作的作业中，如汽车的离合器踏板、刹车踏板、冲床和蒸汽锤的脚踏板控制装置等，主要是靠膝关节的运动和脚掌的运动。脚掌可做屈伸动作和蹬、踩动作，由小腿带动还可完成踢的工作，其出力最大。

在设计和选用脚控时，一般尽量采用坐姿。因为坐姿状态下人体容易保持平衡，且容易出力。用于精确操作时，坐姿显然优于立姿。为使操作既省力又舒适，必须处理好控制器相对于人的位置；否则操作起来不仅费力，而且很容易引起疲劳。

3.脚动操纵装置设计

脚动控制器主要有脚踏板、脚踏钮两种。当操纵力超过49～147N，或操纵力小于49N，但需要连续控制时，宜选用脚踏板。当操纵力较小，且不需要连续控制时，宜选用脚踏钮。由于人的脚并不具备明显的、适于抓握的性质，因此，其在设计时应用弹簧复位系统是必不可少的。大多数情况下，踏板的有效移动依赖于操作者的使用意图。这时，处于压缩状态的弹簧的残留反力将足以克服由于操作者姿势而引发作用于踏板的任何重力，以便操作者确定需要一起踏板的移动的正确方向。

（1）脚踏板的设计

用脚的习惯方面，尽管足球运动员可能真正会有习惯用左脚或习惯用右脚踢球的，而对于常人来说，并不会以其用手的习惯方式来限制脚的使用习惯，所以在进行脚踏板的设计中不必以这种条件进行约束。脚踏板的形式可分直动式、往复式和回转式（包括单曲柄和双曲柄）三种，如图4-25所示。

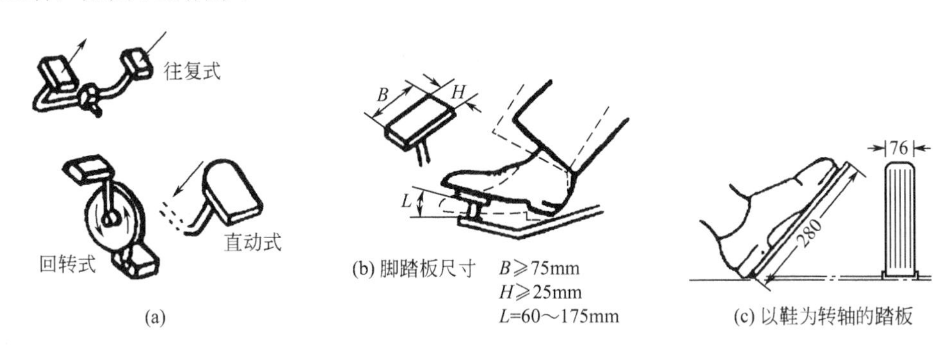

图4-25　脚动操纵装置的基本类型

在不同操作姿势下脚踏板的参考尺寸也是不尽相同的，如图4-26所示。其中，直动踏板设计的安置高度、角度主要取决于操纵力的大小，一般可分按操纵力分为小、中、大三种类型。

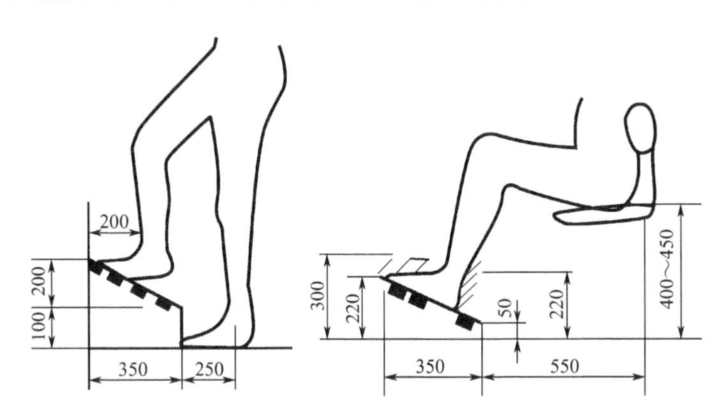

图4-26　不同操作姿势下脚踏板的参考尺寸

若操纵力较小（≤90N），操作时小腿与地面可接近90°的较大角度，因此踏板与椅面之间的高度差也较大。

若操纵力为90～180N，小腿需加大倾斜，与地面可成接近45°的角度，踏板与椅面之间的高度差也有所减小，以便操作时腰、臀部位在椅背获得大一些的支撑。

若操纵力较大（>180N），为了操作时腰、臀部能在椅背处获得更有利的支撑，小腿与地面的角度更小，因此踏板与椅面间的高度差也更小。

（2）脚踏钮

脚踏钮与按钮具有相同的功能，可用脚尖或脚掌操纵，但尺寸、行程、操纵力均应大于手动按钮，可参见图4-27。为避免踩踏时的滑脱，踏压表面应粗糙设计或增加一层防滑材料。

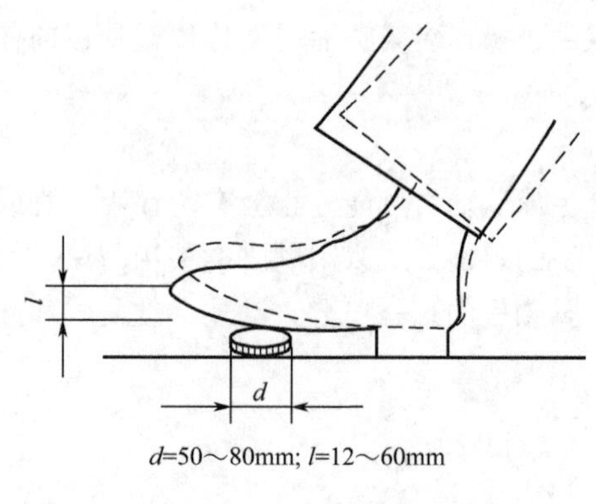

d=50～80mm; l=12～60mm

图4-27 脚踏钮及参数

习题与思考题

1.显示装置有哪些？其各自具有什么特点？

2.查阅相关文献，了解显示装置的特点和应用领域（不少于十个）。

3.主题色与背景色的不同搭配会产生不同的视觉效果，结合色彩的心理作用分析不同材料会对人产生什么样的心理作用？

4.结合设计案例，阐述在设计过程中如何避免或减少人的静态施力。

5.在控制设计时，用户可能会使用手套进行操作，请分析在设计中考虑用户使用手套操作的情形。

6.比较显示装置和控制装置的设计方法的异同点。

7.运用人-机-环境界面理论设计一款商场内紧急逃生的信息显示装置，应具有报警功能和紧急逃生路线指引，设计时应提供相应的数据。

8.根据手动操纵装置设计特点设计一款易操作的剪刀，需提供相应的数据依据。

5 Chapter

第五章 人因工程学在室内设计中的应用

住宅是人类为了满足自身生活的需要去适应自然、改造自然的产物。从室内设计的角度来说，人因工程学的主要功用在于通过生理和心理的正确认识，使室内环境因素适应人类生活活动的需要，从生理角度看，主要研究依靠人体的结构尺度，找出与设计物的比例关系，根据人体结构的基本参数进行各领域的设计活动，满足人们的物质需求。从心理角度看，研究色彩、线条、空间、形状、声音、气味、肌理等客观因素对人的感情、运动、意志、行为等方面的影响，从而在具体的设计中注意造型、色彩、环境等因素，达到更科学、更合理、更愉悦，满足人们的精神需要，进而达到提高室内环境质量的目标。

学习目标

通过对本章的学习，使学生对家庭生活空间设计以及公共建筑空间设计进行全面的认识和了解，掌握人因工程学在室内设计中的基础理论知识及各项基本原则，理解人体尺寸以及室内采光等环境指标在室内设计中的应用。

学习重点

1.人体工程学与住宅室内设计的关系；

2.起居室、餐厅、厨房、卧室、书房和卫生间设计的基本原则；

3.办公空间、商业空间、餐饮空间和展示空间的规划设计。

学习建议

本章涉及较多家庭生活空间和公共建筑空间的室内设计，学习时不仅应注意区分各个空间不同的设计准则及环境条件差异，还应注意各个空间之间的联系，做到设计时能够整体把握室内空间的设计。

第一节　家庭生活空间设计

室内设计的目的是为了给人们生活、工作和社会活动提供一个合情、合理、舒适、美观、有效的空间场所，这就要求设计师在设计过程中遵循人因工程学的基本要求，满足不同人对环境的需求，创造出更适合人类生活的环境空间。

一、人体工程学与住宅室内设计

在室内设计中，不仅在造型空间艺术上要有新时代的气息和文脉，而且将体现出适用上更为舒适、健康和方便，环境上更为协调、美观且合理。这一切都是以人为本的，将充分体现出对人的关怀和体贴。住宅室内设计中开展人因工程学研究的内容可概括为以下几点。

（1）为确定住宅室内空间范围提供依据

“以人为本”是住宅室内设计的基本原则，运用人体工程学可以密切住宅室内环境与人的关系，通过对人体特征及活动规律的深入研究，可以加强住宅室内环境的有效利用，使住宅室内设计更加科学、合理。影响空间大小、形状的因素相当多。但是，最主要的因素还是人的活动范围以及家具设备的尺寸。比如在研究人体尺度与卧室中家具之间的关系时，主要研究的是床的一般形式和它与其他摆设之间的距离关系。例如，床和衣柜之间的距离是否合理，衣柜的抽屉开到最大时是否不影响人的通行等。

（2）为设计家具提供依据

家具的主要功能是使用。因此，无论是人体家具还是储存家具都要满足使用要求。为了满足使用要求，设计家具时必须以人体工程学为指导，使家具符合人体的基本尺寸和从事各种活动需要的空间尺寸。比如椅子，它的设计原理是从人们使用的健康角度来分析，根据人的生理状况、疲劳测定等来定义椅子的外形曲线设计。而椅子设计的具体尺度，则是根据它的不同功能，按照人体测量数据和国家颁布的尺度标准，不断测试调整，合理选取数值以达到科学设计的要求。在家具设计中确定家具的外围尺寸时，主要以人体的基本尺度为依据，同时还应照顾到性别及不同人体高矮的要求。贮存各种物品的家具，如衣柜、书柜、橱柜等，其外围尺寸的确定主要是根据存放物品的尺寸和人体平均高度及活动的尺度范围而定。

（3）为确定感觉器官的适应能力提供依据

人的感觉能力是有差异的，在不同的环境及建筑中，感觉是不同的，所以从这一事实出发，既要研究一般规律，也要研究在特定环境（如住宅）中的特殊情况。在听觉、触觉、嗅觉等方面也一样。研究这些问题，找出其中规律性的东西，对于确定住宅设计中各种环境条件（如色彩配置、场景布置、湿度、温度、声学要求）都是绝对必需的。

（4）使功能得以量化

在以往的设计中，对于功能问题多凭经验而缺少科学的根据，而运用人体工程学则可以弥补这方面的缺陷，通过有效地功能价值分析，减少了设计的盲目性。解决该问题包括人在环境中的运动状态的功能组织原则、排列原则和使用频度等。

（5）为住宅室内环境的空间质量提供可靠保证

人的生理结构及特征、生活内容及性质、活动规律及范围是决定住宅室内空间的性质、尺度、形状的重要因素。而人体工程学提出了“舒适性”的理论，使环境更加适应人的生理条件，并提供安全、可靠的保证。这其中包括空气成分、气象条件、光辐射及其声波、磁场温度、湿度等对环境质量的影响。

二、室内空间性质与人体工程学

1.起居室的性质

起居室是家庭群体生活的主要活动空间，是“家庭窗口”。起居室有三个重要部位，包含门厅、客厅和餐厅。这里，起居室在狭义上主要是指客厅。起居室相当于交通枢纽，起着联系卧室、厨房、卫浴间、阳台等空间的作用。起居室的设置对动静分离也起着至关重要的作用。动静分离是住宅舒适度的标志之一。

起居室是一个多功能的公共活动空间，它的主要行为模式有团聚、娱乐、会客以及进餐、学习等，这些行为都是经常性的、共同性的。同时起居室往往是联系入户门和其他各个房间的枢纽，因此成为住宅室内的中心。它的装修风格及其空间布局、意境的创造不仅直接反映出自身的“性格”，而且是其主人的职业、爱好、性格、文化素养等的直接反映，如图5-1所示。

图5-1　起居室空间设计

2. 起居室满足的功能要求

现代住宅的起居室整合了其他单一功能房间的内容，满足家人读书、娱乐、休闲以及接待客人等多种需要。

我国目前的住宅起居室，普遍兼有客厅的功能。《住宅设计规范》（GB 50096—1999）对起居室功能是这样界定的：起居室（厅）的主要功能是供家庭团聚、接待客人、看电视用，常兼有进餐、杂务、交通等作用。在一些发达国家，住宅起居室与客厅是分别独立的两个空间，起居室不含有会客的功能。如《大英百科全书》定义起居室是住宅内居住者用于交往活动的房间。我国受社会经济水平的限制，住宅起居室与客厅功能上是合一的，名称也可以互换。随着我国人民生活水平的提高，起居室的变化和发展是必然的。

3. 起居室的布局形式

由于经济条件的改善、家庭生活的变化以及心理需求的变化，我国住宅设计由原来常见的二房一厅、三房一厅，演化为二房二厅、三房二厅到四房二厅等，其中起居室功能趋向简化，人们对起居室的观念和设计有所改变。图5-2和图5-3所示为旧三室一厅的平面图及其布局以及将旧三房一厅改造成二室二厅的平面图及其布局方式。

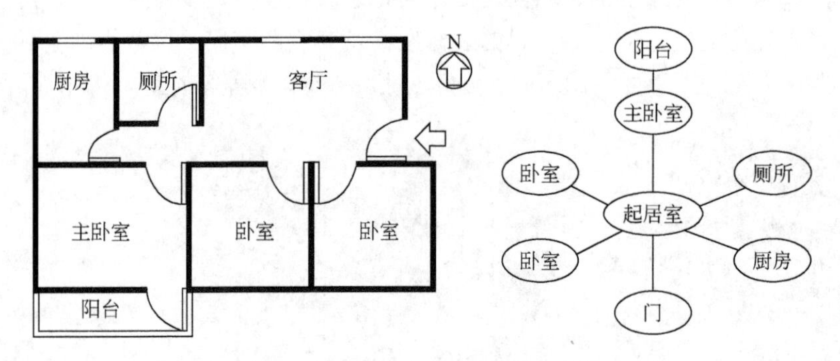

图5-2 旧三室一厅的平面图及其布局

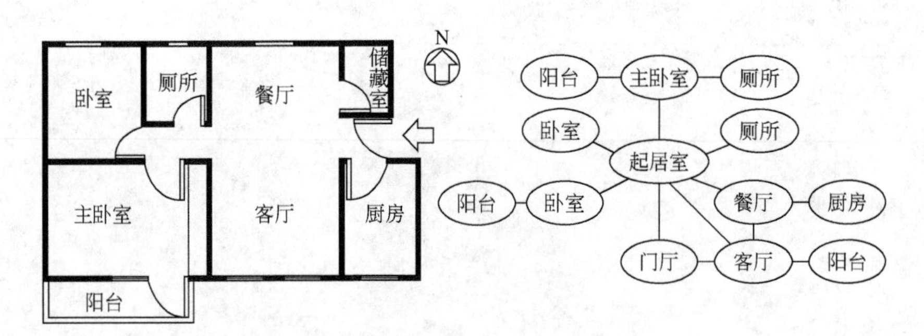

图5-3 改建成二室二厅的平面图及其布局

起居室的布局主要应遵循以下原则。

（1）主次分明

起居室包含若干个区域空间，但是众多的活动区域中必然是以一个区域为主的，以此形成起居室的空间核心，在起居室中通常以聚谈、会客空间为主体，辅助以其他区域而形成主次分明的空间布局。而聚谈、会客空间的形成往往是以一组沙发、座椅、茶几、电视柜围合形成的，并确立一面主题墙或以装饰地毯、天花造型、灯具来呼应达到强化中心感，如图5-4所示。

图5-4　主次分明的起居室布局

（2）个性突出

现代住宅中，起居室的面积最大，空间也是开放性的，地位也最高，它的风格基调往往是家居格调的主脉，把握着整个居室的风格，反映了主人的审美品位和生活情趣，讲究的是个性。每一个细小的差别往往都能折射出主人不同的人生观及修养，因此设计起居室时要用心，要有匠心。可以通过材料、装饰手段的选择及家具的摆放来表现，但更多的是通过配饰等“软装饰”来体现，如工艺品、字画、坐垫、布艺、小饰品等，这些更能展示出主人的修养。

（3）交通组织合理

起居室在功能上是家居生活的中心地带，在交通上则是住宅交通体系的枢纽，起居室常和户内的过厅、过道以及客房间的门相连，而且常采用穿套形式。如果设计不当就会造成过多的斜穿流线，措施之一是对原有的建筑布局进行适当的调整，如调整户门的位置，之二是利用家具布置来巧妙围合、分割空间，以保持区域空间的完整性，如图5-5所示。

图5-5　交通组织合理的起居室布局

（4）相对隐蔽性

设置过渡空间避免开门见厅，起居室尽量减少卧室门数量，卫浴间不向客厅方向开门等已经受到用户的认可。如在户门和起居室之间设置屏门、隔断或利用固定的家具形成分隔，当卧室门或卫浴间门和起居室直接相连时，可以使门的方向转变一个角度或凹入，以增加隐蔽感来满足人们的心理需求。

（5）良好的通风与采光

要保持良好的室内环境，除视觉美观以外，还要给居住者提供洁净、清晰、有益健康的室内空间环境。保证室内空气流通是这一要求的必要手段。空气的流通一种是自然通风，一种是机械通风，机械通风是对自然通风不足的一种补偿。起居室应保证良好的日照，并尽可能选择室外景观较好的位置，这样不仅可以充分享受大自然的美景，更可感受到视觉与空间效果上的舒适与伸展。

4.起居室的微气候与照明

起居室的照明方式主要分为自然照明和人工照明两大类。自然照明是利用自然光源来营造空间，创造良好的光环境，增加空间的自然感，还可以节约能源。起居室的人工照明有两个功能：实用性和装饰性。实用性表现在为阅读报纸、看电视、玩电脑等活动提供恰当的、合理的照明条件和设备。装饰性表现在空间的装饰性照明，照明方式一般为局部照明。

在我国随着人民居住生活水平的提高，人们也逐渐由满足住房居住的基本要求向居住空间舒适宽敞、生活方便、功能划分明确的方向发展，这也是人们越来越关注起居室光环境的原因。由于起居室具有多功能的要求，例如人们看电视、一般活动、接待客人、各种团聚等功能，根据我们所进行的在不同照度以及灯的冷、暖色调下的现场实际模拟实验的结果，现就这些功能照明所要求的照度及其照明方式予以研讨。

（1）看电视所要求的照度

看电视时被试人员的主观评价结果如表5-1（a）和表5-1（b）所示。由表可知：看电视时不宜关灯，如果室内只有电视明亮会造成大的亮度对比，引起视觉不舒适，故需有一定亮度才好。根据实验结果室内照度以50～75lx为宜。

表5-1（a） 看电视时结果（暖色调）

程度	30lx	50lx	75lx	100lx
明暗程度	较暗	较明	较明	明
冷暖程度	较暖	较暖，一般	较暖，一般	较暖
热烈程度	较宁静，一般	较宁静，一般	较热烈，一般	较热烈
开阔程度	较不开阔	一般	较开阔	较开阔，一般
柔和程度	较柔和，一般	较柔和	一般	较柔和
满意程度	较差	较好	较好	较差

表5-1（b） 看电视时结果（冷色调）

程度	30lx	50lx	75lx	100lx
明暗程度	较暗	一般，较暗	较明	较明，明
冷暖程度	较冷	较冷	较冷，一般	较冷，一般
热烈程度	较宁静，一般	较宁静	一般	一般
开阔程度	较不开阔	不开阔，一般	较开阔，一般	较开阔
柔和程度	不柔和	不柔和，一般	较柔和，一般	一般
满意程度	较差，差	一般	较好	一般

（2）一般活动时所要求的照度

一般活动时，被试人员的主观评价结果见表5-2（a）和表5-2（b）。由表可知，一般活动是指家庭成员进行一般活动，不进行如看电视、阅读等工作，只是作为平时的一般照明用。此时，根据实验结果，室内照度以100～150lx为宜。而我国新编的起居室照度标准规定为100lx，正好一致。

表5-2（a） 一般活动结果（暖色调）

程度	50lx	75lx	100lx	150lx
明暗程度	较暗	一般	较明	明
冷暖程度	较暖	较暖	较暖	较暖，暖
热烈程度	较宁静，一般	一般	较热烈	较热烈，热烈
开阔程度	较不开阔	一般	较开阔	较开阔，开阔
柔和程度	一般	一般	较柔和	较柔和
满意程度	较差	一般	较好，好	较好

表5-2（b） 一般活动结果（冷色调）

程度	50lx	75lx	100lx	150lx
明暗程度	较暗，暗	一般，较暗	较明	较明，明
冷暖程度	较冷	较冷	较冷，一般	较冷，一般
热烈程度	较宁静，宁静	较宁静	一般	较热烈
开阔程度	较不开阔	一般	较开阔	较开阔
柔和程度	较不柔和	不柔和，一般	一般	一般
满意程度	较差	较差，一般	较好，一般	较好

（3）会见客人时所要求的照度

会见客人时，被试人员的主观评价结果见表5-3（a）和表5-3（b）。由表可知，会见客人时，需要较高的照度，以示热情好客，对客人的欢迎和尊重，清楚看见主客双方的脸面表情，此时，根据实验结果，室内照度以200～300lx为宜。在此照度下也可以在起居室内阅读书刊。

表5-3（a） 会见客人时结果（暖色调）

程度	100lx	150lx	200lx	300lx
明暗程度	较暗	较明，一般	较明为主	较明
冷暖程度	较暖	较暖	较暖	暖
热烈程度	较宁静，一般	较热烈，一般	热烈	较热烈，热烈
开阔程度	不开阔，一般	较开阔，一般	较开阔为主	较开阔，开阔
柔和程度	一般	较柔和，一般	较柔和，一般	高散
满意程度	较差	一般	较好，好	高散

表5-3（b） 会见客人时结果（冷色调）

程度	100lx	150lx	200lx	300lx
明暗程度	较暗，暗	一般，较暗	较明	较明，明
冷暖程度	较冷	一般，较冷	较冷，一般	较冷，一般
热烈程度	较宁静，宁静	一般，较宁静	一般	较热烈，一般
开阔程度	不开阔，一般	一般	较开阔	较开阔，开阔
柔和程度	高散	一般	较柔和为主	较柔和为主
满意程度	较差，差	一般，较差	较好，好	较好，一般

（4）团聚时所需的照度

团聚时，被试人员的主观评价结果如表5-4（a）和表5-4（b）所示。由表可知，在各种团聚时，希望在起居室内形成最为热烈的氛围，构成热情、温暖、柔和而又明亮的照明环境。此时的人工照明环境下的照度，也是该起居室在最大安装功率时的照度。此时，根据实验结果，室内照度以300～500lx为宜。

表5-4（a） 团聚时结果（暖色调）

程度	100lx	200lx	300lx	500lx
明暗程度	较暗，暗	一般	较明	明
冷暖程度	较暖	较暖	较暖	暖
热烈程度	较宁静，一般	一般	较热烈	热烈
开阔程度	不开阔，一般	较开阔，一般	较开阔	开阔
柔和程度	不柔和，一般	较柔和，一般	较柔和，一般	较柔和，一般
满意程度	较差，差	一般	较好，好	较好

表5-4（b） 团聚时结果（冷色调）

程度	100lx	200lx	300lx	500lx
明暗程度	较暗，暗	一般	较明	明
冷暖程度	较冷	一般，较冷	较冷，一般	较冷，一般
热烈程度	较宁静，宁静	一般，较宁静	一般，热烈	较热烈，一般
开阔程度	较开阔，一般	一般	较开阔	较开阔，开阔
柔和程度	高散	一般	较柔和，一般	较柔和，一般
满意程度	较差，差	一般	较好	较好，好

（5）起居室的照明方式

起居室的照明方式分为直接照明、间接照明和混合照明三种方式。根据实验结果，在冷暖色调的情况下，认为混合照明方式为好或较好；其次为直接照明方式，而对间接照明方式认为一般或较差，其主要原因是在间接照明的情况下，室内照明较低，主观感觉效果差。如果使间接照明达到与直接照明时的相同的照度，则间接照明时，室内灯需较大总安装功率，这对照明节能是不利的。

三、人体工程学与餐厅设计

1.餐厅的功能及空间位置

餐厅的功能可以分为实用功能和美化功能两个方面。吃饭是首要方面，环境是同等重要的另一个方面。餐厅可以单独设置，也可以与厨房、客厅联合设置。

餐厅的设置方式主要有三种：① 厨房兼餐室；② 客厅兼餐室；③ 独立餐室。另外也可结合靠近入口过厅布置餐厅。餐厅内部家具主要是餐桌、椅和餐饮柜等，它们的摆放与布置必须为人们在室内的活动留出合理的空间。这方面的设计要依靠餐厅的平面特点，结合餐厅家具的形状合理进行。狭长的餐厅可以靠墙或窗放一长桌，将一条长凳依靠窗边摆放，桌另一侧摆上椅子，这样，看上去，地面空间会大一些，如有必要，可安放抽拉式餐桌和折叠椅，如图5-6所示，是几种餐桌形状尺寸及其摆放方式。

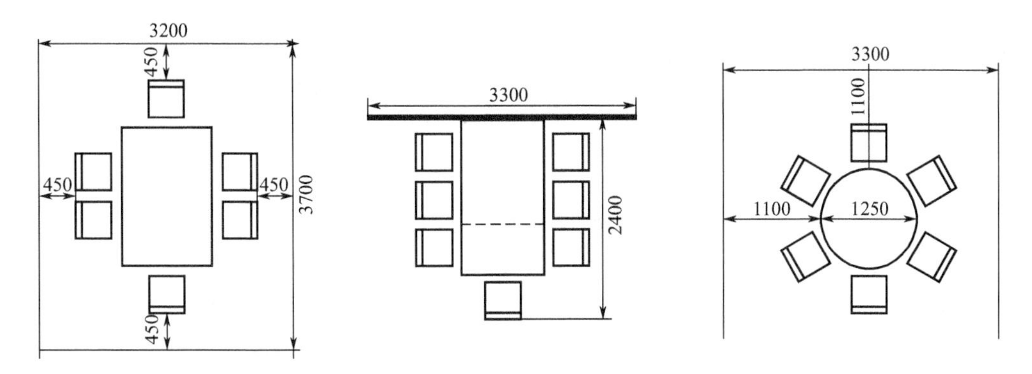

图5-6　餐桌形状尺寸及其摆放方式

餐厅在居室中的位置，除了客厅或厨房兼餐室外，独立的就餐空间应安排在厨房与客厅之间，可以最大限度地节省从厨房将食品摆到餐桌以及人们从客厅到餐厅就餐耗费的时间和空间。如果餐厅与客厅设在同一个房间，餐厅应当与客厅在空间上有所分隔。可通过矮柜或组合柜或软装饰作半开放或封闭式的分隔。餐厅与厨房设在同一房间时，只需在空间布置上有一定独立性就可以了，不必要做硬性的分隔。总之，不论餐桌布置在何地，必须尽可能地和厨房靠得近一些。

另外，餐桌要有足够的空间容许客人进出坐立。正常计算方法为每个人占桌面宽度是60cm，肘的活动范围按每60cm加上10cm，即每个人占用桌面宽度不能少于70cm。否则就谈不上舒适感。椅子的高度是根据桌面离开椅面25cm为标准，而桌面高度一般为70～80cm。客人进出餐桌的时候，不可影响旁边的人，所以椅子背后要预留45～60cm的距离，以便有足够的距离把椅子往后拉，方便进出，如图5-7所示是正确选择餐桌的区别示例。

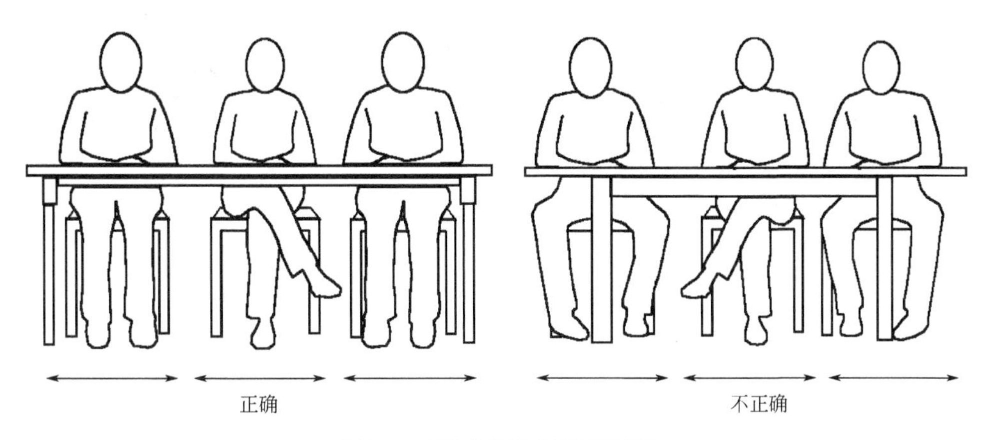

图5-7　正确选择餐桌的区别示例

2. 餐厅的家具布置

餐厅家具式样虽多，但国内最常用的是方桌或圆桌，近年来，长圆桌也较为盛行，餐椅结构要求简单，最好使用折叠式的。特别是在餐厅空间较小的情况下，折叠起不用的餐桌椅，可有效地节省空间。否则，过大的餐桌将使餐厅空间显得拥挤。所以，有些折叠式餐桌更受到青睐。

餐椅的造型及色彩色调应与整个餐厅格调一致，更要注意风格处理。显现天然纹理的原木餐桌椅，透露着自然淳朴气；金属电镀配以人造革或纺织物的钢管家具，线条优雅，有时代感，突出表现质地对比效果；高档深色硬包家具，显得风格典雅，气韵深沉，富涵浓郁的东方情调。在餐厅家具安排上，切忌东拼西凑，以免让人看上去凌乱又不成系统。

桌子大小取决于基本的需要，饭厅的大小是最主要因素，而经常有访客共餐的话，要考虑选择一些可摺边的桌子。桌子的形状有圆形、椭圆形、正方形及长方形，如图5-8所示。在细小的空间里，圆形的桌子比方形的看来更舒适，因圆形的桌子所占位置，在同一空间里比正方形桌子所占的位置小。但圆桌子的大小，应以每人60cm宽度作为空间活动单位，以所需座位数量乘以60cm就可计算出圆桌子的圆周，决定使用桌子的大小。

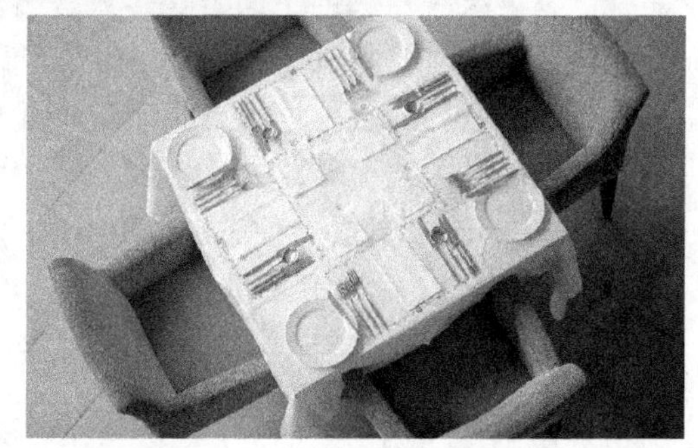

图5-8 四种形状的餐厅桌

餐椅太高或太低，吃饭时都会感到不舒服，餐椅太高，如400～430mm，会令人腰酸脚疼（许多进口餐椅是480mm）。也不宜坐沙发吃饭，餐椅高度一般以410mm左右为宜。餐椅坐位及靠背要平直（即使有斜度，也以2°～3°为妥）坐垫约20mm厚，连底板也不过25mm厚。

对于预餐区来说，饭厅通常都配置了储物架，用作储存杯碟之用，亦可用作预餐区。预餐区提供了额外的空间来放置小食、配菜、酒水等。如果一家或朋友聚首一堂，在这融洽和谐的气氛之下，若是因为提取小食、酒水而进出厨房的话，就会气氛大减及带来不方便的情况。所以预餐区提供了既方便又轻松的进餐环境。

预餐区和进食区的布置，除了实用性外，装饰性亦是很重要的，小饰物的摆放以及挂画等，储存柜里的餐具，亦可以选取有特色的作为装饰来营造餐厅舒适的气氛。

3. 餐厅空间的界面设计

所谓界面，是指形成一个使用空间所需要的地面、侧面和顶棚。餐厅的界面材料的品种、质地、色彩，与空间本身的特点有着密切的联系。

地面一般应选择表面光洁、易清洁的材料，如大理石、花岗岩、地砖。墙面在齐腰位置要考虑用些耐碰撞、耐磨损的材料，如选择一些木饰、墙砖，做局部装饰、护墙处理。顶棚宜以素雅、洁净材料做装饰，如乳胶漆、局部木饰，并用灯具作烘托，有时可适当降低顶棚，可给人以亲切感，如图5-9所示。

图5-9　不同材质的界面设计

餐厅的门窗位置及尺寸应满足室内光线明亮、通风良好、使用便捷、无干扰，这样可保证室内空气环境质量，保证人体健康和安全。

餐厅不应设在入口处，之间应有通道作为过渡或设玄关等阻隔，便于入户后换掉外衣和鞋子，以减少对餐厅的污染，也可防止因餐桌离入户口太近，就餐中客人来访交谈时飞沫溅到饭菜中。餐厅与厨房的联系应紧密便捷，之间不应有起居空间和通道相隔，以免端饭菜时不小心碰撞造成烫伤。

厨房、餐厅与卧室、书房、工作间应做到动静分区，避免噪声和炊事行为对家人休息、工作的干扰。住宅动静分区的方法有利用上下层分区、利用不同标高楼面分区、利用平面组合方式分区等方法。

四、人体工程学与厨房设计

1. 厨房的功能及动线分析

厨房的功能，可分为服务功能、装饰功能和兼容功能三大方面。其中服务功能是厨房的主要功能，是指作为厨房主要活动内容的就餐、洗涤、存储等；厨房的装饰功能，是指厨房设计效果对整个餐厅设计风格起补充、完善作用；厨房兼容功能主要包括可能发生的洗衣、沐浴、交际等作用。通常，应在厨房中建立三个工作中心，即储藏和调配中心、清洗和准备中心及烹调中心。

厨房中的活动内容繁多，如不能对厨房内的设备布置和活动方式进行合理的安排，既没有保证厨房设备充分发挥作用，又使厨房显得杂乱无章。经过精心考虑，合理布局的厨房与其他厨房相比，完成相同内容家事活动的劳动强度、时间消耗均可降低1/3左右。

厨房用户的作业流程一般是：外购、储存→摘拣→洗涤→调理→烹饪→配餐→上桌→洗涤的顺序进行。图5-10为厨房中的操作内容及操作动线。

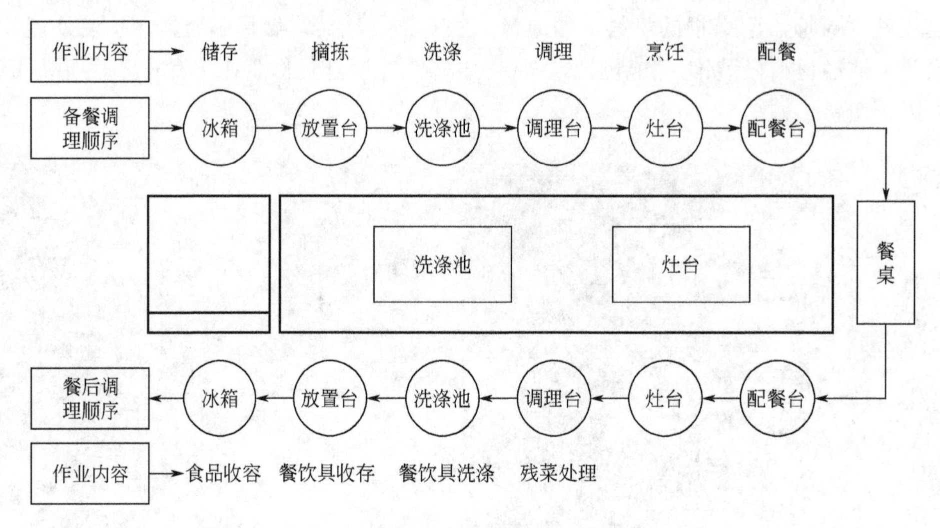

图5-10 厨房中的操作内容及操作动线

按照用户的一般操作流程，将厨房空间分为四大区，即储藏区、洗涤区、操作区和烹饪区、（进餐区），如表5-5所示。依据流程分区，厨房的平面布置顺序依次应是储藏区、洗涤区、调理区、烹饪区。洗涤、调理均为湿作业场所，将后两个区域尽量安排在同一台面上，这样操作更方便。

表5-5 操作流程分区

分区	操作	分区	操作
储藏区 洗涤区 操作区	储存、取材 清洗 调理、配餐	烹饪区 进餐区	烹饪、上桌 用餐

2.厨房的基本类型

厨房的基本类型可分为两大类，分别是“封闭型”和“开放型”。

厨房四大活动内容包括：烹调空间（K）、洗涤等其他家务活动空间（U）、就餐空间（D）和起居空间（L），因此，可以将厨房的类型组合定义成不同的类型，比如：K型独立式厨房、UK型家事式厨房、DK型餐室式厨房、LDK型起居式厨房。

厨房布局主要有以下六种模式。

（1）单行式

单行式动作成直线进行，动线距离最长，适合小空间厨房使用，也适用于餐厨合一的开放式厨房，如图5-11所示。厨房狭长，所有的厨房设备都安排在厨房的一侧。这种设计方式能给人简洁明快的感觉。在走廊不够宽、空间不够大、不能容纳平行式设计的情况下通常采用的一种较为合理的设计形式。这种布局方式在效果图的表达上相对简单，但在效果图表达时要注意保持通道的畅通性，走道不能过于狭窄，这样不利于厨房操作者作业。

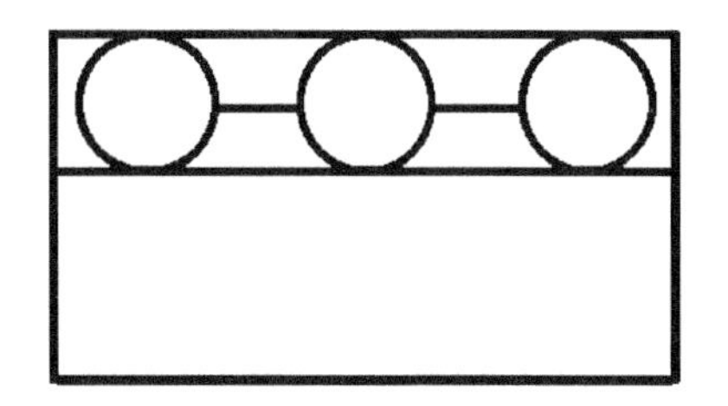

图5-11　单行式厨房

（2）双行式

也叫平行式，动线距离变短，且直线行动减少，但操作者经常需转身180°，由于设备的增多，储藏量明显增大，如图5-12所示。将工作区域沿两边墙平行布置，前台后柜两端为开放型设计，各司其职。这种设计可以同时容纳多人进行作业，但是由于工作区被分成两个，所以可能会给煮食者在操作上带来不便。

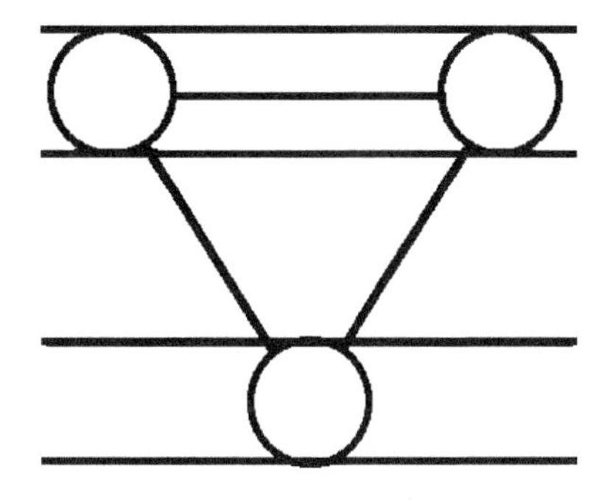

图5-12　双行式厨房

（3）L形

L形是动线距离较短的布置方式，操作顺序不重复，工作区不受交通影响，但转角部位储藏空间使用不便，如图5-13所示。工作区沿墙做90°双向展开呈现L造型。这种模式可以方便各个工序连续作业，使煮食者在工作时有更为灵活的空间。同时，这也是最为节省空间的一种设计，无论厨房面积的大小，都可以采用这种模式，但在设计过程中要尽量避免两端长短对比过大的情况，以免造成操作者工作效率降低。

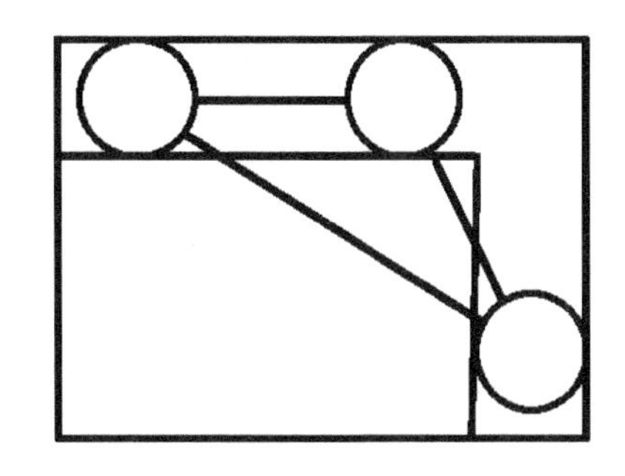

图5-13　L形厨房

（4）U形

U形是动线距离最短的布置方式，操作顺序不重复，工作区不受交通影响，但转角部位储藏空间使用不便，如图5-14所示。这种配置的工作区有两个转角，它的功能与L形大致相同，甚至更为方便，这种配置方式使工作线可与其他空间的交通线完全分开，不受干扰。在三维设计过程中应该尽量将工作三角（水槽、炉灶和冰箱这三个点组成的三角形）成正三角，以减少操作者的劳动量，一般储存、清洗、烹调这三大功能区应设计成带拐角的三角区，按照人体工程学的原理，三大功能区三边之和在4.57～6.71m为宜，洗涤槽和炉灶间的往复最频繁，建议把这一距离调整到1.22～1.83m较为合理。

（5）岛型

即在厨房的中间摆放一个独立的料理台或者工作台。当厨房面积较大时，可以采用这个设计模式。该类设计模式多见于开放式的设计，厨房和餐厅之间伸出一张桌子，既可以做工作台又可以进餐。这种岛型的厨房设计日益受到人们的喜爱，它的设置也使厨房更加完善。

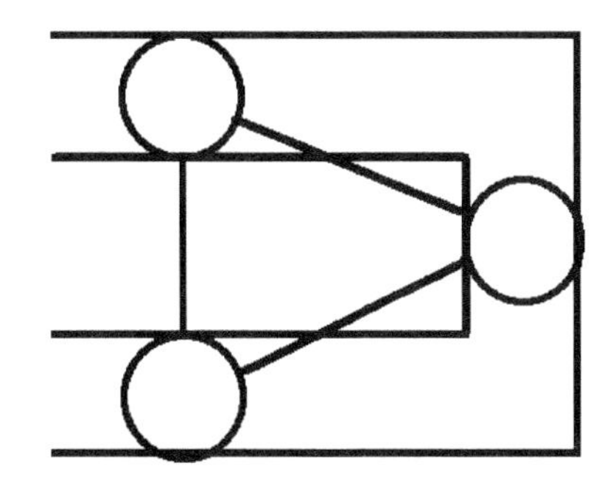

图5-14　U形厨房

（6）组合型

即当空间足够大时，也可以使用以上五种模式中任何一种进行重复组合，或者是两种进行搭配组合，来更好地利用整个厨房空间，达到完美效果。

3. 厨房设计基本原则

厨房设计应遵循以下基本原则。

（1）厨房的设计应满足使用功能对空间的需求

厨房的平面尺寸取决于设备的布置形式和住宅面积标准。厨房是供居住者进行炊事活动的空间。应有足够的空间来满足炊事家务活动的需求。厨房中的贮藏空间是必不可少的。从日常生活的实际出发，现代家庭对柴米油盐等生活必需品都需要有一定的储备，特别是双职工的家庭，因时间关系储量一般还要多些，同时各种烹饪器也需一定的存放空间。目前多数家庭采用的组合吊柜，一般都能较好地解决存放空间的问题，前提是要有较充裕的地方安置吊柜。

（2）厨房的设计应考虑厨房电器设备的安装、可行性及使用的方便性

住宅厨房的家具、设备主要有洗池、案桌、炉灶、储物柜，乃至排气设备、烤箱、洗碗机、微波炉、消毒柜、餐桌等，此外还应有冰箱等家电。合理布置灶具、脱排油烟机、热水器等设备，必须充分考虑这些设备的安装、维修及使用安全。为了在有限的空间安置这些东西，传统的混凝土制作的灶台等已被整齐、美观、卫生的整体厨房所替代。整体厨房是按照实际尺寸，依据人类工效学理论，用专业设备加工而成。高度方面，台面高度为800～850mm（850mm为推荐尺寸，下同），深度为550～600mm；吊柜的高度受层高和使用者身高限制，深度为300～350mm。长度尺寸应结合各种家电的尺寸统一考虑。

（3）厨房的设计应以人类工效学原理出发

在20世纪50年代进行的人体工程学研究中，提出一个“工作三角”的重要原则。调整冰箱、水盆和炉灶这三个工作点的相对位置，达到使用方便、减轻炊事劳动、提高工作效率的目的，是厨房平面布局的基础，三者之间的连线围成一个“工作三角”，人在这三个点之间走动自然形成一个三角形连线，如图5-15所示。

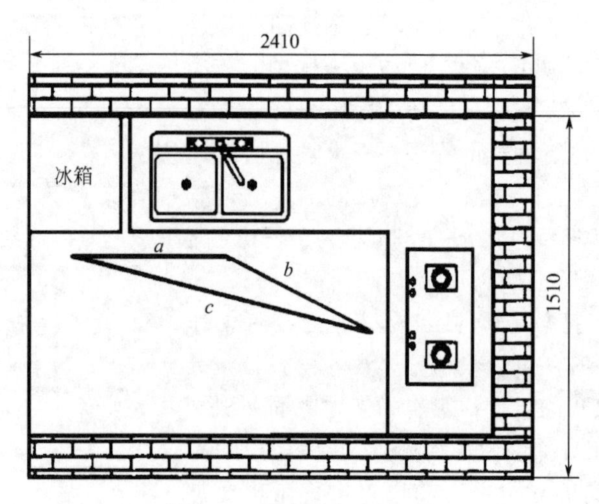

图5-15　厨房中的工作三角

这项研究确立了这三个主要厨房活动区域之间的距离，经过测量，这个三角形三条边长之和宜在3.6～6.6m之间。小于3.6m，则贮藏和工作面很狭窄；大于6.6m，则由于往返距离加大使人疲劳，厨房操作效率降低。总长在4～6m之间的效率最高，称为“省时省力三角形”，其中洗涤池与炉灶之间的联系最为频繁，建议宜将它们之间的距离缩到最短，但距离最少为800mm。冰箱和水池间的距离a在1.2～2.1m较好，水池和炉灶间距离b在1.2～1.8m较为合理，而冰箱和炉灶间距离c在2～2.7m较为恰当。同时厨房交通还须避开工作三角形，使作业光线不致受到干扰。

（4）厨房的设计要注重通风与排烟

目前，住宅多采用天然气、煤气作燃料，伴随烹饪食物的过程会散发出有碍人体健康的有害物。此外，由于滚烫的油脂会分解成许多烃化物和丙烯醛气体，不仅影响厨房、居室的环境卫生，也影响人体健康，这些在厨房的设计上要予以充分的考虑。在改善灶具的同时，厨房应用直接对外的采光通风口，尽量组织单独的穿堂风，同时提高机械通风排烟效率，组织好进出风口及气流走向。厨房布置住宅中接近入口处，有利于管线布置及厨房垃圾的清运，是住宅设计时达到洁污分区的重要保证。

五、人体工程学与卧室设计

1.卧室的性质及空间位置

卧室的主要功能是供人们休息睡眠的场所，人们对此也始终给予足够的重视。首先是卧室的面积大小应当能满足基本的家具布局，如单人床或双人床的摆放以及适当的配套家具，如衣柜、梳妆台等的布置。其次要对卧室的位置给予恰当的安排。另一方面在设计的细节处理上要注重卧室的睡眠功能对空间光线、声音、色彩、触觉上的要求，以保证卧室拥有高质量的使用功能，如图5-16所示。

图5-16 卧室的布置

卧室空间由具有重要功能的家具组成。为满足人体的相应需要，卧室中床尺寸是由人体的肩宽来决定的，即床宽是人肩宽（500mm）+人体的幅度（150mm×2），那么床的宽度至少是800 mm。现在为更好地满足人体的需要，单人床宽度的大小为850～1100 mm，双人床的宽度大小为1200～2000mm，当然床的长度为2m就可以了。床的高度可以说以人体的膝盖部位以下为准，人体坐在床上，双脚能够平衡着地，而且床边部位以不压迫大腿部肌肉为最佳，这一点和椅子的高低原理是一致的，人体工程学的设计在人体的生理尺寸方面做了充分的说明。在卧室中一般会有壁柜，壁柜的尺寸也是以人体的尺度为准。众所周知，壁柜的底部100mm以下的部分，在人体要达到这个高度时身体会比较难受，降低人的血压，一般在设计100mm高度以下时，就不设计什么内容，这样做不仅可以减轻人生理的负担，而且还可以使家具本身通风、防潮。壁柜设计的尺寸深度和人体尺度中人的手臂长度有密切的关系。壁柜的深度以550～600 mm为基准。壁柜的高度为2200mm，为人伸直手臂达到的一般极限。在卧室中还需要存在的家具是梳妆台，梳妆台主要是为女士设计使用的，当然以小巧为佳，符合人体的尺寸。梳妆台的台面在400～500 mm，长度在600～1200 mm之间，高度以720 mm为中间数值浮动，当然这些尺寸的设计都是为了满足女人的需要，以她们为主要参考对象。

卧室中的睡眠区位在形式上可分为“共栖式”和“自在式”两种类型。共栖式包括双人床式和对床式，前者具有极度亲密的特点，但两边易受干扰；后者则保持过渡间隔，易于联系。自在式即同一地区的两个独立空间，两者无硬性分割。包括开放式：两边睡眠，中心各自独立；闭合式：两边睡眠，中心完全分开独立，两边私生活不受干扰。另外卧室中还包括休闲区、更衣打扮区、贮藏区以及盥洗区。根据上述满足不同需求的主卧室空间功能区块的分析，对主卧室家具的配置也采用分类的方式来分析，见表5-6所示。

表5-6　主卧室家具配置

类型	主要功能	相应的家具配置
基本型	睡眠功能	双人床、沙发和卧榻 在必要的时候也可以充当睡眠工具
	收纳功能	大衣柜、床头柜、斗柜、更衣间（如果卧室面积足够的话）、床（下部有收纳空间）
	娱乐功能（电视、试听）	小沙发或躺椅、电视柜/台（壁挂式液晶电视则不需要）、DVD/CD架
舒适型 （增加类型）	梳妆功能	梳妆台、梳妆凳、椅子等
	放置衣物功能	床尾凳 （置于床尾、可放置衣物、穿衣穿鞋）
完善型 （增加类型）	抚育幼儿功能	婴儿床（主要）、玩具车等 书桌、书椅、书架/柜等

2.卧室的种类及要求

随着卧室的配套设施及面积大小的不断提升和扩展，卧室的种类也在不断的细化，卧室的种类主要有：主卧、子女房、老人房和客房。主人卧室的设计要求往往更高些，个性设计强，设计者需根据对象的不同来进行设计。

（1）主卧室

主卧室是主人的私人生活空间，高度的私密性和安全感是基本要求。主要功能区为：睡眠区、更衣区、梳妆区，此外还可能增加视听、休闲阅读等功能。图5-17（a）为较典型的主卧室空间布局形式。主卧室的净宽应为床的长度2m加卧室门位的宽度约1m，宽度应≥3m，轴线尺寸≥3.3m。

进深方向一般也应能舒适地布置主要家具为依据，如衣橱0.6m、床头柜0.6m两个、双人床1.5m等，因此，主卧室进深应≥3.6m（在保持净尺寸不变的情况下，通过采用轻质隔墙，进深可以≥3.5m），这样，主卧室的最小使用面积为10m^2。在条件许可的情况下还可考虑梳妆台、休息区等，进深舒适尺度为4.2m，使用面积约12m^2，如图5-17（b）所示。

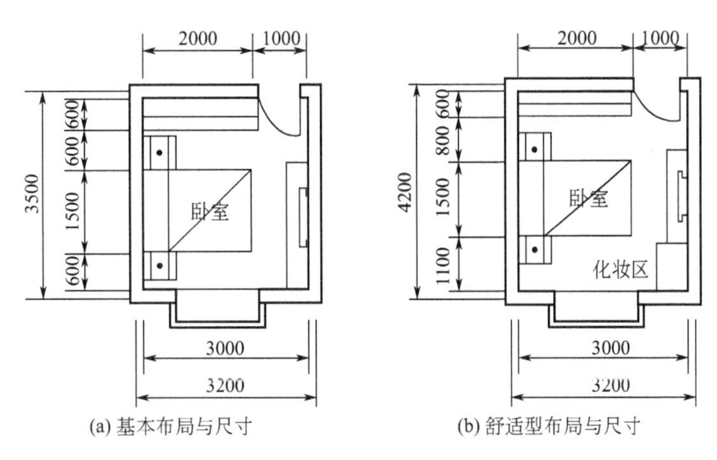

图5-17　主卧室空间布局形式

考虑到家具布置和空间的有效利用，平面以方正为宜，个别情况下为了空间富于变化，可在卧室的休息区利用飘窗做一些个性化处理，如图5-18所示。由于受到建筑面积和开间的限制，会出现较好朝向的尺寸布置一个卧室有余，而布置两个卧室又不够的现象，往往可将主卧室横向摆放，其内部布置也应加以调整，如图5-19所示。

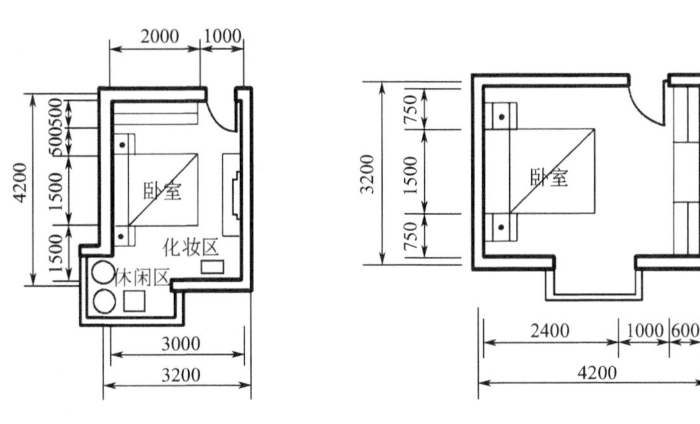

图5-18　带休息区的主卧室　　图5-19　横向主卧室的布局

（2）次卧室

次卧室包括双人卧室、单人卧室、客卧等，由于其在套型中的次要地位，在面积和家具布置方面要求低一些，多为床（单人或双人）、衣橱、书桌、床头柜的组合，如图5-20所示。对于双人卧室，床可以靠墙布置，也可居墙中布置，舒适的卧室开间净尺寸应同样≥3m，若面积受限，将床位平行于长边摆放，也可考虑≥2.7m；对于单人卧室而言，考虑到垂直房间短边放置单人床后尚有一门位和人行活动面积，短边最小净尺寸应≥2.1m，从舒适角度考虑，可设计为≥2.4m。双人次卧室建议面积为8～10m²，单人次卧室为6～8m²。

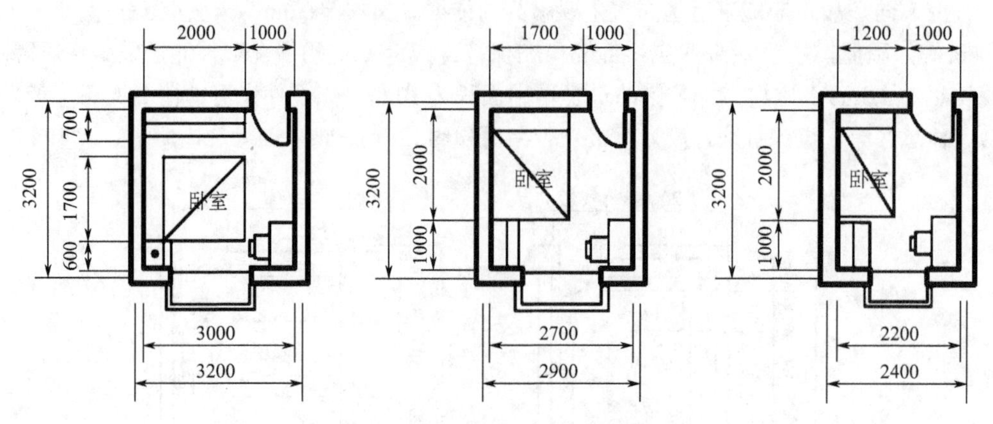

图5-20　次卧室的基本布局与尺寸

3. 卧室微气候与照明环境

灯光可以改变房间的气氛和个人的感觉，卧室是休息的地方，除了提供易于安眠的柔和光源之外，更重要的是要以灯光的布置来缓解白天紧张的生活压力，所以卧室的灯光应以柔和为原则。

一般卧室的灯光照明，可分为普通照明、局部照明和装饰照明三种。普通照明供起居室休息；而局部照明则包括供梳妆、阅读、更衣收藏等；装饰照明主要在于创造卧室的空间气氛，如浪漫、温馨等氛围。卧室的普通照明，在设计时要注意光线不要过强或发白，因为这种光线容易使房间显得呆板而没有生气，最好选用暖色光的灯具，这样会使卧室感觉较为温馨。普通照明最好装置两个控制开关，方便使用，如图5-21所示。

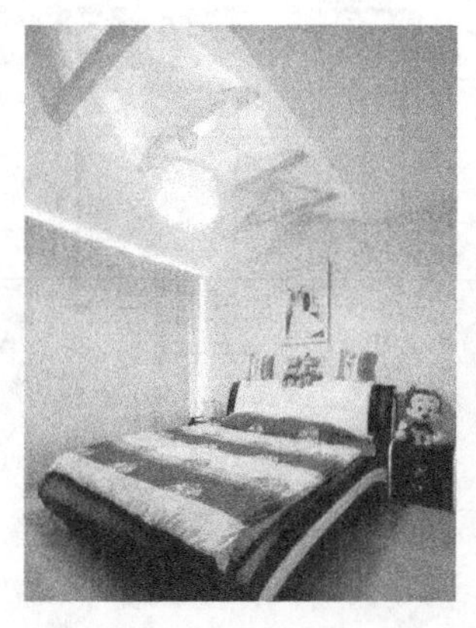

图5-21　卧室灯光

除普通照明外，卧室宜设置局部组合照明，例如在睡床旁设置床头灯，方便阅读。阅读的灯光，要有适当的安排，因为灯光太强或不足，均会直接影响视觉，对眼睛造成损害；梳妆台和衣柜上的局部照明可方便整妆。梳妆台的照明，现在大多在镜子上方置灯，其实这样容易产生阴影，如在化妆镜两侧考虑装灯是最为明智的方法，但是要注意光线不宜过白或过强，尽量与自然光接近。

六、人体工程学与书房设计

1. 书房性质

书房是家庭中较为内向型的空间，具有较强的私密性。传统的观念认为，书房只是专门为主人提供一个阅读、书写、工作的空间环境，功能较为单一。随着时代的进步，当今的书房有“第二起居室”之称，因为当起居室的人们正观赏精彩的电视节目时，书房则是与朋友谈天说地的待用空间。另外，书房还是主人修养、文化类型、职业性质的展示室，除了书籍外，还可悬挂、摆放书法、绘画以及能体现主人个性、职业特点的陈设品。

书房的功能一般为：阅读、书写、工作、上网、密谈和家教。由于我国住宅的现状，除了别墅和大面积公寓有条件成为“独立性书房”外，对于一般的公寓住宅而言，书房功能和其他空间重叠使用。书房的功能从以往较单一性变得更加多元化，相对地，书房环境的要求随之提高：首先，书房空间要求安静，给主人提供良好的物理环境、良好的采光和视觉环境；其次，书房空间也要配备各种专业的工作学习设备。

书房一般分为独立型和开放型两种。独立型是利用单独的房间或居住空间作为书房，设计时可以充分体现使用者的个性加以布局，灵活性大。开放型书房是选择卧室或客厅的一角，若从安静角度考虑似乎卧室更适合一些，在邻近的窗或靠墙的一角，既节省空间又简便易行。而且如果卧室能与书房结合利用，使卧室的设置更富于变化，文化气息更浓，充分显示家庭主人的高雅情趣。

2. 书房空间位置

书房的空间位置主要有以下几大类。

（1）入口书房——功能结合装饰

在理想的状态下，可以把书房布置在私密区的外侧，比如说入口单独的房间，甚至于玄关处也可以隔出这样一个空间。读书工作不会影响家人的休息，即使读书活动经常会延续至深夜，中间要吃夜宵，要去卫生间，也不会路经休息区。考虑到入口玄关特殊的地理位置，书房不仅要体现出功能特点，还需结合主人的喜好做出适当的装饰效果，如图5-22所示。

（2）客厅书房——添个隔断自成一角

书房需要安静、不易被打扰的环境，把书房和客厅放在同一个空间是一个挑战。客厅空间比较大的话，可以采用玻璃、折叠门围合出一个空间，既有效保证客厅的通透，使用时也不会影响不同空间的功能。客厅书房面积比较局限，大的整体书柜也不太适用，搬运困难，对房子的要求也比较苛刻。设计时巧妙地应用化整为零的思路，把书柜切分成不同尺寸、不同形状的单元，可以根据需要自己来组合。在普通书架组合的基础上，还可以选择安装到天花板上或墙上的储物单元组合。瘦高的书架每一个都不占用很大的面积，同时还可以自由配用增高组合，充分利用房间的高度。转角书架，形状完全贴合墙角，可作为连接单元连接两个普通书架，这样既维护了藏书空间的整体性，又将原来的“死角”利用得恰到好处，如图5-23所示。

图5-22　入口书房

图5-23　客厅书房

（3）餐厅书房——带来书房新概念

书房和餐厅结合这个创意已经被一些家庭接纳了，尤其是中小户型的业主，没有独立的空间，因为工作原因不可或缺一个办公环境，又不喜欢紧凑的办公环境。于是餐厅被特别改造，餐边柜不仅放置装饰品，还增加了一些书籍，餐桌改制成加长版，同时能满足就餐和工作的要求。

如果说书房和餐厅安排在一起是比较稀有的行为，那么书房和厨房更是水火不相容。因为户型限制遇到这样的情况也有化解的方法，比如在厨房和书房中间增加一个实墙或玻璃隔断，同时给书橱加一个可移动的门，阻挡油烟的入侵，如图5-24所示。

（4）阳台书房——通风采光两不误

书房对自然采光的要求较高，书桌的摆放位置也需要依窗户的位置决定，充分考虑到光线的角度，争取做到既要采光好，又要避免光线直射造成眩光。阳台书房形式比较多样，年轻人有多种选择，如果只需要利用一半面积的话，定制一个书架，一方电脑桌、一把椅子就成了一个独立的阳台书房。如果比较注重阅读环境的话，抬高部分空间做一个地台，不失为午后小憩的好环境，如图5-25所示。

图5-24　餐厅书房

图5-25　阳台书房

（5）卧室书房——增加空间收纳功能

卧室书房是最常见的形式，因为受空间限制，也不适合放太大的书柜，卧室书房的收纳始终是个问题。利用墙壁的大块空白，装上连壁隔板，即刻就变成了一个简洁美观的小书架。不只放书，还可以放CD、水杯和小的装饰物件，帮你减轻书籍、杂物多的压力，而且这种隔板的价格一般十分便宜，采用隐蔽式安装，隔板与墙面自然连接，既显得室内空间紧凑充实，又增强了实用性，如图5-26所示。

（6）不规则书房——现场定制巧用空间

对于房型不规整的家庭来说，拿这种边边角角的空间做书房最适合不过了。不过对于书房家具的要求也不一样了，如果是现场定制的话，可根据身高、生活习惯，请设计师量身定制，缺点就是现场施工的污染比较大，而且工人师傅的能力有限，造型比较单一。如果在厂家定制，品牌选择更多样化，造型更多样化，不过不能随意地改动造型或更换格局，如图5-27所示。

图5-26　卧室书房

图5-27　不规则书房

（7）独立书房——功能多样化

现代人早已放弃了正襟危坐的庄严姿态，居家读书全然是一种休闲方式。中小户型的业主常常把书房和榻榻米安排在一起，这也是一个值得提倡的做法，既提高了空间的利用率，又增加了储物空间，如图5-28所示。

图5-28　独立书房

3.书房的布局及家具设施要求

书房的布局方法较多，归纳起来大致有一字形、L形和U形三种常用的方法。柜架类的配置，也尽可能围绕着一个固定的工作点，与桌子构成整体。一字形，是将写字桌、书柜与墙面平行布置，这种方法使书房显得十分简洁素雅，有一种宁静的学习气氛。L形一般是靠墙角布置，将书柜与写字桌排列成直角，这种方法占地面积小。U形是将书桌布置在中间，以人为中心，两侧放书柜、书架和小柜，这种布置使用起来较方便，但占地面积大，只适合于面积较大的书房。

书房是人们学习和工作的地方，在选择家具时，除了要注意书房家具的造型、质量和色彩外，还必须考虑家具应适应人们的活动范围并符合人体健康美学的基本要求。也就是说，要根据人的活动规律、人体各部位的尺寸和使用家具时的姿态来确定家具的结构、尺寸和摆放位置。例如，在休息和读书时，沙发宜软宜低些，使双腿可以自由伸展，高度舒适，以消除久坐后的疲劳。按照我国正常人体生理测算，写字台高度应以750～780mm为准，为适宜人体的尺度为准，桌子的高度在椅子高度的基础之上加一个280mm，这样既可满足人长期工作的需要，又适合人的生理特点。椅子的高度一般以380～450mm为准。椅子造型曲线的设计是和人体的结构曲线一致的。随人体的骨骼结构形式来确定。书房有靠背的椅子是以人体解剖构造中的脊椎骨为界，要么大于这个界限，要么小于这个界限，这个尺寸界限一般为300mm。

4.书房微气候与照明环境

书房应尽可能使用天然光，写字台一般摆放在窗前，或与窗成直角。灯光配置的最佳位置光线从书本的正上方或左侧射入，这样头和手部不会在桌上留下阴影。不要置于前上方，以免产生反射眩光。经研究，桌面到椅子坐面的高度及灯光的高度与工作效率或疲劳程度有很大关系。采用蝙蝠形配光曲线的灯具效果很好，如选用乳白色和磨砂灯泡的台灯则效果更好。为减少反射眩光，台灯的位置要适当。灯具的位置不应超过人在工作姿势时眼睛的高度，否则会造成眩光。照明的位置与人的视线和距离有着密切关系，主要是解决晃眼现象——眩光。总之，书房内的灯具不能有任何刺激眼睛的眩光。台灯灯罩的下沿应低于人的水平视线，太高了，灯光覆盖面过大。要使人的眼睛距台灯平面400mm，离光源水平距离600mm，看不到灯罩的内壁，不让光线反射到人的眼睛。

窗口是房间中光线最明亮、照亮最强的地方，在对这一区域进行功能规划时，应当对这一点特别予以注意。书写和阅读这两个功能区常常会结合在一起，它们都需要有明亮充足的光线。所以这一功能区的主体家具通常为写字台，它最好就放置在窗边，这样就可以满足书写阅读时对充足光线的需要。

房间的自然光照度是由窗口向内逐渐递减的。房间靠边的空间一般已经暗淡下来，光的强度和照度都不如窗口的位置好，针对这一特点，可以在这一区域安排一些对光照度要求不高的功能区。相对书写的阅读区来说，电脑操作区对光线强度的要求相对要低一些，并且由于电脑屏幕最好不被阳光直接照射的缘故，可以把这个区域设计在窗户两侧离窗稍远的墙边，这样既能利用窗外的自然光，又能保证功能区内照明强度的合理性。

在房间所有墙面中，与窗户正对的内墙处是房间中自然光照强度最弱的地方。由于它的这一特点，可以在这里设置一些功能区。藏书区由于保护书籍的需要，一般要求避免被日光直接照射，所以这里可以说是藏书区的最理想位置。

人工光源是对自然光源的有效补充，一般用在夜晚，但如果房间采光存在特别的困难，则可在重点的工作、阅读和休息区里设置几盏光线柔和、色温接近自然光的照灯或射灯。这时一定要注意的是人工光源与功能区要紧密对应，以减少电的浪费。

在书房灯具种类的选择方面，台灯的种类很多，主要有变光调光台灯、荧光台灯等，其优点是：照度高、不会直接看到光源、视觉比较舒适、移动灵活，并取得较好的效果。在保证照明度的前提下，也可配备乳白或淡黄色壁灯与吸顶灯等。总之，书房灯具的选择一是要照度高，且能保护视力；二是要造型典雅。书房照明应有利于人们精力充沛地学习和工作，光线要柔和明亮，要避免眩光。

另外，应使用淡色、反光小的桌面，不宜用深颜色的桌面。书桌周围的照度不应太暗，环境亮度最好是工作面亮度的1/3 为好。书桌台灯启用时，一般照明的灯具应同时开启，太暗有损眼睛，太亮同样对眼睛不利。

七、人体工程学与卫生间设计

1. 卫生间的使用形式

卫生间的功能不仅是便溺、洗浴、盥洗、洗衣这四项基本功能，像梳妆、更衣、储藏间、医疗保健等延伸功能远未得到体现。根据建筑用途对卫生间的布置形式、功能提出要求重新组合，或附属或独立存在，其他的空间就成为附属功能，这样卫生间就成为一个多功能的组合空间。

卫生间的内部功能是否完善主要由其面积控制。《住宅设计规范》对三件套的卫生间面积的最小要求为3m^2（轴线尺寸为1.8m×2.1m），是以洁具低限尺度及卫生活动空间计算的最小面积，这个面积仅能保证一个普通家庭的生活卫生和个人生理卫生的基本需要。卫生间的使用形式具体如图5-29所示。

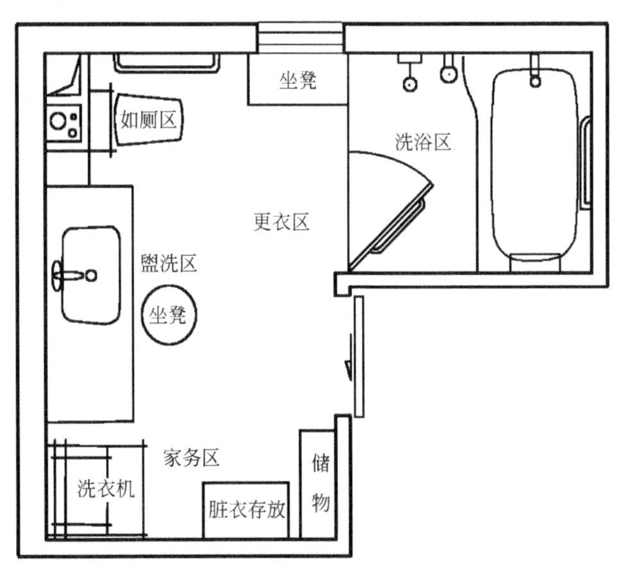

图5-29　住宅卫生间的功能分区和基本要点

① 如厕区　便溺及处理污物的区域；应着重考虑扶手、紧急呼叫器等辅助设施的设置；注意留出轮椅使用者和护理人员的活动空间。

② 盥洗区　应保证能坐姿操作，并有适宜的台面和充足的储藏空间。

③ 家务区　进行洗衣及刷洗清洁用具等家务劳动的区域；应有放置洗衣机和换洗衣物的空间，同时要考虑洗涤、清洁用具的存放位置。

④ 洗浴区　洗澡、泡澡的空间；注意与其他区域的干湿分离；最好淋浴和浴缸均设置，如果空间有限，宜优选淋浴。

洗浴前后穿脱衣物、擦脚换鞋的空间，要求保持较高室温，能坐姿完成动作，并要有适宜的台面、挂杆、搁架等放置衣物。

2. 卫生间的平面布局

卫生间有一定的私密性，因而卫生间的位置不宜正对入口或面对起居室开门。而厅内开门不仅会使使用者感到不便，而且会把卫生间的气味带到厅中来，从而破坏了厅内的环境气氛。卫生间的位置最好与厨房邻近，以便于管线的集中，减少不必要的浪费，又美观大方。

住宅中卫生间在平面布局中的位置有三种情况：① 明卫，如图5-30（a）所示，卫生间靠外墙设置，可直接对外开窗采光通风；② 半暗卫，如图5-30（b）所示，卫生间靠楼梯间位置，通过向楼梯间开设的小高窗间接采光通风；③ 暗卫，如图5-30（c）所示，卫生间布置在平面的核心部位，被户内其他房间包围，不对外界开窗。卫生间的空间设计要注重使用的方便性、安全性、易于清洁性等主要原则。在总体的空间设计中，卫生间通常比较潮湿，因此地面、墙面、屋顶都要选用防水材料。

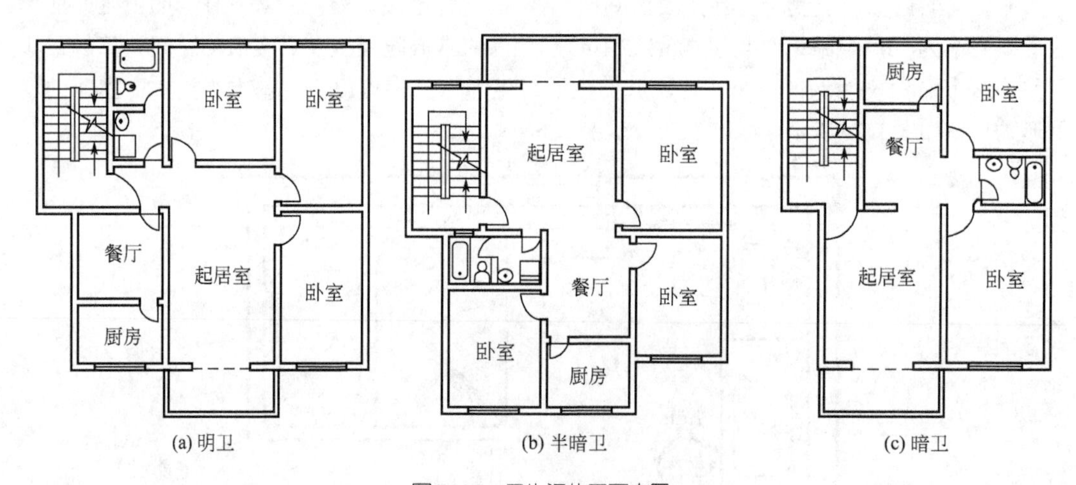

图5-30　卫生间的平面布局

由于健康问题日益受到人们的重视，卫生间内除了布置以前常用的三件洁具（浴缸、马桶、洗手池）外，许多人希望增加有利于健康的新型设备。但当一套住宅内的两个卫生间分开布置时，每个卫生间的面积只有3～4m^2，很难有多余的空间来增添新型设备。而紧邻布置的两个卫生间就可能具有灵活性，较分开布置的两卫能满足更多样化的需要：当家庭人口较多时，可以分开作为两个卫生间使用；人口较少不需要两个卫生间时可以合并变成一个大空间，能够方便地增加淋浴间、桑拿浴房等设备，也可以变成一个卫生间加一个步入式储藏室的形式，如图5-31所示。

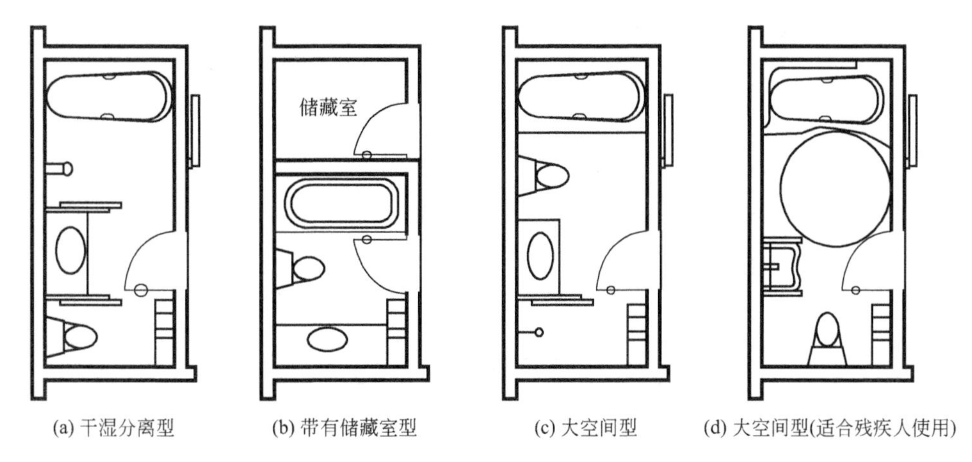

(a) 干湿分离型　(b) 带有储藏室型　(c) 大空间型　(d) 大空间型(适合残疾人使用)

图5-31　紧邻两个卫生间灵活布置样式

3. 卫生间及卫生洁具设计的基本尺寸

卫生间空间既不能过大也不能过小。空间过大时，会导致洁具设备布置得过于分散，人在各设备之间的行动路线变长，行动过程中无处扶靠，增加了滑倒的可能性。空间过小时，通行较为局促，容易造成磕碰。

卫生间面积大小与住宅套型及卫生洁具的数量及布置有关。《住宅设计规范》（GB 50096—1999）明确规定，三件卫生洁具共设的卫生间面积应不小于3m²，便器、洗浴器共设时为2.5m²，设便器、洗浴器两件时为2m²。

经济型的卫生间应为4m²左右，配备有三件套：坐便器、洗手池和浴缸。如果整套住宅中仅有一个卫生间，那么应做出干湿分离的设计，即里间放置浴缸与坐便器，外间放置洗手池与化妆台，并预留洗衣机的位置，以便里间与外间各行其是，互不干扰。

舒适型卫生间的面积应在6m²以上，增设淋浴器和冲浪浴缸，可在墙壁上悬挂电视。主人既可在卫生间里看新闻、听音乐，也可接受保健按摩。同时，卫生间可与更衣间相连。更衣间里设有化妆台、穿衣镜、贮衣柜等。卫生间内的空间基本尺寸，对于一个布置简单的卫生间来说，取$a \geqslant 760$mm；$b \geqslant 460$mm；$c \geqslant 410$mm；$d \geqslant 510$mm，适中取560mm，如图5-32所示。

对于卫生间内洁具及小五金的位置和高度的确定，应依据通过实测、统计、分析等得到的人体舒适数据来进行设计。如确定梳妆镜的高度时，已知人站立时的视线范围为30°±2.5°，则根据计算可以得出镜子上边缘距人，以及下边缘距地面的尺寸。

洗脸盆高度的确定则是卫生间设计中最主要的问题之一。事实上，人在洗脸或洗手时弯腰并不舒服，但如果站直，洗脸动作就无法完成。目前洗脸盆高多数为75cm左右，与书桌及饭桌高度相似，这个数据对于站立者来说偏低，如果人站着看书或吃饭，桌面高度至少为90～105cm，由此也可看出人站立时完成清洗工作，洗脸盆的舒适高度应为90～105cm。从站立时与肘高关系方面来看，我们知道用手操作的工作台最佳高度应比人的肘部高度低

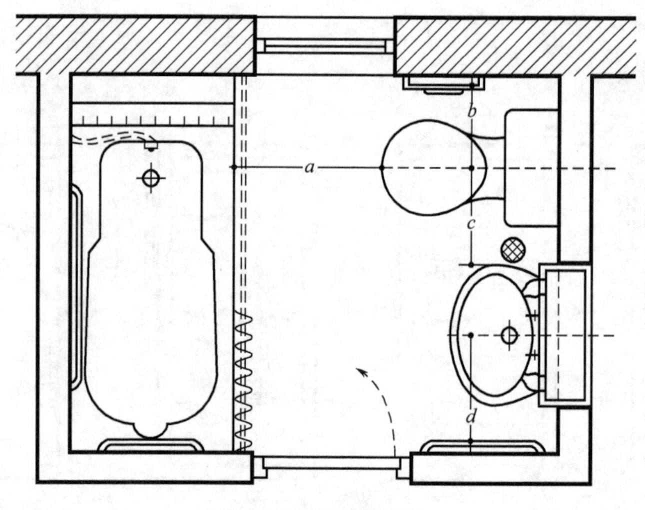

图5-32　卫生间平面

5～7.6cm。抽样调查结果表明，男性肘高≤104.9cm，女性肘高≤98cm，将女性肘高减去7.6cm为90.4cm，所以可将洗脸盆的舒适高度定为90cm，能适用于大多数人。人在弯腰操作时所占的宽度女为92cm，男为97cm，但从人的生理需要来说，必须将其增大一定的尺寸，即女至少需要112cm，男至少需要117cm，如图5-33所示。

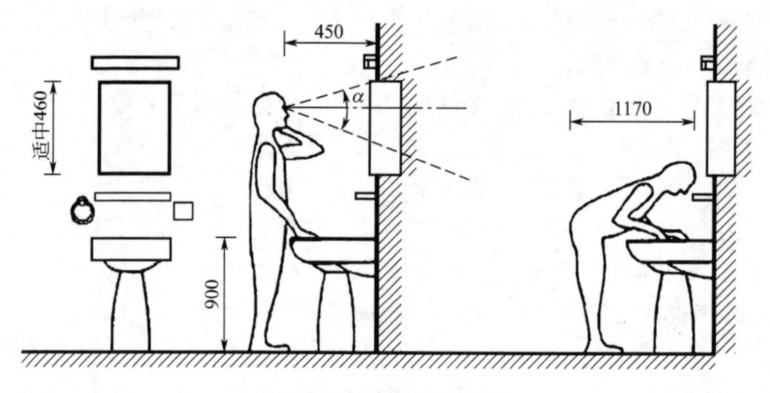

图5-33　洗脸盆及梳妆镜

卫生间的座便器一般靠墙安装，座便器前端距离墙面应当有一个距离为610mm的活动区，其理想的安装高度是距地400mm。如果是有老年人使用的卫生间，在座便器周围的墙面上可以加装不锈钢扶手栏杆，以方便老年人站起来时省力，并防止老人摔倒。座便器高度以360～450mm比较适宜。人手臂平伸指梢距离男为87.4cm，女为80.6cm，坐时肩中部到座面高，男为69.6cm，女为63.1cm，由此可定手纸盒的位置，考虑到老年人及残疾人的行动不便，还应在墙上合适部位加拉手，高度宜控制在90～100cm，如图5-34所示。

浴缸的设计随着人们生活水平的提高，越来越多地受到人们的重视。在繁忙的工作之余如能享受舒适的浴身，顿感筋骨舒展，疲劳尽扫。现今浴缸的种类亦是五花八门，最先进的当属按摩浴缸。现代浴缸的设计越来越多地从人类工效学角度来考虑。如果使用者想较长时间斜躺泡在浴盆里，大号浴缸就未必舒服。事实上，浴盆底表面长度近似等于小个子人臀部到脚后跟的长度，这样，人的脚就可以蹬在浴盆的端部，使人不至于滑下去，如图5-35所示。

从“J-Sha”水力指压模拟浴缸的外形及设备来看，它的设计与人体的结合更加完善：凹陷的部分放置头部与身体会感觉很柔顺，弧线的底部与人体脊椎的自然曲度相吻合。浴缸边上有控制器，随手即能拿到，浴缸边缘的曲线亦与浴身的需要相结合，如图5-36所示。

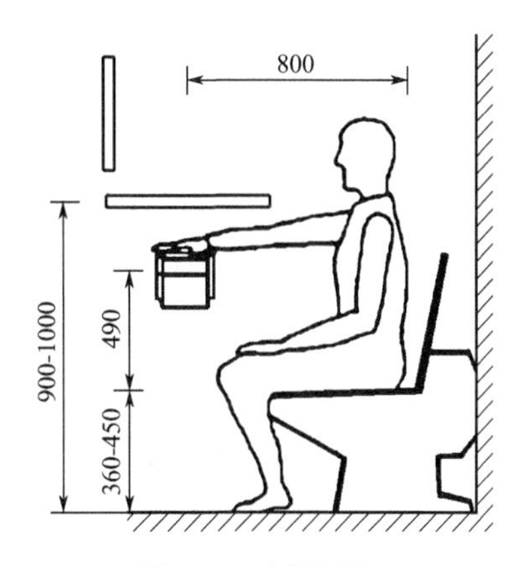

图5-34　坐便器尺寸

4. 卫生间微环境与照明环境

卫生间照明设计主要由两个部分组成，一个是净身空间部分，另一个是脸部整理部分。

第一部分包括淋浴空间和浴盆、座便器等空间。是以柔和的光线为主。照度要求不高，要求光线均匀。光源本身还要有防水、散热功能和不易积水的结构。一般光源设计在天花板和墙壁。其实很多情况下浴室吸顶的风机中的光线较暗，比理想照度要差，浴霸由于是强光发热，光线太强，二者都不适合浴室照明。应当有专门的照明光源来解决问题。一般在5m^{2}的空间里要用相当于60W当量的光源进行照明。而对光线的显色指数要求不高，白炽灯、荧光灯、气体灯都可以。相对来讲墙面光比较适合，这样可以减少顶光源带来的阴影效应。光源最好离净身处近些，只要水源碰不到就可以，如图5-37所示。

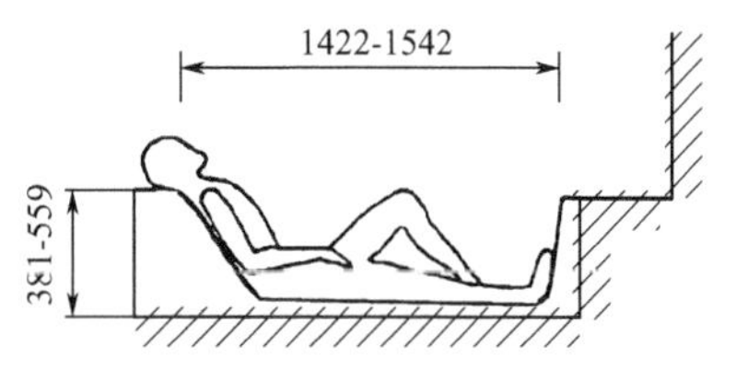

图5-35　浴缸尺寸

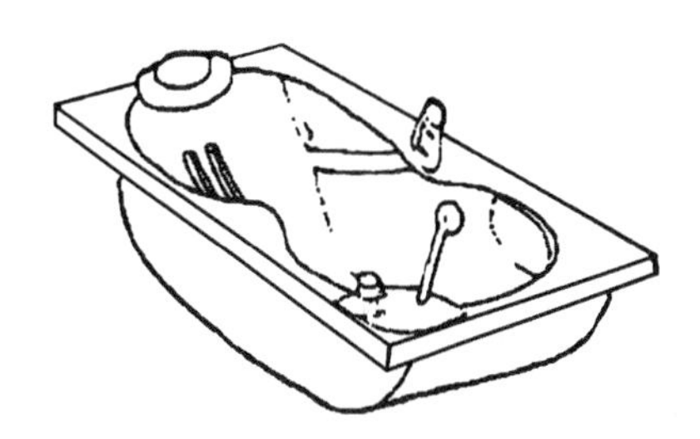
图5-36　“J-Sha”水力指压模拟浴缸

第二部分是脸部整理部分。由于有化妆功能要求，对光源的显色指数有较高的要求，一般只能是白炽灯或显色性较好的高档光源。如三基色荧光灯、松下暖色荧光灯等。对照度和光线角度要求也较高。最好是在化妆境的两边，其次是顶部。一般相对于60W以上的白炽灯的亮度。最好是在镜子周围一圈都是灯。高级的卫生间还应该有部分背景光源。可放在卫生柜（架）内和部分地坪内以增加气氛。其中地坪下的光源要注意防水要求，如图5-38所示。

图5-37　卫生间灯光设计

如果卫生间比较小，只在镜旁设置灯具就可以，若面积大还应装基本照明，可采用吸顶灯或壁灯。在卫生间灯具的选择上，应以具有可靠防水性与安全性的玻璃或塑料密封灯具为主。在灯饰的造型上，当然可根据自己的兴趣与爱好选择，但在安装时不宜过多，位置不可太低，以免累赘或发生溅水、碰撞等意外，如图5-39所示。

此外，卫生间大多采用低彩度、高明度的色彩组合来衬托干净爽快的气氛，色彩运用上以卫浴设施为主色调，墙地色彩保持一致，这样使整个卫生间有种和谐统一感。所以卫生间的整体灯光不必过于充足，也就是朦胧一些，只要有几处强调的重点即可，如图5-40所示。

图5-38　卫生间灯光设计

图5-39　小空间卫生间灯光设计

图5-40　卫生间色彩设计

第二节　公共建筑空间设计

公共建筑空间设计是指根据建筑所处环境、功能性质和空间形式，运用美学原理、审美法则、物质技术手段，创造一个满足人类社会生活和社会特征需求，并制约和影响着人们的观念和行为的特定的公共建筑空间设计环境。它反映了人们的地域、民族的物质生活内容和行为特征，体现当代人在各种社会生活中所寻求的物质、精神需求和审美理想的室内环境设计，其中包括既具有公共活动的科学、适用、高效、人本的功能价值，又能反映地域风貌、建筑功能、历史文脉等各种因素的文化价值。

一、办公空间设计

1. 办公空间功能要素

当代多数的办公行为是高效、快节奏的，办公空间首先应该给人提供满足现代化办公的硬件条件，即先进的设备设施；其次是提供符合人的行为模式，关注人的心理感受，满足不同办公特色及内涵要求的空间形态。再次是要具备科学的运营管理，真正做到低能耗、高效率使用，延长办公建筑的生命周期。

办公建筑的空间形态决定于办公的使用功能，或者说是不同办公者的行为特征。如政府职能部门、科研机构、创意公司都有各异的办公模式，对外服务、内部经营又面对不同的人群，使之对空间的形态、功能的构成有完全不同的要求，构成了办公建筑在严谨庄重的大印象里独具特色。办公建筑的使用者每天至少有三分之一的时间在办公空间里度过，对建筑形态和空间环境的要求也越来越高，除了便捷之外，还有舒适、健康、安全等人性化的要求，以及自我实现、风格独特、与众不同等个性化的要求，这些正是现代办公建筑不同于传统的显著特征。现代办公建筑应更追求个性化，根据使用者的行为模式特征，创造不同的办公空间形态，从建筑形象到外部环境，从空间尺度到空间风格都应符合不同办公者的使用要求。

2. 办公空间的划分

一般的办公空间按功能划分可分为导入空间、通行空间、业务空间、决策空间和休憩空间5个部分。

（1）导入空间

导入空间是人们进入办公建筑的起点，起着交通枢纽的作用。所谓办公建筑的交通枢纽，是指考虑到人流的集散，通道、楼梯等空间的过渡及其有序衔接而设计的在交通中起过渡作用的空间。比如，门厅空间、门户空间等都起着交通枢纽的作用。在这里，导入空间作为办公空间的起始阶段，在设计过程中，除了需考虑到其本身应具有的交通枢纽作用外，还要将其作为整个办公空间的有机组成部分予以考虑。并且导入空间作为人们进入办公区域的最初必经区域，有助于树立良好的第一印象，如图5-41所示。

图5-41　导入空间

（2）通行空间

通行空间就是指过道、通道，虽然它们在办公建筑中不是直接的办公场所，但是它是连接各个办公场所的联系纽带。通行空间可以分为水平通行空间和垂直通行空间，一般情况下，走廊属水平通行空间，而楼梯属垂直通行空间。对于走廊和楼梯的设计，考虑到不同的功能，可以采取多种不同的设计样式，并且新颖的通行空间设计可以在办公建筑空间中起到很好的装饰效果，如图5-42所示。

图5-42　通行空间

图5-43 业务空间

（3）业务空间

业务空间是办公建筑空间的核心部分，是发挥个人和团队能力，安装办公设备的物质空间。在设计业务空间时，重点要注意到人们业务活动的生产性和效率性，另外也必须考虑到人们在业务空间从事业务活动时需要的舒适感。根据办公的业务性质和需要的业务空间的不同，在业务空间的布置上一定要考虑到实际工作，这样才能使得各个功能区域有机配合，如图5-43所示。

（4）决策空间

决策空间是办公建筑空间的重要组成部分。它是对单位的整个经营活动进行分析、预测并作出决策的重要场所，典型的代表地点就是管理层的办公室和会议室。一般情况下，每个单位都会有大大小小许多的会议室，当需要召开会议或是传递某些经营政策时才会被使用，如图5-44所示。

（5）休憩空间

在办公建筑内，会安排一些场所供员工休息，这些场所通常以休息室或茶水室的形式存在，这类空间多采用舒适的设计理念和方式进行设计。阳光充足、照明多用柔光，目的在于让每一名员工在休息时感到舒适、放松，以便有更好的精力参与到工作中来，如图5-45所示。

图5-44 决策空间

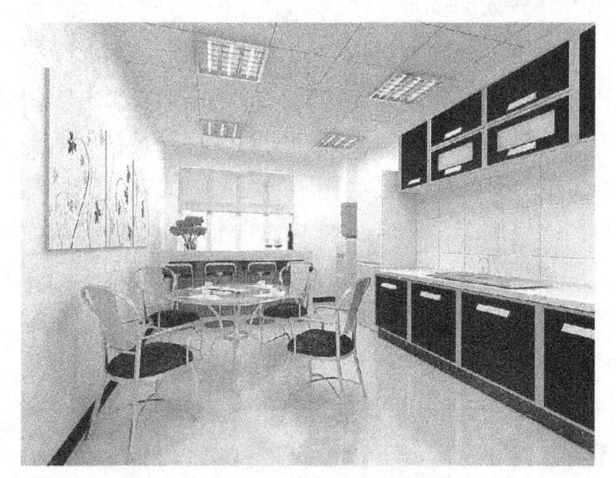

图5-45 休憩空间

3.办公空间的选择

当代办公室是人类活动的主要空间场所之一。设计这样的空间，需要设计师具备相关场所的体验，从而把握功能性、舒适性的合理分配和规划。在选择办公空间类型时可参照以下4种办公空间内部的结构。

（1）蜂巢型办公空间

蜂巢型（hive）办公空间属于典型的开放式办公空间，配置有统一模式，个性化极低，适合例行性工作，彼此互动较少，工作人员的自主性也较低，譬如电话行销、资料输入和一般行政作业，如图5-46所示。

（2）密室型办公空间

密室型（cell）是密闭式工作空间的典型，工作属性为高度自主，而且不需要和同事进行太多互动，例如大部分的会计师、律师等专业人士，如图5-47所示。

图5-46　蜂巢型办公室

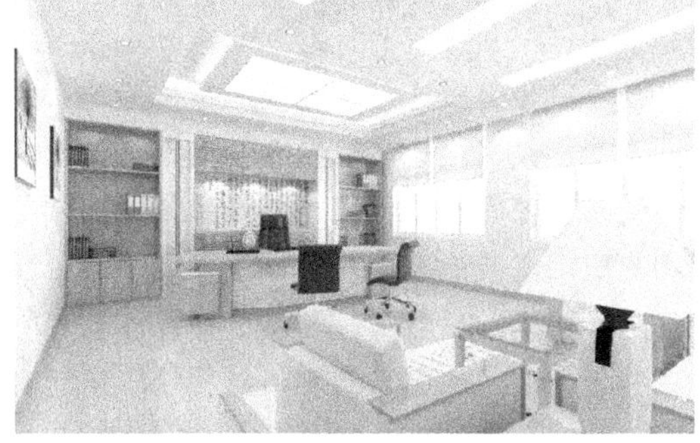

图5-47　密室型办公室

（3）鸡窝型办公空间

鸡窝型（den）是一群团队在开放式空间共同工作，互动性高，但不见得属于高度自主性工作，例如设计师、保险处理和一些媒体工作，如图5-48所示。

（4）俱乐部型办公空间

俱乐部型（club）办公室适合于必须独立工作，但也需要和同事频繁互动的工作。同事间是以共用办公桌的方式分享空间，没有一致的上下班时间，办公地点可能在顾客的办公室，可能在家里，也可能在出差的地点。广告公司、媒体、资讯公司和一部分的管理顾问公司都已经使用这种办公方式。俱乐部型的办公空间设计最引人注目，部分原因是这类办公室促使充满创意的建筑诞生，如图5-49所示。

图5-48　鸡窝型办公室

图5-49　俱乐部型办公室

当现代办公环境正逐渐由传统的“间隔式+单间办公”布局，转为开敞式的大空间办公环境，以便于内部人员的交流与联系，在重视人际间的和谐气氛和家庭的舒适、温馨感觉的同时，空间设计中倡导领域、自尊、亲切的场所内涵和重视自然材料与生态化景色的配置，以柔化建筑构造的工业感。有利于强调办公人员的工作情绪，调动他们的积极性。设计强调灵活可变，“模糊型”的办公空间划分和活泼的色彩、材质应用以及使用安全可靠的智能化科技手段，以朴实和现代、尊重和沟通，高效和安全贯穿办公环境空间的始终，以最大限度地彰显个性。

4.办公空间的照明环境

办公室照明设计应主要由自然光源与人造光源组成，一般来说，窗的开敞愈大，自然光的漫射就愈大。但是自然光的强光线有时也会对办公室内产生刺激感，不利于办公心境，所以现代办公空间的设计，既要开敞式窗户，尽量满足人对自然光的心理需求，又要注意光线柔和的窗帘的装饰设计，使自然光能经过二次处理，变为舒适光源。人造光源是自然光源的伴侣，有着极大的设计空间。在办公局部空间中，增加适度的补充光源，如多用途工作灯等，能使办公人员自动调节光度，有轻松、亲切之感，提高工作效率，与自然光相互调节、相互补充。又要考虑到办公空间的墙面色彩、材质和空间朝向等问题，以确定照明的照度、光色，创造出优雅的办公环境。办公空间照明设计时应注意以下几点。

① 办公时间几乎都是白天，因此人工照明应与自然采光结合设计而形成舒适的照明环境。注重理想的办公环境并避免光反射及眩光。

② 办公室的一般照明宜设计在工作区的两侧，灯具宜采用荧光灯，使灯具纵轴与水平视线平行。不宜将灯具布置在工作位置的正前方。

③ 视觉作业的邻近表面及房间内的装饰表面宜采用无光泽的装饰材料。

④ 在有计算机终端设备的办公用房，应避免在屏幕上出现人和物（如灯具、家具、窗等）的映像。

⑤ 经理办公室照明要考虑写字台的照度、会客空间的照度及必要的电气设备。

⑥ 会议室照明要考虑会议桌上方的照明为主要照明。使人产生中心和集中感觉。照度要合适，周围加设辅助照明。

⑦ 以集会为主的礼堂舞台区照明，可采用顶灯配以台前安装的辅助照明，并使平均垂直照度不小于300lx。

近几年，智能控光系统正成为现代办公空间设计的大趋势。室内某固定点的自然采光情况主要取决于朝向、窗墙比、窗户透光率和进深等已经由建筑本身确定的因素。而智能照明控制能够配合不同建筑物的特点，在采光满足要求时，减少人工照明的使用；采光不足时，开启光源或调节光源功率来输出合适的光通量，以便使用最低电耗，满足人员对光的需求。单纯使用调光控制，在工作平面设定照度为300lx时，开关模式和调光模式分别可节省照明能耗30%和50%，如图5-50所示。

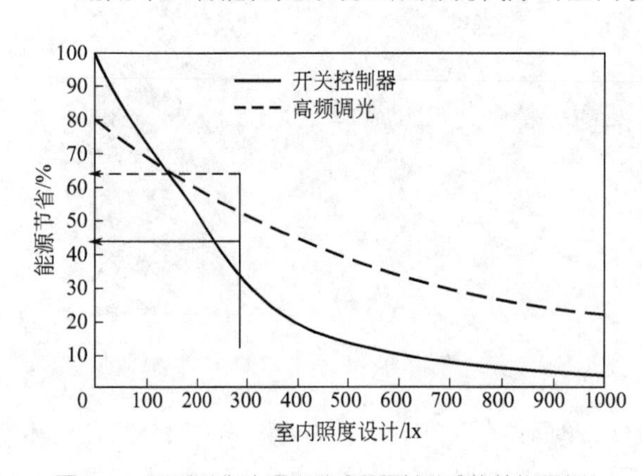

图5-50 光感控制中调光模式和开关模式的节能百分比

【案例分析】桌上森林——一个改变维度的木质平台，带来全新的办公体验。

法国建筑事务所Christian Pottgiesser Architecture Spossibles为巴黎的两家公司Pons和Huot，设计的一个办公空间。办公室的入口简洁大气，内部却别有洞天，如图5-51所示。

图5-51 办公室入口

这个设计最大特点的是有一个巨大的木质水平台面，它既是天花板，也是桌面，设计师用一种全新的方式来诠释传统办公场所，用完全不同的景观类型来塑造企业环境，如图5-52所示。这两家公司位于一座建于19世纪的工业建筑中，整个办公室上空是开放的钢构架，并装配有自洁玻璃，如图5-53所示。

图5-52 景观设计

图5-53 钢构架结构及自洁玻璃

室内环境方面，巨大的椭圆形洞口作为连通的办公席位，并最大限度地利用了自然光线。结构体的四个侧面空间则用作档案室、衣帽间和厨房，如图5-54所示。半圆形的有机玻璃罩

图5-54 办公室采光设计

还有助于隔音，减少员工间相互干扰，如图5-55所示。树分散地种植在整个空间中，让办公室看起来更像一个茂盛的花房而不是一个单调的公司机构，如图5-56所示。

这个设计将各个单元办公桌有机地布置在一起，同时为使用者提供了独特的视角和环境定位。在建筑中央是一个1.7m×22m×14m的木质结构，它重新定义并组织了一个多层次空间系统，如图5-57所示。

图5-55　办公室隔音设计

图5-56　办公室绿化设计

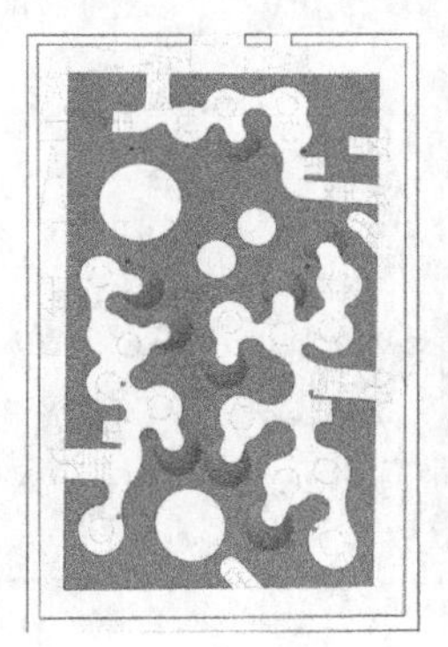

图5-57　办公室空间布局

这个橡木质地的平台将内部房间包裹在本身的体量中，并在“底层”创造了一个人工会议室、娱乐区和休息室，如图5-58所示。18.3m^{3}的泥土埋在木结构下方，同时还将电脑传送系统、供热设备和空调及水系统布置在最下方，如图5-59所示。

图5-58　人工会议室、娱乐区和休息室

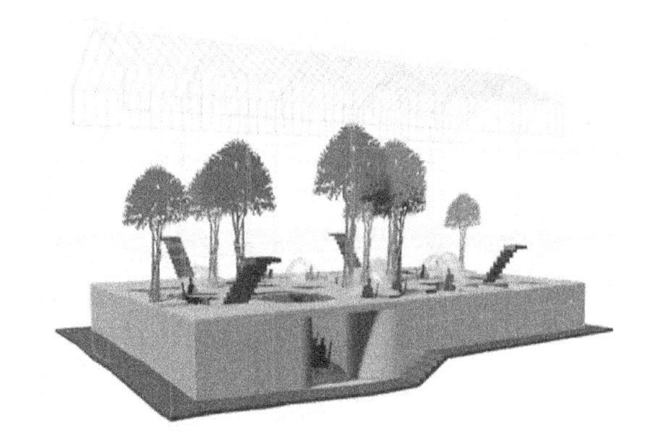

图5-59　办公室地下结构

二、商业空间设计

1.商业空间的规划设计

为什么新天地成为上海城市生活的标本？为什么港汇广场成为经典之作？除了其背后成功的商业运作，而最具魅力的亮点却在于成功的商业空间规划和商业环境设计，如图5-60所示。

图5-60　上海新天地及港汇广场的商业空间设计

合理的商业空间布局不但能够给身处其中的消费者以舒适的心理感受，更重要的是其起到了引导消费的作用，切合的产品展示方式不但能够作为Ⅳ（视觉识别系统）设计的一部分，更能够烘托出产品本身的特质，营造良好的消费软环境，并使消费者产生强烈的消费欲望，最终达成消费行为。顾客在购买这些商品的过程中，不仅享受到商品本身带来的快乐，同时也享受购物环境、高附加值的服务带来的满足。

商业环境除采取分隔与联系的手法外，还可通过营业厅柜台平面组合形式加以变化，柜台平面组合形式主要有直线类、对称类、围合类、环绕类和向心类几种形式。顾客以柜台为中心，既有向心的意识，又有向外的意识，同时，与其他柜台和货架又有通道的关系。处理好柜台与周围环境的关系以及整体商业环境各功能不同空间的划分至关重要。

另外通过色彩的变化也可以改变商业空间的形象，同样一种商品，用不同色彩的衬景陈列，给人的感受也不相同。衬景就是商品放置的四壁、橱窗的后壁、陈列架、柜台的各个平面等。运用色彩对比可突出商品，如有的商品的色彩是多种多样的，那么其衬景应当是白色或带中性色调的；相反，若衬景是五颜六色的，陈列的商品则应是白色或带中性的色调。总之，商业环境只有通过不断地变化，才能增加顾客的新奇感而减少疲劳，使顾客在购买的过程中得到心理上的满足。

2. 商业空间的形式

商业空间的室内功能分区，主要可分为以下三个区域。

（1）商品陈列区

商品陈列区是商业空间的经营布局上的重中之重。它是由商品道具的穿插和组合的空间区域。主要功能是陈列、展示、销售商品，它包括各式的柜台、货架、景观小品和模特造型等，是商品与消费者沟通联系的桥梁，是发布时尚商品信息的主要媒介。因此，在设计时应着重考虑色彩、形式、材料的运用，使其与空间更好地融合，并运用各种的表现方法与现代的手段使其更加丰富，更具鲜明的特色，如图5-61所示。

图5-61　商品陈列区设计

（2）销售人员活动区域

在现代的大型商业空间里，销售的雇佣量是一个庞大的数字。为销售人员提供合理的活动区域，包括工作、更衣、休息、用餐等是非常必要的。充分考虑到工作人员的相互联系及工作路线，使销售人员精力充沛，将给商业空间带来无限的活力。

（3）顾客停留区

停留区是顾客用于选择、观看、休息、娱乐的空间。在大型的购物空间中设置休闲区、景观区、座椅等都是现代化的商业空间所不能缺少的。在一些特殊类别的销售区中顾客的停留空间的作用就更加突出了。例如，服装的销售区内就必须有一个或多个试衣间，以及试衣间附近的等候空间。这样可以满足不同消费者的使用要求，如图5-62所示。

图5-62　顾客停留区设计

（4）交易实现区

这是商业空间的最终目的。在以往的设计中往往会忽视其重要性，但在现代的设计中由于现代人的审美意识及购物思想的转变，收银区的设计更显重要。不仅要满足其功能性，更要在整个空间中起到点睛的作用。其区位的布置上应尽量减少顾客的运动路线，并且要根据客流量来确定收银区的数量。

3. 商业空间的特点

由以上的不同分区形式，可概括出商业空间具有以下几个特点。

（1）流动性

由于各种室内空间的功能不同，停留的时间长短不一，形成了人与空间的不同关系。商业空间是顾客停留时间较短的场所，蕴含着人的“流动”意识，这种“流动”意识表现在：一是“流动”是商业空间的主体。人们进入商店都在进行着不同目的的购物选择，在商业空间里形成的是一种动的旋律，人与空间共同构成了四维空间的韵律；二是人的“流动”支配其商业空间，人不仅在空间环境中流动，还要支配其空间，决定着柜台走道宽度、柜台设置宽度及商业环境整体的交通流线设计；三是商业空间应突出人、表现人、衬托人，创造一个属于人的空间。

（2）展示性

商业空间只有通过一定的展示，才能体现它的精神面貌，要想使顾客对商店有所了解，就必须通过商品的展台、展示牌、展板，甚至于模特的表演来激发顾客的购买兴趣，促进购买欲望，增加购买信心。商品的展示通过有秩序、有目的、有选择的手段来进行，一个好的展示空间设计会给顾客留下美好的印象。否则，商业空间的视觉形象显得杂乱无章，让人产生烦闷、注意力分散、不愿留步的感觉。

（3）变化性

在日常生活中人们喜欢具有亲切感的空间，倾向于以不同的方式不断变换的空间。这在公共场所中尤为突出，亲切感的空间使人情绪安静，变换的空间使人由于不断的新奇感而减少疲劳。商业空间的变化通过分隔与联系的手法，利用柜架设备水平方向划分空间，这种划分形式使空间隔而不断，有着明显的空间连续性，室内分隔灵活自由，根据每组商品特点分隔区域，使整个商业空间富于变化。

4. 商业空间设计的注意事项

商业空间从静态到动态互动，受到技术的更新、材料的创新、消费行为的研究等相关的客观事实的影响，在商业空间设计的过程中一定要把握一些相关的设计原则，了解相关的设计职责等内容。

（1）商业项目的设计要承担一定的城市公共空间职责

商业项目不是简单的商业投资。许多开发商仅把购物中心当成一个卖场，但购物中心有一个很关键的社会功能，它承担着提供城市公共空间的责任，政府部门在建设城市公共空间时，往往故意“做”一些“公共空间”进去，比如公园、广场等等。但是这些广场公园仅仅符合空间的要求，而缺乏多样社会功能的承载。当代城市是非常缺乏多功能空间的。商业中心就是将“多功能”延续的载体。购物不仅是购物，其背后有着丰富的情感诉求，尤其是娱乐功能。

（2）在公共性设计的具体操作过程中，倡导“体验式”的设计-创造一种体验式的商业消费环境

无论项目大小，都将它定位为这个城市中必然的目的地，也就是说，每个人都必定要去，去感受它的吸引力、它的魅力。现在许多商业中心的建筑和环境的设计手法跟一般写字楼没有太大区别，无法提高人的好奇心。这就是很多商业中心虽然人流大，消费额却不高的原因。好的商业中心必须充分触发人的消费欲望。因此，必须将个人感受融到空间、材料、颜色等设计之中，融到细节的设计之中。顾客到购物中心，不仅仅是买东西，不仅仅是被动的体验，反映在公共空间的设计上，就是要创造不同的机会使他们能进行其他活动。为他们提供相应的设施，使得人和环境之间有互动、有反映。最为突出的是表演空间与休闲广场。

另一方面，人有观赏别人与被别人观赏的需要，共享空间的概念也由此而来。在商业空间设计中引进休闲功能，创造各式各样的休闲空间，各类艺术形式都可为休闲空间增添情趣。关注体验消费的新需求，并创造更有个性的体验空间成为新一代商业设计的新趋势。

（3）“愉悦”性：商品的根本意义与体验

消费是一种愉悦的过程，而这一“愉悦”性是由商品引发的。商品的愉悦性简单地可以理解为实用的、时尚的、愉悦视觉的、愉悦性情的、可娱乐的。后现代时期的艺术对装饰的嗜好、怀旧情结、对技术表现和材料表现的热衷、对通俗文化的热衷、注重公共参与、注重多元化表达等都脱离了早期现代主义，成为充满妄想的自娱与自乐。当后现代时期的建筑成为商品和时尚产物，当它被使用和消费时，它必然是愉悦和娱乐的。

（4）文化主题与地域特点

在寻求地方性文化传统与当地习惯的特色中，商业场所应该是最敏感、直接而多样的体现，无论是在建筑、景观的空间布局和形态结构、材料环境、色彩图案上。重现城市的建筑风貌和文脉特征，必须落实到实际的规划设计中来，涉及到对原有街区建筑风貌的整理和文脉特征的概括。以此确定应保护和适当改造的街区空间环境、典型建筑物、标志性景观以及重点区域的自由尺度等，并结合新建建筑的设计，使之形成和谐共生自然过渡的商业空间。

三、餐饮空间设计

1. 餐饮空间规则

现代餐饮空间设计需要满足人们在生理、心理等方面的要求，处理好人际交往、人与环境等多种因素；还需要在为人服务的前提下，解决好功能、经济、舒适、美观等要求，其人性化问题也日益受到大家的关注。

在餐饮空间设计中，人体工程学主要通过对人在餐饮空间中生理、心理的分析，使其空间适应人的行为需要，从而提升餐饮空间室内环境和服务效率。不仅要考虑平面功能布局等基本原则，同时还需要考虑空间整体的视觉美感，公共空间要通畅、尺度合理，即合乎人需求的形式、尺度和比例，来为顾客合理安排就餐空间尺度。例如，空间尺度与人的关系，人体活动与餐饮设施的关系，色彩与人的情感情绪，材料施工，节能安全等，如图5-63所示。所以，对餐饮空间设计时，要以人为中心，对餐饮环境中色彩、灯光、材料和装饰形态等方面进行处理；残障设施要结合人的心理因素、文化因素、人体尺寸来设计，使该空间在人性化细节方面真正做到对人的身心关怀。

图5-63　餐厅设计

另外，在餐饮空间设计中还应注意个人空间与边界效应。“依托”，会让人有一定的舒适感，所以人喜欢在餐饮空间中靠近某种依托物。在对邻街的餐厅或咖啡厅的调查过程中，发现有这样的普遍情况：人们喜爱停留在临街和靠窗户的餐桌、或有靠背和靠墙的餐位等有边界的就餐席位，比餐厅中间的座位更受人青睐，如图5-64所示。

图5-64　餐厅中靠墙及靠窗的位置

图5-65　餐厅隔断

图5-66　餐厅包房

图5-67　餐厅宴会厅

边界实体围合出了具有安定感的个人空间及领域，不仅避免了他人的穿越和干扰、与别人保持了距离，也避免了受人关注、四面临空的不适感，而且，这里的视野又很好，室内外的景象都可以观看到，人们就餐的同时，还能观赏到窗外的景色。可见人就餐和交际过程中，既需要有个人的领域空间，还需要让自己与他人之间保持距离。因此，要同时满足人在就餐时，对开放性与私密性的心理行为需求。

根据上述人的心理，在对餐饮空间进行布局时，要将符合人体尺寸的席位合理摆放，可以利用隔断等垂直实体来围合出各种边界空间，使餐桌一侧能靠近某个垂直依托体，比如窗户、墙体、隔断、靠背、绿化、水体、栏杆、柱子等，尽量避免让席位四面临空，如图5-65所示。包间也是一种很好的形式，不仅为人们提供了一个相对私密的空间环境，与外界空间互不干扰，而且，其服务水平和服务设施也会相应提升，如图5-66所示。宴会厅在这一点上是个例外，餐桌布置要利于人交际应酬，不需要考虑私密性，其餐桌可在大厅中间均匀地摆放，如图5-67所示。

2.餐饮空间环境设计

餐饮空间的环境，是顾客就餐和员工服务的环境，同时也是其照明、温度、湿度、空气质量、声音等因素构成的物理环境。环境的优良让人提高了舒适度，反映了优质的服务和对顾客身心的关怀。

（1）光环境

环境与人的行为有着密切的联系，不同的环境会导致人们的行为差异，可以通过表5-7对就餐场所中人的行为状态分析，来了解人的需求特征，从而为设计提供依据。

表5-7　餐饮空间中人的行为与光照环境分析

活动区域	功能属性	作业方向	视看姿态	活动状态	常用照明方式
入口门厅	接待等候	水平	坐+立	动	局部
用餐区域	供人就餐	三维	坐	静	混合
食品陈列	陈列展示	水平+垂直	立	动	局部
走廊	通过空间	垂直	立	动	一般
收银区	工作空间	水平	坐+立	动+静	局部

从人的行为需求角度来看，人在动态的空间中所需的亮度值较高，而且人在走动中对环境的细部识别性和观察性较弱，所以对细部及艺术效果的要求相对不高；而人在行为活动相

对静态的就餐区域内，尤其是酒吧等空间内，对亮度要求则相对偏低，但对于光形成的艺术效果与环境氛围有较高的要求，从而满足人的视觉、行为与心理的需求。另外，趋光性心理也影响着人的行为状态，在设计中要注意巧妙地利用不同区域配置不同亮度与色彩的照明，并形成明暗的对比，来加强对人流的引导。例如在人们喜爱逗留的边界区域，用光形成的个人空间来满足人们交往的行为心理需求；或在入口、主要通道和活动节点等处，用局部亮度较高的光照加以强调，使其更引人注目。

餐饮空间的功能不同，其照明也各异，要充分考虑到人的视觉感受和人的生理因素。为了避免眩光，服务台的照明尽量不要让顾客看到光源，以免使顾客感到刺眼，而造成紧张情绪和生理上的不适感。其光源可设置台灯或地灯，比如，在服务台上安置台灯，既有利于服务人员的工作，又不会影响空间整体环境的明暗。大厅休息区域的照明不能太突出，也应避免直接照明的眩光，而造成人的生理不适和情绪波动。楼梯照明主要为暗藏式的间接照明，其照度需足够充足，眩光也要尽量去避免，光源安置位置可以是栏杆扶手、踏步下面或者墙角部位，这样可以直接照亮楼梯和踏步，可以保证人在上下行走时的安全性，调节人的情绪达到稳定、舒适。

在餐饮空间中，设计是为消费服务的，光环境设计也要以消费为导向，通过研究消费者的特征，了解消费方式和消费需求等因素，从而研究用什么样的光环境设计方式。图5-68所示为通过进行实地调研与测量得出的数据，实地设计的照度值要高于规范推荐的基本照度，往往适宜，而略高的桌面照度值会增强就餐者的视觉舒适度，从而刺激人的消费，增加餐厅的经济收入；而随着餐厅收入的增加，也会促进其就餐环境的改善，从而进一步改善光环境。

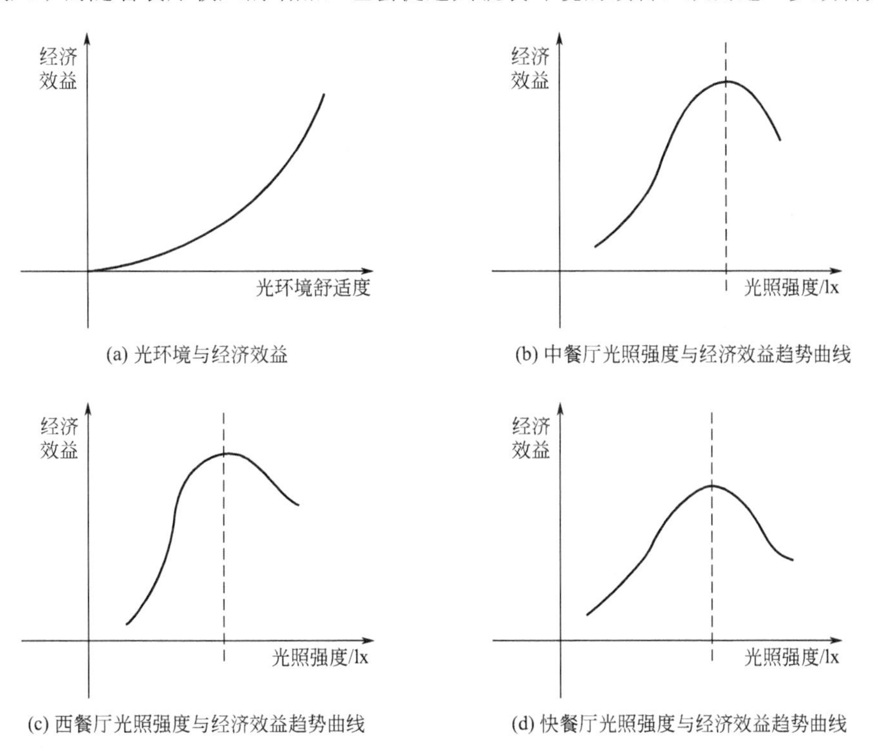

图5-68 光环境与餐饮空间的经济关系示意图

不同类型餐饮空间的照度值与顾客就餐舒适度、餐饮消费、餐厅的经济效益有一定的曲线关系。随着照度的增长，这三个指数随之增长，当照度高到一定值时，又随着照度的增长而降低。较高档的餐厅会有较高的照度，而且生意也比较兴旺，经济效益也随之增高，但上述参考值的几种类型中不包括酒吧间等为强调某种氛围而特意营造光线昏暗的意境效果。

（2）微气候

餐饮空间中的温度、湿度等物理环境，在一定程度上对人的就餐情绪有所影响。通过对物理环境因素人性化的处理与设计，不仅能为餐饮空间提供舒适的环境，还可以更好地满足人精神层次的需求。

餐饮场所必须为人提供适宜人生理环境的温度和湿度，满足人最基本的生理需求，让人在餐饮空间中舒适自如。温度为20～24℃会让人感觉比较舒服，相对湿度以40%～60%为宜，各种规模的餐饮空间都应该尽量通过一些现代技术（如空调及供热设备）来满足这些基础的条件，满足人对温度和湿度的生理需求，以此才能留住顾客，令顾客舒适地完成其就餐过程。

（3）气味与人的嗅觉感受

气味的处理，也是餐饮空间设计中应该关注一个因素。餐饮空间可以有适当的菜香酒浓，但绝对不能有不雅的气味，比如卫生间气味、厨房垃圾气味的泄漏，或者有些烧烤餐厅的烟雾缭绕又呛鼻。我们身边很多的餐饮环境的设计对“人性化”的考虑还不太健全。

基于这些现象，在餐饮空间环境的设计中，要充分考虑“人”在环境中的嗅觉感受，采用排气换气系统等技术设备。除技术条件外，还要处理好以下几点：首先，餐厅中的餐桌桌布、布艺餐巾、窗帘等软装饰品，尽量要选择较薄的化纤材料。因为棉纺织品比较厚实，特别容易吸附食物的气味，而且不容易散味儿，不仅对餐厅环境的卫生条件造成不利影响，还会破坏人们就餐时的好心情。另外，花卉等可以调节人的心理和心情、美化餐饮空间的环境，但千万不可以过分的花哨，使顾客烦躁，而影响食欲或情绪。还要考虑到顾客来餐厅，主要以品尝菜肴为主，所以不要采用浓香的花卉品种，以免让食物的韵味受到影响。

（4）声音与人的听觉感受

声音的处理和设计也是餐饮空间人性化设计中的一个重要环节。现在的多数中小型餐馆，声环境的设计往往被忽略，有时有所考虑但还是比较片面，比如安排了吵闹的快节奏音乐，更让人心浮气燥易产生暴躁情绪。餐厅操作区域各种工种的操作发出的声音传入入口、走廊、大厅等空间中，人流的密度较高，大家都听不清对方的谈话内容，导致噪声愈来愈多、愈来愈大，让人很容易会心浮气燥，特别影响就餐时的情绪。如果环境中过分寂静，又让人产生冷清凄凉，甚至紧张恐慌的心理。

因此，首先要注重餐饮空间动静分区的处理，减少互相间的干扰，空间分隔应有利于保持不同餐区、餐位之间的私密性不受干扰，还要注意厨房和配餐室的声音不能泄漏到顾客就餐区。这就需要选择和配备一些隔音材料和设施，以减少噪声。

另外，就餐时，播放优雅轻柔的背景音乐，不仅可以呼应餐厅的主题、丰富文化情感；而且，在医学上认为音乐可以促进人体胃部消化酶的分泌，促进胃的蠕动，有利于食物消化。就餐空间背景音乐一般为5～7dB，其强度不能太大。

3.餐饮空间的人-物-就餐空间的关系

餐饮空向是通过人、人造物、环境三者的和谐共处所形成的统一体。其中，环境，是顾客就餐和员工服务的环境，同时也是其照明、温度、湿度、空气质量、声音等因素构成的物理环境。餐饮空间中的人造物，即餐饮设备以及为人提供服务的各种设施，人是其中的使用者或操作者。三者关系密切，构成了餐饮空间的整体。

在这个整体中，主体是“人”，环境与人造物为人所用，具体体现为：环境的优良让人提高了舒适度，人造物的合理设计为人提供了优质的服务和身心的关怀。因此，餐饮空间的设计要考虑各种人群的需求，要关注各种物理环境对人的影响，还要考虑各种设施与人的心理需求、情感层次的需求，考虑设施的使用与人体尺寸差异的结合，使餐饮空间以人为本的人性化设计，在细节方面真正照顾到人的身心需求。

四、展示空间设计

展示设计是一种以人类视觉为主，通过五官感受、现场体验和资讯传达为特点的沟通手段和行为。以艺术为表现形式，实现精神和物质并重的人为环境的理性创造活动。这样的展示空间环境，不仅能给人直接或间接的示意和思维的引导，使观展者通过自身感受展开相关的联想和思维的演绎。

1. 观展行为习性

观展行为是指人们为了观赏与求知而参加的意向社会公众进行信息传播交流的活动。观展行为的完成依赖展品、观众和展示空间这三个客观构成条件。

人们在观展过程中主要具有以下行为习性。

① 观展的心理过程分别为：无意、注目、兴趣、审视、思考、比较、记忆。

② 观展行为的特性分别为：秩序特性、流动特性、分布特性。

③ 观展的行为习性分别为：求知性、猎奇性、渐进性、抄近路、向左拐和向右看、向光性。其中抄近路指为了到达预定的目的地，人们总是趋向于选择最短路径，这是因为人类具有抄近路的行为习性。向左拐和向右看指在人群密度较大的室内和广场上行走的人，一般会无意识地趋向于选择左侧通行，这可能与人类右侧优势而保护左侧有关。并且，人类有趋向于左转弯的行为习性，人类左转弯的所需时间比同样条件下的右向转弯的时间短。很多运动场，如跑道、棒球、滑冰等都是左向回转即逆时针方向的，左侧通行可使人体主要器官心脏靠向建筑物，有力的右手向外，在生理上、心理上比较稳妥的解释。这种习性对于展览厅展览陈列顺序有重要指导意义。

2. 展示环境

展示空间分层次的照明设计可分为以下4种。

（1）环境照明

环境照明是为室内空间提供整体照明，它不针对特定的目标，而是提供空间中的平均照明，使人能在空间中活动，满足基本的视觉识别要求。对于展示空间来说，为强调展示空间本身的设计风格与特色，其环境照明一般采用隐蔽式的灯槽或镶嵌灯具；而荧光灯和紧凑型荧光灯也因其较高的光效和几近完美的显色性能成为其首选，如图5-69所示。

图5-69 展厅环境照明

（2）重点照明

重点照明是起强调、突出作用的，是展示空间中经常采用的一种方式，其主要目的是为了突出某一主体或局部，将灯具集中在特定的部分进行照明，如艺术品、装饰细部、商品展示和标志等。多数情况下，它具有可调性，轨道灯可能是其最常见的形式，具有可调性的照明能适应不断变化的展示要求。另外，洗墙灯、聚光灯等也是常用的重点照明灯具，如图5-70所示。

（3）作业照明

这是为了满足空间场所的视觉作业要求而作的照明，因环境场所、工作性质的不同而对灯具和照度水平有不同的要求，如专业画室要求照度水平较高而柔和，不能产生眩光，对灯具的显色性能也有较高的要求；而停车场、仓库库房等场所，则对照明的光色要求均不高。就展示空间来说，其作业照明主要是考虑商品货物的存储、清洁工作、销售结算收款等作业的顺利进行。

图5-70 展示空间的重点照明

（4）气氛照明

气氛照明又称装饰照明，是以吸引视线和炫耀风格或财富为目的的，主要意图就是用照明的手法渲染环境气氛，如图5-71所示。关于展示空间的装饰照明，主要体现在以下几个方面：一是灯具本身的空间造型及其照明方式；二是灯光本身的色彩及光影变化所产生的装饰效果；三是灯光与空间和材质表面配合所产生的装饰效果；再就是一些特殊的、新颖的先进照明技术的应用所带来的与众不同的装饰效果。装饰照明对于表现空间风格与特色举足轻重，是商业展示空间

图5-71　展示空间的气氛照明

照明设计中需重点考虑的部分。

对展示空间进行合理的光环境设计的同时，要尤其注意展示空间的光污染问题，展示眩光的出现，不利于营造商业洽谈氛围，严重降低参展人员的工作效率，使展出效果大打折扣。国际照明委员会（CIE）提出眩光指数*CGI*来说明不舒适眩光的主观效果，根据表5-8的眩光指数参考值，就可以对展厅光环境进行评价，以采取合适的控制措施。

表5-8　眩光指数与不舒适眩光感受的关系

质量等级	使用范围	眩光指数
A很高质量	适合精细产品展示，注意力高度集中的展区	28
B高质量	适合一般精力集中的展区	22
C中等质量	集中度要求较低，如展馆通道走廊	18
D差质量	不适合展览展示	8

观察者对眩光敏感的观察区域，如图5-72所示。

敏感区偏离垂直方向45°的角度范围内角度γ由下式决定：

$$\gamma = \arctan(a/h)$$

式中，h为参观者眼睛上方的高度；a为展区内远距离参观者最远距离灯具的距离；γ最大角度取值为85°。为了避免灯具的直接眩光，合理地控制灯具的安装角度，通过合理地安装角度和灯具安装高度来有效减少眩光产生。

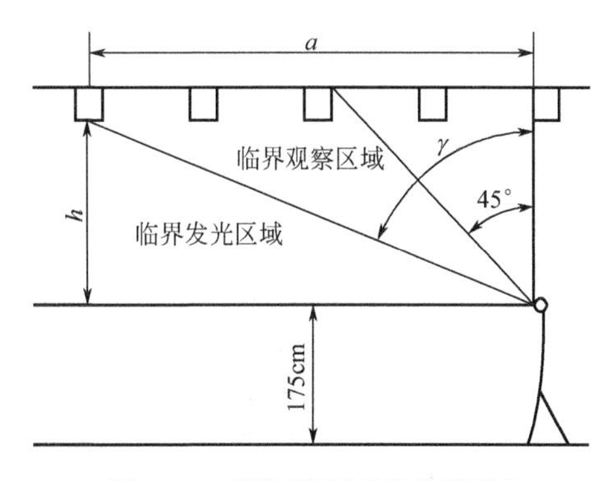

图5-72　参观者对眩光的敏感区域

3.展示布局

展示设计是一种人为环境的创造，是空间与场地的规划。从造型上来说它属于空间造型设计，而空间造型的设计范围较广，主要包含了建筑造型、展会设计、室内设计、橱窗设计等所有与真实空间有关的立体设计。在功能上它是以满足陈列、演示、交流、贸易、营销和人流疏导等多项功能的需求为前提，以达到空间的合理使用和组合的自然协调。从性质上说，其构成基础来自于主题信息的传递与广告效应，表现为占据一定的场所空间，通过实物陈列、版面、灯光、道具、音响、色彩等综合媒体手段有效地引导人们的心理与生理的诉求行为。

展示空间设计的出发点还是聚焦在展品本身。恰当的调用空间语言巧妙地表现展示内容才是展示空间设计的真正着眼点。在整体规划中，平面布局作为空间设计的基础，引导着展厅的构思和定位，更是创意的出发点。

平面布局工作可以从基本形态、功能安排、时序控制等方面入手。其中，基本形态是指确定总体平面设计方案、空间构成形式、对主体与布局的细节进行检查调整，使整个展厅显得协调一致。对功能空间的配置和展品的陈列工作非常重要，应按总的平面规划序列以及展品的特点进行安排。展品的展出次序和参观者的路线规划也是非常重要的，应体现出动线的方向。一般情况下，展场都是用顺时针方向陈列展品。平面布局工作还和场地实际情况以及预计参观人数有密切关系。根据这些情况，可以选择以下不同的布局方法。

① 临墙布置：多在开口少、深入的展厅，方便动线的串联，展品也属于“一面观”类型，如字画等，如图5-73所示。

② 中心布置：是指将主要的展品以居中位置进行突出表现，如青铜雕塑等，这种方法适合用于正方形、圆形等规则场地，如图5-74所示。

图5-73 临墙布置

图5-74 中心布置

③ 散点布置：类似于中心布置，是多个展品中心布置方法的衍生，这种方法多用在同一展场中，如图5-75所示。

④ 网格布置：在大型的展场中，特别是贩卖形式的展场，常常应用标准的摊位形式，如图5-76所示。

图5-75 散点布置

图5-76 网格布置

⑤ 混合布置：混合布置是根据实际情况对前面几种布置方法的综合应用，在展品有多种类型时会使用这种方法。

4.展具设计

能够实现拥有多功能展示体系的展示设备，其必然采用梁、柱、墙、轨道等相结合的方式形成不同的展示空间，利用墙壁的位置变化演示立体递进构成关系，这种空间表现也有一定的弱点，它的空间分隔都是生硬的直角，毕竟是利用现有批量生产加工的标准零部件进行分隔，必然要按照零部件尺寸和标准形状构建空间，在3m×3m小型展示空间范围内，直角空间的弊端不太明显，但是对于大型展示空间来说，直角空间的缺憾是不言而喻的，但弥补标准件造成的空间问题，可以通过手工修改，把标准化设备异变处理。

（1）标准化展架设计

展架是现代展示活动中用途最广的设备之一。在展架设计中应用较多的是金属支架，它可分为单体金属支架和组合式金属支架。单体金属支架是由底座、立杆和顶头饰架三部分组成，可拆装的组合式展架还有桁架式、球节螺栓固定式。桁架式展架采用联接件与立柱相连，可做成铝杆天顶或其他造型。球节螺栓固定式展架的每个面上有一个螺眼，管件的两端有套筒和可以移动的螺栓，将螺栓旋入球节上的螺眼中并予固定，使用这种系统组成的骨架，可以形成有变化的造型和空间，如图5-77所示。

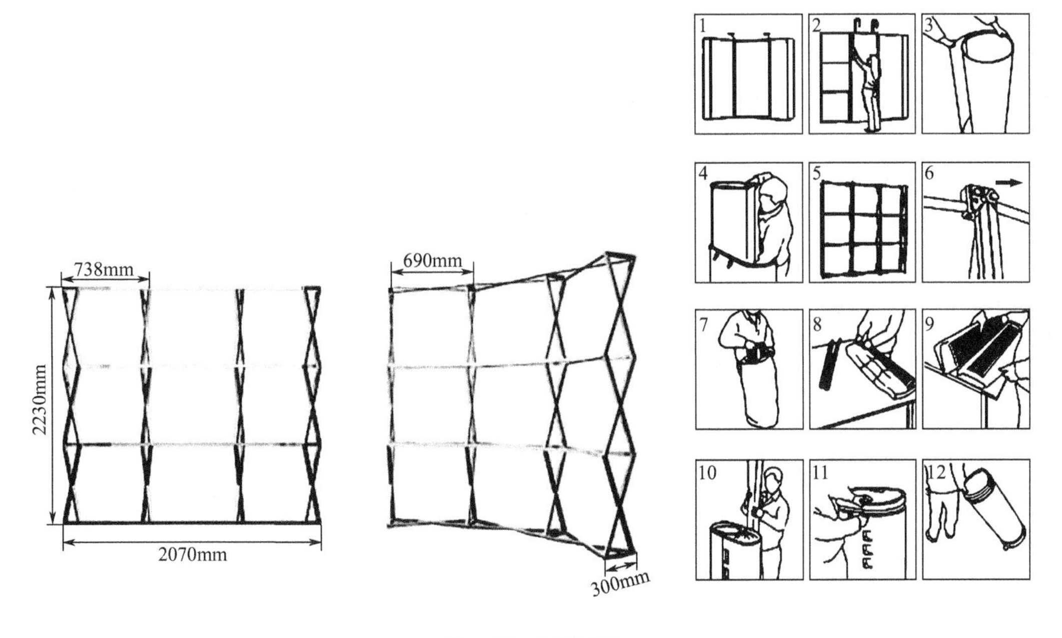

图5-77　展架设计

（2）展柜设计

展柜是保护和突出重要展品的设备，展柜类通常有立柜（靠墙陈设）、中心立柜（四面玻璃的中心柜）和桌柜、布景箱等，如图5-78所示。

常用的展柜形式有高立柜和中心立柜。展柜可以起到分隔空间的作用。桌柜通常有平面柜和斜面柜两种，斜面桌柜又有单斜面和双斜面之分。单斜面桌柜通常靠墙放置，双斜面桌柜则放置在展厅中央。

图5-78　展柜及布景箱设计

布景箱是只供一个方向观看，类似橱窗的完橱式大展柜，内部可以设置各种场景，使展品呈现在一个“真实”的环境中，使展示更加生动。布景箱的背部和顶部两侧应设计成弧形，以造成空间深远的感觉。为保证布景的真实效果，大型布景箱的深度至少应为宽度的1/2以上，在照明的设计上也应有所侧重，以突出展品的效果。

习题与思考题

1.运用人因工程学设计一套卫生洁具，要求洁具尺寸符合人体尺寸，并与卫生间尺寸搭配合理。

2.根据办公室的布局划分，选择其中一种布局形式，对办公空间进行设计，要求设计时既要考虑其功能要素，还要考虑照明环境的设计。

3.住宅室内设计中开展人因工程学研究的内容有哪些?

4.起居室、卧室、书房的照明环境设计有何区别?

5.餐厅、厨房的照明环境设计有何区别?

6.书房有哪几种布局方式?

7.卫生间及卫生洁具的基本尺寸设计与人体尺寸的关系如何?

8.办公室有哪几种布局方式?

9.商业空间的形式和特点是什么?

10.餐饮空间的人-物-就餐空间关系如何?

11.人的观展行为是什么?

12.展具有哪些类型?

第六章　人因工程学在室外环境设计中的应用

环境是一个很广泛的概念，一般来说，人们所在区域就是环境，人身周围的事物也是环境。从心理学范畴而论，环境应该包括从外部给予生物体作用的物理、化学、生物学以及社会性范畴，因此就涉及自然、人工和文化等科学范畴。

从环境的构成角度说，室外环境是人与自然直接接触的主要活动空间，不仅幅员广阔，而且变化万千。阳光、绿化、人文景观、建筑等都与人产生了直接的关系。室外环境与室内环境相比，具有复杂性、多元性、综合性和多变性等特点。

从人类的先民为生存而搭建栖息之所的那一刻起，居所的构筑和建筑围合的行为便被赋予了环境设计的意味，通过群落的聚居所产生的庭院、道路、广场的“设计”，显露出人类社会的创造性。从古代到工业化早期，人类在各个历史时期都产生过颇具特色并极具亲和力的城市环境。

学习目标

通过一些具体的设计实例来了解空间设计、环境设计、公共服务设施设计等设计的基本原则，深入理解在具体实践过程中的设计要领。通过本章的学习，使学生理解并掌握基本的环境设计、服务设施设计人因工程原理和方法。

学习重点

1. 了解室外环境设计的基本原则；
2. 掌握地面铺装基本原则；
3. 掌握服务设施设计的基本原则。

学习建议

在生活中发现问题，对不合理的设施和使用方式进行总结、分析，并在学习理论知识的过程中，紧密地联系具体的设计实例，从例子中去发现人因工程设计过程中的一些设计准则，然后结合自身的理解去设计有关人因工程学的课题。

第一节 人类活动与空间需求

人类活动的行为方式决定了室外环境设计空间需求、空间布局和规划形式。人类对空间的需求包括个人空间需求和公共空间需求两个方面。

一、个人空间需求

个人空间是指个人按其心理尺寸要求所需求的最小空间范围。个人空间没有固定的地理位置，它是随着个人的移动而不断变化的，因此个人空间是弹性的、情况性的。由于个人空间具有自我保护作用，他人对这一空间的侵犯与干扰会引起个人的焦虑和不安。由于个人空间受个人情绪、人格、年龄、性别、民族、文化等因素的影响，因此不同的人对个人空间的需求不同。

在人类活动中，人际距离和人的交往方式密切相关。

人际距离包括亲密距离（0 ～ 35cm）、个人距离（35 ～ 120cm）、社会距离（120 ～ 300 cm）和公共距离（300 ～ 900 cm）等。

二、人对公共空间的需求

人类不仅需要拥有个人空间，也需要自由开阔的公共空间。大量的调研证明：

公共空间需求的满足程度对个体的身心健康有着很大的影响。例如，患有精神病症状的人，其病因与其儿童时期的成长环境、有无共同活动的朋友以及朋友数量的多少等因素有一定的关系。一个人的朋友数量越多，活动范围越广，患精神病的可能性就越小。

不同的公共空间为个体提供了不同的社会生活情境，因此，在进行公共空间的设计时，应该考虑以下几个方面的问题：

① 公共空间应该是大家都能看到和使用的共享空间，应能促进人们彼此之间的人际交往，使更多的人能在这个共享空间活动，以获取社会感和安全感；

② 公共空间的设计形式应与其功能统一；

③ 公共空间的设计应区别其他公共空间，尽可能拥有自己的个性；

④ 考虑各年龄群体（如老人、青年人和儿童等）的特点与差异，满足各年龄群体对公共空间的不同需求。

三、人类活动的行为和室外环境设计

人类活动的行为与室外环境设计是相互影响、相互制约的。进行室外环境设计时，必须要了解人的基本行为规律和人们对周围环境的基本需求。

1. 人类的活动行为

（1）必要性活动

人类为了生存而必须进行的活动为必要性活动。进行必要性活动所需的空间叫必要性活动空间。必要性活动的行为空间主要是指人们在进行上学、上班等必需的行为过程中所经过的路线和地点，在进行设计时，应保证人们进行必要性活动所需的空间。

（2）选择性活动

选择性活动是指诸如购物、娱乐以及茶余饭后所进行的散步、踏青等游憩类的活动。选择性活动与环境的质量有密切的关系，其受消费者的特征、商业环境、居住地与商业中心的距离等条件的影响。从这个意义上讲，良好的室外环境设计是应用城市的重要途径之一。

（3）社交性活动

社交性活动在古今中外的人类生活中占有重要的地位。设计性活动行为所需的空间叫做社交性活动的行为空间。例如：朋友、同学、邻里和亲属之间的交际活动是社交性活动的重要组成部分。

2. 室外环境设计

人是居住区的主体，从室外环境的设计、创造，到规划成果的使用，都是以人为出发点的。室外环境的设计必须考虑到人的要求和行为活动。人的行为心理是人与环境相互联系的基础和纽带，是室外环境设计的依据和根本。如何做到“人性化”，营造适合人类活动的室外环境，具体来讲，在设计时应尽可能做到以下两方面：第一，尽量满足最有可能使用该场所的群体的需要，同时也鼓励其他群体来参与使用，并确保群体之间的活动不相互影响，让儿童、老人、残疾人也可以享受户外生活的乐趣。环境设施的布设应避开偏僻的位置，让人们更容易享受到景观带来的情趣。第二，环境设施的修缮维护也应在设计时予以考虑，同时考虑环境设施的布设、养护等是否与环保发生冲突。室外环境设计中各项设施的具体设计细则将在以下的内容中一一讨论。

第二节　步行设施设计

地面与人有着密切的关系，它所构成的交通与活动空间是城市空间和环境系统中重要的内容。地面设施的优化与改善，不仅为人们提供了便利，保证了安全，提高了运行功效和地面的利用率，并且丰富了人民的生活、美化了环境。因此，步行设施设计是一面镜子，反映城市文化、时代和社会观念。

一、地面铺装

地面铺装是根据当地的气候条件拟定交通线路，其必备条件为坚硬、耐磨、防滑。同时，通过布局和地面铺砌图案，要给行人以方向感并引导其到达目的地，通过将路面做成粗糙程度不同，还可防止人们误走其他路线。同时可以改善环境、提高环境的美观程度等。

地面铺装应注意外观效果，包括色彩、尺度、质感及拼缝等。路面砌块的大小、拼缝的设计、色彩和质感都应与场地的尺度、密度有密切关系。一般情况下，大场地的质感可以粗糙些，纹样不宜过细，如图6-1所示。小场地质感则不宜过粗，纹样也要细腻、精致些。图

6-2中大量的铺装材料铺设在面积小的区域会显得比实际尺寸大，而在小区域里运用的装饰材料会使得该区域显得凌乱繁杂。

图6-1　地面铺装与场地尺度的关系

图6-2　地面铺装

在城市道路中，有些地方还要利用夹缝、凹凸和材质等变化，引起司机的注意。在停车带、公交停靠和出租车等停靠地点，人员上下车和货物装卸等场所较多的地方，应采取材质粗糙的铺装，与一般行车道进行区别，在视觉和实际上都营造一种不利车辆快速行走的错觉。在交叉路口的铺装上，应与其他部分不同，作为节点设计，主要是针对司机，使其产生一个明了的印象，并能与一般道路进行区分，降低安全隐患，从而达到有效控制事故发生率的目的。

（1）一般的地面铺装方法

针对一般的地面铺装，通常采用块料——砂、石、木、预制品等作为面层，用砾土作为基层，这是上可透气、下可渗水的园林-生态-环保地面。采用这种铺装主要是基于以下几点考虑。

① 符合绿地生态要求。可透气渗水，有利于树木的生长，同时减少沟渠外排水量，增加地下水补充。

② 与景观相协调。自然、野趣、人工痕迹，尤其是郊区人工森林等类型的绿地，粗犷一些并无不当。

③ 景观的绿地建设是一个长期过程，要不断补充完善。这种路面铺装适于分期建设，且易于改建，甚至临时放个过路沟管，抬高局部路面，也极容易。

④ 景观绿地建设期间外，道路车流频率不高，中型车也不多。

⑤ 我国园林传统做法的继承和延伸。

（2）地面铺装的拼图与色彩

地面铺装的拼图与色彩效果的优劣直接影响整体景观环境。因此，在地面铺装设计时需要从景观整体形式、建筑形式、街道尺度、交通关系、道路指向、各种景观物象的占地位置、形态等方面进行综合思考，形成系统的、适合视觉和功能要求的地面铺装设计，如图6-3所示。

地面铺装的拼图运用可以起到丰富视觉效果以及加强空间界限特征的作用，它可以为行进中的人们作街区范围和重点区域的方向引导，因此，地面铺装的拼图应尽量避免烦琐复杂，以防人们产生错误判断。

图6-3　地面铺装

地面铺装的颜色表现有单色铺装、复色散乱铺装、复色图案铺装和套色片形状膨胀等形式。在进行地面铺装的设计时，色彩的运用应稳重而不沉闷，鲜明而不俗气。在不同高差地段的梯步上，采用色彩的对比进行视觉提示，可使步行街更具安全性。

二、踏步和坡道

在城市空间环境中，由于地势和功能的需要，时常要改变地面的高度差，而踏步和坡道是连接地面高差的主要交通设施。在人因工程学中，人的行走、运动都是由肌肉力量带动的，从第二章中已得知腿部的活动空间范围，但当人体长时间进行抬高运动时，会产生疲劳感和肌肉损伤等问题，所以在以下情形时应进行踏步和坡道设计（见图6-4）：

① 当地面坡度超过12°，应设置踏步；

② 当地面坡度超过20°，一定要设置踏步；

③ 当地面坡度超过35°，在踏步一侧就应设置扶手栏杆；

④ 当地面坡度超过60°，则用作蹬道或攀岩。

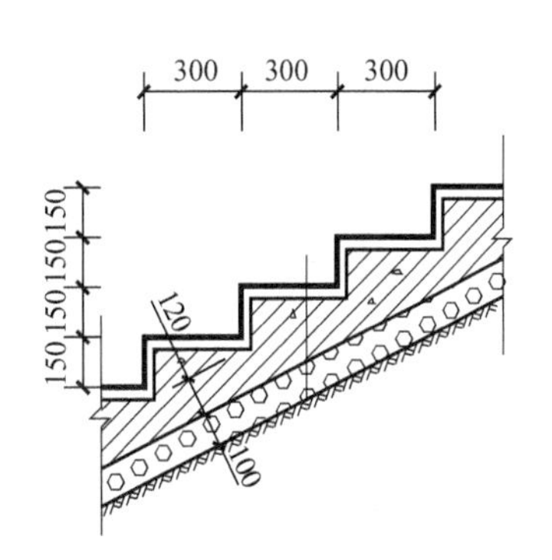

图6-4　踏步剖面图

在设计踏步时，应该知道和使用一些专有名词，如踏面、上升面以及休息台面三个术语。所谓踏面是指人们踏脚的水平面；上升面一般叫它阶升面，是指一个梯级的垂直部分，也叫埸台高。一般说，在一组台阶中，上升面总数多于踏板一个。休息台面是指两组阶梯之间比较大的平面间隔，平台的主要作用是公共休息和充当缓冲的区域，并起到视觉上的调和作用。图6-5为目前比较常用的踏步和坡道。

在设计确定踏步的舒适度和安全感方面，踏步与上升面之间的大小比例是一个关键因素。一般来说，一组踏步的升面的垂直高度保持一个常数，如果其高度每层都在变化，那么人在使用踏步时，就会分散人的注意力，可能会引发不必要的事故发生。另一方面，在升面的地步使用阴影线，可以提醒行人注意是台阶，同时在远处就可以很明显看见。但是在设计时，阴影线的缩口不宜设计得太高或太深，否则它会使行人在行走过程中脚被绊住或陷入其中等事故。

图6-5 踏步和坡道

（1）踏步设计的人因工程学原则

在进行踏步设计时，一般根据踏面高度（h）与踏面宽度（d）来进行计算，即：

$$2h + d = 60 \sim 65\text{cm}$$

若踏面宽度定位30cm，则踏面的高度为15cm，若踏面的宽度增至40cm，则踏面的高度降到12cm左右。同时应注意以下原则：

① 室外踏面高度不宜小于30cm，高度不小于10cm；

② 每上升0.75m或长度超过9m时应设平台；

③ 平台的深度不应小于1.50m并应设连续扶手；

④ 台阶的踏步宽度不宜小于0.30m，踏步高度不宜大于0.15m；

⑤ 台阶的有效宽度不应小于0.90m，并宜在两侧设置连续的扶手；

⑥ 台阶宽度在3m以上时，应在中间加设扶手。

（2）坡道设计的人因工程学原则

城市道路的坡道设置与无障碍设计是具有重要联系的，在进行设计时，可以参见《城市道路和建筑物无障碍设计规范》。同时，注意以下常用原则：

① 独立设置的坡道的有效宽度不应小于1.50m；

② 坡道和台阶并用时，坡道的有效宽度不应小于0.90m；

③ 坡道的起止点应有不小于1.50m×1.50m的轮椅回转面积；

④ 坡道两侧至建筑物主要出入口宜安装连续的扶手；

⑤ 坡道两侧应设护栏或护墙；

⑥ 扶手高度应为0.90m，设置双层扶手时下层扶手高度宜为0.65m。坡道起止点的扶手端部宜水平延伸0.30m以上；

⑦ 台阶、踏步和坡道应采用防滑、平整的铺装材料，不应出现积水。坡道设置排水沟时，水沟盖不应妨碍通行轮椅和使用拐杖。

第三节　服务性设施

基础设施包括交通、邮电、供水供电、商业服务、科研与技术服务、园林绿化、环境保护、文化教育、卫生事业等市政公用工程设施和公共生活服务设施等。它们是国民经济各项事业发展的基础。在现代社会中，经济越发展，对基础设施的要求越高；完善的基础设施对加速社会经济活动，促进其空间分布形态演变起着巨大的推动作用。建立完善的基础设施往往需较长时间和巨额投资。对新建、扩建项目，特别是远离城市的重大项目和基地建设，更需优先发展基础设施，以便项目建成后尽快发挥效益。

一、坐具

坐具是公共设施中最为常见的一种服务性设施，人们在室外环境中休憩、交谈、观赏都离不开坐具。通常称可以支撑人体重量的物品为坐具，主要分为显性坐具和隐形坐具，显性坐具多指传统意义上的凳子、椅子，如图6-6所示。而隐性坐具是现代逐渐兴起的，如花坛、种植池、置石等，兼有休息与小品的多功能，如图6-7所示。

图6-6　显性坐具

图6-7　隐性坐具

1.坐具的设计

设计坐具时，首先考虑其舒适度，不同区域内的座椅需要不同的舒适度。例如：商业街上的座椅多为硬气十足，人头攒动，行色匆匆，暂时的休息即可。公园里的座椅多为舒适宽厚，人们悠然自得，享受大自然。另外，舒适度也和其他一些因素有关，如在某一区域内座椅的使用者主要是青少年，而孩子们通常会爬在座椅的靠背上或扶手上，那些由宽大且厚重的木板构成的座椅更适合孩子。

（1）座面部分

① 为了使座椅更舒适，靠背与座面之间可以保持95°～105°的夹角，而座面与水平面之间也保持2°～10°的倾角。

② 对于有靠背的座椅，座面的深度可以选择为30～45cm，而对于没有靠背的座椅，座面的深度可以在75cm左右，45cm的座面高度可以提高座椅的舒适度。

③ 座面的前缘应该做弯曲处理，尽量避免设计成方形。

④ 令人感到舒适度的座面材料是木材，富有弹性，在室外其温度变化不大，令使用者倍感舒适。

⑤ 座椅的长度视具体情况而定，一般为每位使用者的长度不超过60cm。

（2）靠背部分

① 为了增加舒适度，其座椅靠背应微微向后倾斜，形成一条曲线。

② 座椅靠背的高度可以保持50cm，不仅使后背得到支撑，其肩膀也可以得到依靠。

③ 没有靠背的座椅应该允许使用者在两边使用。

（3）椅腿部分

椅腿不能超过座面的宽度，否则人们容易被绊倒。

（4）扶手部分

扶手边缘不应超出座面边缘，它的表面应该坚硬、圆润且易于抓握。

2. 坐具的布置

坐具的布置与布局需要经过精心的规划与研究，才能够满足人们的休息、观赏等需要。其主要包含两个主要方面，即坐具的布局与朝向。

（1）坐具的布局

坐具的布局必须在通盘考虑场地的空间与功能的基础上进行。座椅摆放经得起推敲，在公共空间中自由、灵活。每一条座椅或者每一处小憩之地都应因地制宜，置于空间内的小空间中，凹处、转角应提供亲切、安全和良好的微气候特点这一规律。边界效应在人们选择座位时可以观察到，沿建筑四周和空间边缘的座椅比在空间中的座椅更受欢迎。人们倾向于物质环境的细微之处寻求支持物。

在城市公园环境的规划设计中，设计师应尽力使座椅的布置更具灵活性，而不仅是简单的排排坐布置，例如曲线形的座椅或成角布置的座椅就是一种明智的选择。当座椅成角布置时，如果坐着的人都有攀谈意向，搭话就会容易些。如不愿交谈，从窘态中解脱出来也是比较方便的。

（2）坐具的朝向

朝向与视野对于座位的选择起着重要的作用，有机会观看各种活动是选择座位的一个关键因素。朝向的多样性很重要，这意味着人们坐着的时候能看到不同的景致，因为人们对于观看行为、水体、花木、远景、身边活动等的需求各不相同。同时，提供多种座位组合，可以吸引各种年龄、性别的人就座，从而创造了引发交谈、娱乐等活动。

（3）坐具的布置要点

休息座椅的设置方式应考虑人在室外环境中休息时的心理习惯和活动规律。从人因工程学的角度出发，可以总结为以下几方面：

① 供人长时间休憩的座椅，应设置私密性；

② 人流较多供人短暂休息的座椅，则应考虑设施的使用率；

③ 座椅的样式首先要满足功能，然后要具有特色；

④ 座椅是供人们休息、交谈、眺望时使用的；

⑤ 为了保持环境的安静且互不打扰，座椅间的距离要保持在5～10m；

⑥ 座椅周围的地面应进行铺装，或在座椅的前面安放一块与座椅等长，宽50cm的踏脚板，以保持卫生；

⑦ 室外环境中的台阶、叠石、矮墙、栏杆、花坛等也可以设计成兼具座椅功能的景观。

二、电话亭

公共电话亭的形态主要有两大类，封闭式和半封闭式。封闭式电话亭是指四周和上下都完全与外界分隔的电话亭。材料上一般采用玻璃和铝合金或钢结构，如图6-8所示。半封闭式电话亭是指没有门，又不能完全遮蔽使用者的电话亭，如图6-9所示。

图6-8 封闭式电话亭

图6-9 半封闭式电话亭

1. 人因工程学考虑因素

电话亭设计中，研究使用者的行为是非常重要的，研究表明，人们对电话亭的使用有以下几点要求：

① 电话机放置高度必须适宜，需考虑残疾人、老人和儿童的需求；

② 电话机面板的设计必须简洁，并能清晰地介绍各按键功能；

③ 使用者可以放置随身携带物品；

④ 使用者方便进行记录；

⑤ 遮风挡雨和透气性要求良好。

2. 公共电话亭使用区推算

在进行公共电话亭设计时，需要根据使用者的基本需求和特点进行设计，从人因工程学的角度出发，主要从以下几点进行介绍。

（1）电话亭总高度

考虑到大部分人使用电话亭，故选男性第95百分位：

最小功能尺寸=1775+38=1813mm

最佳功能尺寸=1775+38+200=2013mm

（2）电话亭宽度

立姿活动空间（正面）：考虑到人在打电话时需要一定的活动空间，且要适合大部分人使用，故以男性大百分位为依据：

最小功能尺寸=600+13（肩宽修正量）=613mm

最佳功能尺寸=600+13+200=813mm

（3）电话亭深度

立姿活动空间（侧面）、人体最大厚度、人到电话亭的视距、电话自身厚度：要考虑到人在电话亭内需要一定的活动空间，还要考虑人在打电话时的最佳视距问题，故需要比较后进行取舍（电话厚度=130mm）。

① 根据立姿活动空间计算：考虑到适于大部分人使用，故立姿活动空间以男性大百分位为依据：

最小功能尺寸=400+130=530mm

最佳功能尺寸=400+130+200=730mm

② 根据人体最大厚度及最佳视距计算：人体的最大厚度应取男性胸厚第90百分位；一般操作的视距范围为380～760mm，最佳为560mm，考虑人在打电话时胳膊及肘部的动作及人眼到电话的实际距离，故视距取380mm：

最小功能尺寸=237+8（胸厚修正量）+380+120=745mm

最佳功能尺寸=237+8+380+120+200=945mm

③ 平衡取舍：电话亭深度应取855mm。

（4）显示屏高度范围

立姿眼高、人的垂直视野范围：其尺寸的设计首先应该能让大部分人方便地看到显示屏，故选取女性立姿眼高第5百分位的有效视野范围上限与男性立姿眼高第95百分位的有效视野范围下限之间，且人的垂直视野有效范围为：上25°～下35°，计算可得：

a. 女性：1371+38+380×tan25°=1583mm

b. 男性：1644+25–380×tan25°=1423mm

三、垃圾桶

在公共场所中，设置收集各种不同废弃物的设施是必要的。它们可以收集诸如纸、玻璃、金属、纸板和电池之类的东西。而在这些设施中，根据其所要收集物品种类的不同，又可分为垃圾箱、大的容器和小的容器。垃圾箱在形式上及选材方面具有多样性。图6-10的街用垃圾箱具有轻巧性和坚固性，反映了公共场所的整洁的形象。

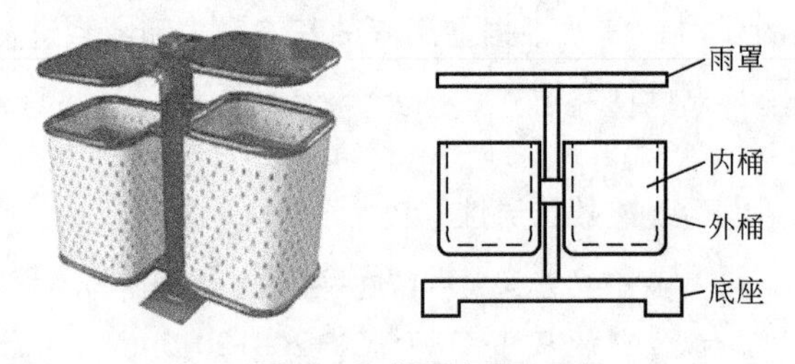

图6-10　街用垃圾箱

1. 垃圾箱设计要点

垃圾箱的设计应以功能为出发点，具有适度容量、方便投放、易于回收与清除，而且需要构思巧妙，造型独特。

① 垃圾箱设置位置要明显，且应人流密集；

② 垃圾箱造型具有可识别性，但不宜特别突出；

③ 垃圾箱应与座椅保持一定距离，避免垃圾对人造成影响；

④ 经常性清扫可无盖，箱内设置可悬挂回收袋；

⑤ 垃圾箱需防水，以免影响环境。

2. 垃圾箱的尺寸推算

（1）垃圾箱的高度

优秀的垃圾箱不仅要便于将垃圾投入，也要便于将内腔取出和清理。垃圾箱的高度一般应小于正常人的立姿双手上举功能高的一半。垃圾箱的高度一般在800～1100mm之间，基本都满足要求。

（2）垃圾箱的垃圾投入口

垃圾箱的垃圾投入口应该满足绝大多数人的使用需求。

① 上边缘高不低于95%人的手功能高，下边缘高不高于5%人的肘高，这样才可使高个的人不需要下蹲，矮个的人无需费力上举就可使用垃圾箱。一般宜60～90cm。

② 垃圾投入口的开口高度要足够大，以便路人能把垃圾顺利投入；垃圾箱开口的高度一般宜大于120mm。

③ 垃圾投入口的宽度，应大于一般的废弃物的尺寸。垃圾箱的开口应朝向路人经过最多的一侧，以便路人不用费神寻找开口而轻易地把废弃物投入垃圾箱。

四、信息系统

信息系统是城市环境信息的媒介，给人们生活带来舒适和便利。随着经济的发展，现代城市生活节奏越来越快，信息系统作为城市环境设施的一部分，显示出其重要性，它对于促进快节奏安全的使用交通设施、商贸的发展以及信息的交流都是必不可少的，图6-11为导向标志。信息系统主要具备以下功能：

① 帮助使用者顺利地通过一个空间或者是到达某处目的地；

② 通过识别、导向以及告知等方式从视觉上增加某一环境的价值和其吸引力；

③ 保护公众安全。

一般导向性设施会在目的地的附近和前后设置，它与目的地距离与导向内容有关，也与形式速度有关。一般行驶速度越快，提供信息越重要，导向性设施越靠前。公园及旅游景点标志，要进行适度设计，考虑到使用者是行走人，所以标志做得比较低矮，如图6-12所示。

图6-11　导向标志

图6-12　公园导向标志

在公共交通导向设计时，对导向标牌具体尺寸的确定，应考虑人体尺度和人在不同空间与围护活动下的活动因素，以及对较大百分位的设计，并强调其中以安全为前提。此外还应充分分析其特点，以远近、正偏、高低等分类确定其主要和次要，使其在主要的视域内保持恰当的视觉效果。导向性标牌的尺度应符合交通环境中人行动、使用、查找、观看的安全、舒适度和便捷性。

① 识别度。设施阅读面的大小、文字的形式、色彩均与阅读需要有关；

② 与距离问题相似，越重要的信息，越是需要快速阅读的标牌，需要做得越大、越醒目、越简洁。特别是高速公路的标牌，对于标牌尺寸的大小、字体和图形的形状及内容在较远距离下可以阅读，大气变化以及阳光反射角度等都要做详细的调查论证，确保行车安全；

③ 信息表达方式。信息表达方式可以用文字、图表。根据实际情况而定，尽量采取人所周知的图形，使人一目了然，印象深刻。使用文字时，字体要容易阅读，且要具有统一性。

第四节　交通设施

城市中各类交通环境中，候车亭、人行架空天桥、连廊、路障、防护栏、停车场等都是属于交通设施，用于保障人行、车辆的交通秩序与安全。

一、候车亭

候车亭一般是与公交站牌相配套的，为方便公交乘客候车时遮阳、防雨等，在车站、道路两旁或绿化带的港湾式公交停靠站上建设的交通设施。由于城市公交的日益发达，候车亭已发展成为城市一个不可或缺的重要组成部分，设计精美的候车亭也成为了城市一道美丽的风景，图6-13所示为公交车候车亭。

图6-13　公交候车厅

一般候车亭主要由支柱、顶棚和隔板组成，也有用广告灯箱更换隔板的。目前在浙江省温州洞头还发展出一种“亭牌一体”的简易公交招呼站，公交站牌和候车亭结合成为一个整体，可容纳2～5人遮雨、遮阳，占地面积仅2m^{2}左右，较适合在道路不宽、乘客不多的城乡公交线路上使用。

对于使用者来说，设计优良的候车亭具有以下几个特点：

① 明视度高，在候车亭内的人们可以清晰地观察车辆是否即将进站。因此，隔板可以选用清晰明亮的玻璃材质，车进站方向的一面可以不设置隔板。

② 方便乘客上下车。人们总是希望自己尽可能地接近上客车门的位置，所以候车亭的设计不能阻碍人们所行车的过程。

③ 舒适和便利，候车亭应为人们提供坐的地方，座椅的数量要视后撤人数及后撤时间长短来确定。

④ 要有充分的换乘信息，人们希望了解公交车的时刻表、发车间隔、停靠站点及城市地图等。

⑤ 公交候车亭的设计和制作，应充分考虑与周边环境相协调，采用个案设计和批量制作的方式。

二、护栏与护柱

护栏，这里说的是指工业用“防护栏”。护栏主要用于工厂、车间、仓库、停车场、商业区、公共场所等场合中对设备与设施的保护与防护。护栏在我们生活中处处可见。护栏常用钢材所制，如圆钢管、方钢管或压型钢板、铁丝。表面处理工艺：全自动静电粉末喷涂（即喷塑）或喷漆。室外用防撞护栏的表面处理所用原料为防水性的材料。制成防撞护栏外形美观，且不易生锈。护栏的立柱通过膨胀螺栓与地面固定。通常安装于如物流通道两侧、生产设备周边、建筑墙角、门的两侧及货台边沿等。有效地减免搬运设备往来穿梭时带来意外撞击造成的设备、设施的损坏，如图6-14所示。

图6-14　护栏与防护柱

护栏广泛应用于市政工程、交通、社区、港口、机场、仓储区域的维护，此类产品日趋发展成熟，成为建材行业的重要分支，行业规模不断扩大。

护栏材料有：铝合金、玛钢类（球墨铸铁）、碳钢（喷涂或镀锌）、不锈钢、塑钢、PVC等。另外对物流搬运设备自身也起到防护作用。如装卸货平台边沿的防护栏起到防止叉车意外跌落的危险。因此在设计时，应注意以下几点：

① 网格结构简练、美观实用；

② 便于运输，安装不受地形起伏限制；

③ 特别是对于山地、坡地、多弯地带适应性极强；

④ 价格中等偏低，适合大面积采用。

三、防眩设施

防眩设施是指防止夜间行车受对向车辆前照灯眩目的人工构造物。防眩设施有板条式的防眩板、扇面状的防眩大板、防眩网、防眩棚等构造形式。中央分隔带植树原则上不属于防眩设施，但植树除具有美化路容的功能外，同时也起着防眩的作用，故植树也可作为防眩设施的一种类型。防眩设施包括：防眩路灯、防眩玻璃、防眩网、防眩护栏板等，如图6-15所示。

图6-15　网状防眩设施

夜间行车时，前照灯的强光会引起驾驶员眩目，将导致视觉信息的获取量的降低，造成视觉机能伤害和心理问题，导致驾驶员产生紧张等不适状态，是诱发交通事故的潜在因素，因此需要在路上设有防眩设施。道路上使用的防眩设施的构造可分为三种类型。

① 连续封闭型的防眩设施，它基本上阻止了对向车道从水平面上所有角度射来的光线。如足够宽度的中央分隔带上的树墙等。

② 连续网状结构组成的防眩设施，它能阻挡水平面上角度射来的光线，在角以外可横向通视。金属（或塑料）防眩网为其代表形式。

③ 一定的间距连续设置板状结构而组成的防眩设施，它能阻挡水平面上0° 角度射来的光线，金属（或塑料）防眩板为其代表形式。防眩扇板、百叶窗式防眩栅、一定间距植树等从遮光原理上讲均是3型防眩设施。

在进行防眩护栏板的设置时，应注意遵循以下原则：

a. 防眩设施的设置应注意连续性，避免在两端防眩设施中留有短距离间隙，这种情况会给毫无思想准备的驾驶员造成潜在性的眩目危险；

b. 长区段设置防眩设施时，应考虑在形式或色彩上的变化，可把植物和防眩板交替设置。一般每隔5km左右宜适当改变形式或颜色；

c. 防眩板的宽度应根据中央分隔带宽度确定，并注意与道路景观协调；

d. 防眩设施与各种护栏结构结合设置时，要根据不同地区的情况结合防风、防雷、防眩等多方面的综合要求，考虑设置组合结构的合理性；

e. 防眩设施的高度应与车辆前照灯高度、驾驶员视线高度、道路纵断曲线及前灯的最小几何可见度角、配光性能等因素密切联系。根据交通部科研所研究，不同车辆组合时的防眩设施最小高度为1.09 ～ 1.68m。

四、人行立交

人行立交包括人行天桥和人行地道两类。人行立交是在城市交通繁忙混杂的路段或交叉口为保证行车和行人过街安全而设置的行人过街设施。人行立交，特别是人行天桥的设置对城市景观有重要的影响。因此，人行立交的规划设计在满足交通功能要求的同时，必须注意人行立交位置的选定及造型的设计。

1. 人行立交平面形式

人行立交一般主要分为非定向型人行立交和定向型人行立交。其中非定向型人行立交主要适用于各个方向过街人流量相对均匀的交叉口，有环状布置、X状布置、H状布置等形式。而定向型人行立交则适用于路段过街点、异形交叉口和某方向过街人流量相对较大的交叉口，布置比较灵活，如图6-16所示。

2. 人行立交设置条件

城市繁华地段过街人流密集、车流量大的路段或交叉口，行人过街与车流相互影响，造成人车交通阻塞或危及过街行人安全时，应设置立交。单向行人过街流量大于7000人次/h，且同时交叉口一个进口或路段上的双向当量小汽车交通量超过1200辆/h；行人穿越快速路和

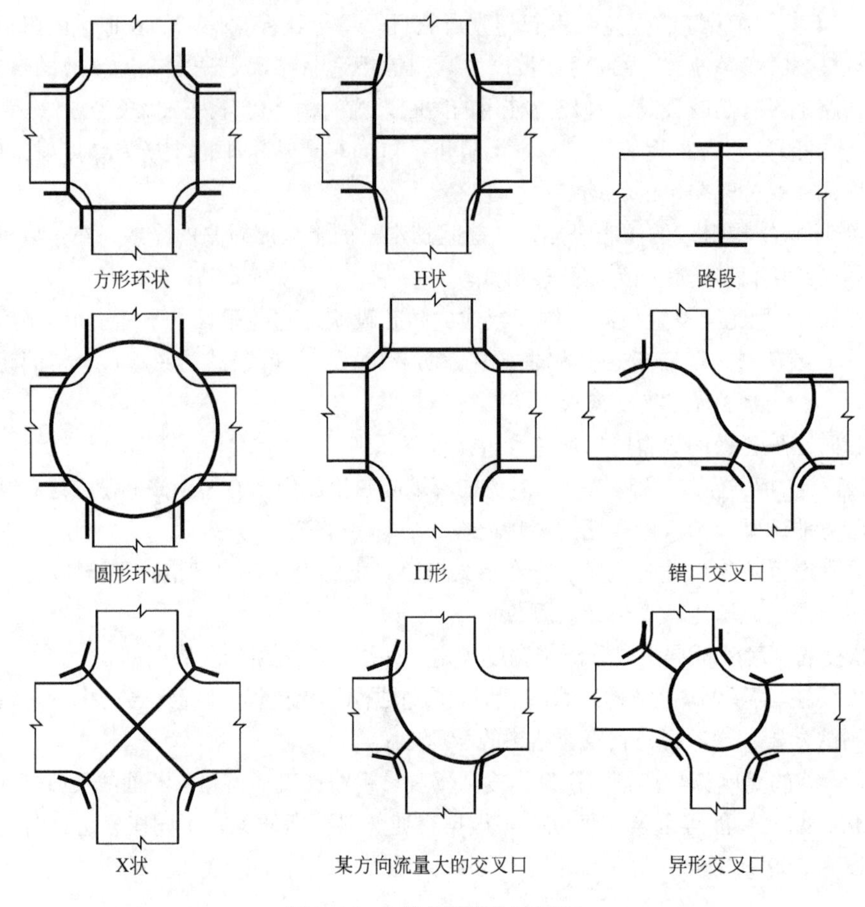

图6-16　一般立交桥及人流设计

交通性主干路；铁路道口因列车通过一次阻塞人流超过1000人次，或道口关闭时间一次超过15min时，应设置人行立交。

3. 人行立交设置的规划要求

① 人行立交应尽可能结合交叉口四周建筑物设置，充分利用临近建筑的建筑内部空间，将上下梯道设在建筑物内，加强建筑物之间的联系，提高人行立交和建筑物的使用效率。

② 人行天桥和人行地道应分别满足车行、人行交通的净空界限要求。

③ 人行立交通道宽度应根据规划人流量确定（见表6-1）。

④ 人行立交一般采用梯道方式解决垂直交通，规划时应考虑将来用机械代步装置的可能。梯道口附近应留有足够的人流集散场地和醒目的标志，梯道占用部分人行道面积时不得影响人行道的正常使用。

⑤ 人行立交不宜考虑自行车骑行，但有时应考虑轮椅、童车的推行，单独或结合梯道设置缓坡道或推行坡道，缓坡道坡度不大于1 ∶ 7，推行坡道应与梯道一致，一般不大于1 ∶ 4。

⑥ 在地震多发地区的城市人行立交应采用地道形式。

⑦ 人行立交的设置地点和造型不得影响城市景观。

表6-1 人行立交通道宽度表

规划步行流量/（人/min）	通道宽度/m	步行带数/条
120 ~ 160	3.00	4
160 ~ 200	3.75	5
200 ~ 240	4.50	6

五、停车设施

停车设施一般泛指停车场，其中也包含停车场地中的护角、减速带、标志标牌、智能道闸等，为了保障车辆安全行驶与停放的配备材料。一般停车场可分为路边停车场和路外停车场。路边停车场地是指在道路用地控制线（红线）内划定的供车辆停放的场地，包括公路路肩、城市道路路边、较宽隔离带圈划停车位或利用高架路、立交桥下的空间。划定这些停车用地要视交通情况而定，多采用标志或标线规定出范围。路内停车设置简单，使用方便，用地紧凑（一般不另设置通道），投资少，宜供车辆临时性停放。路外停车场是道路用地控制线以外专辟的停车场，包括停车库、停车楼和各类大型公共建筑附设的停车场地。这类停车场地由停车泊位、停车出入口通道以及其他附属设施（如给排水、防火栓、修理站、电话通讯、绿化、生活设施）组成。

大城市中的停车库与停车楼是路外停车主要设施。停车楼的形式有坡道式和 机械提升式两类。前者出入便利，驾驶员驾车从坡道上进出停车楼，建筑与维修费较省；后者是采用升降机与传送带机械运送车辆到停车车位。停车库大多建在公园、道路、广场以及建筑物下面，投资虽多，但使用也很方便。停车库设计对进出口、通风、排水、照明、机械设备等均应妥善处理，我国北京、上海、广州、南京、长沙、深圳等城市均已建有停车楼与停车库。

1. 机动车停车设施的标准

表6-2为机动车停车设施设计的机动车标准车类型及净空尺度，图6-17为车辆安全净距，在进行设计时可以参照。

表6-2 停车设施标准车型及净空要求（单位：m）

车型	总长	总宽	总高	车辆安全距					
				纵向净距	横向净距	车尾间距	建筑物纵距	建筑物横距	净高
微型汽车	3.2	1.6	1.8	1.2	0.6	1.0	0.5	0.6	2.2
小型汽车	5.0	1.8	1.6	1.2	0.6	1.0	0.5	0.6	2.2
中型汽车	8.7	2.5	4.0	2.4	1.0	1.5	0.5	1.0	2.8
普通汽车	12.0	2.5	4.0	2.4	1.0	1.5	0.5	1.0	3.4
铰接车	18.0	2.5	4.0	2.4	1.0	1.5	0.5	1.0	4.2

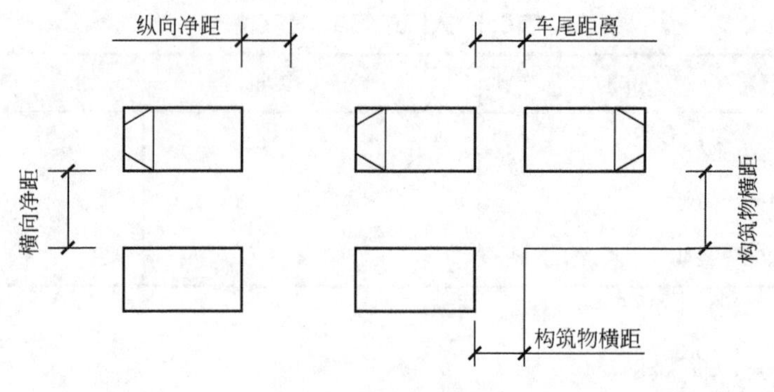

图6-17 机动车停车安全净距示意图

汽车在停车设施内转弯时的发生轨迹简称为回转轨迹，回转轨迹是在进行停车车位划分时应注意的重要参数之一。表6-3提出了各种车辆回转计算参数，方便设计时进行参考。

表6-3 各种车辆回转参数（单位：m）

车类	车型	车长a	车宽b	最小回转半径R	最大回转半径R
2t	BJ130	471	185	570	630
4t	CA-10B	667	246	920	980
5t	CA-140	689.5	243.8	800	860
8t	JN150	760	240	825	880
9t	CA150	777.5	249.4	1100	1160
越野车	BJ212	386	175	600	660
小客车	SH760	478	177.5	560	620
小客车	CA770A	598	199	750	810
中客车	BJ630	585	195	680	740
大客单车	BJ640（解放）	855	245	900	960
大客单车	BJ651（黄河）	1050	245	1150	1210
大客铰接车	BK661（解放）	1380	245	1130	1190
大客铰接车	北京I型（无轨）	1500	245	1190	1250
大客铰接车	BG660（黄河）	1688	250	1250	1310

2.停车设施布置原则

无论是路外公共停车场（库）或路边停车场地布局，都要尽可能与这些设施的停车需求相适应。在商业、文化娱乐、交通集散中心地段，停车需求大，必须配置足够的停车设施，否则对交通将产生十分不利的影响。所以在进行停车设施设计时应遵循以下原则：

① 按照城市规划确定的规模、用地与城市道路连接方式等要求及停车设施的性质进行总体布置；

② 停车设施出入口不应设在交叉口、人行横道、公共交通停靠站及桥隧引道处，一般宜设置在次干道上，并遵守相关设计规范；

③ 停车设施的交通流线组织应尽可能遵循“单向右行”的原则，避免车流相互交叉，并配备项目的指路标志；

④ 停车设施设计必须综合考虑路面结构、绿化、照明、排水等必要设施。

3. 停放方式

车辆停放与发车有三种，分别为平行式停车、垂直式停车和斜式停车。如图6-18所示。三种停放方式有各自的特点，平行式停车占用的停车带较窄，车辆驶出方便、迅速，但单位面积长度内停放的车辆最少；垂直式停车是车辆垂直于通道里向停放。这种方式停放的车辆数较多，用地比较紧凑；斜式停车是车辆一般与通道成30°、45°、60°三种角度停放。其特点是停车带宽随车身长和停放角度而异，车辆进出、停发方便。经研究表明（美国交通工程中心）当停车角为70°时，可获得最大停车容量。

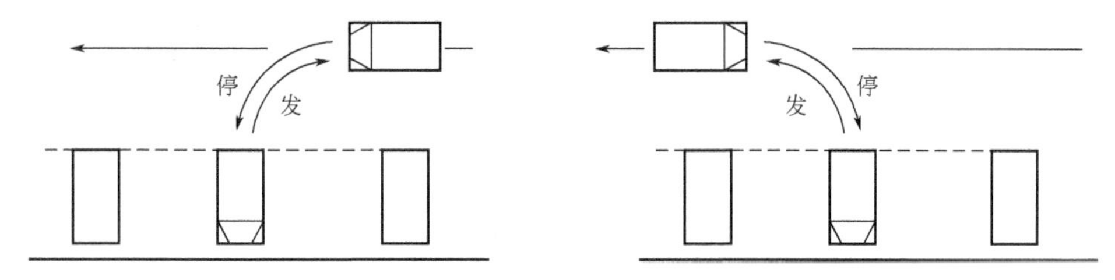

图6-18　前进停车、后退发车和后退停车、前进发车

图6-19是微型汽车和小型汽车的停车图示，表6-4为相应设计要素的设计指标。

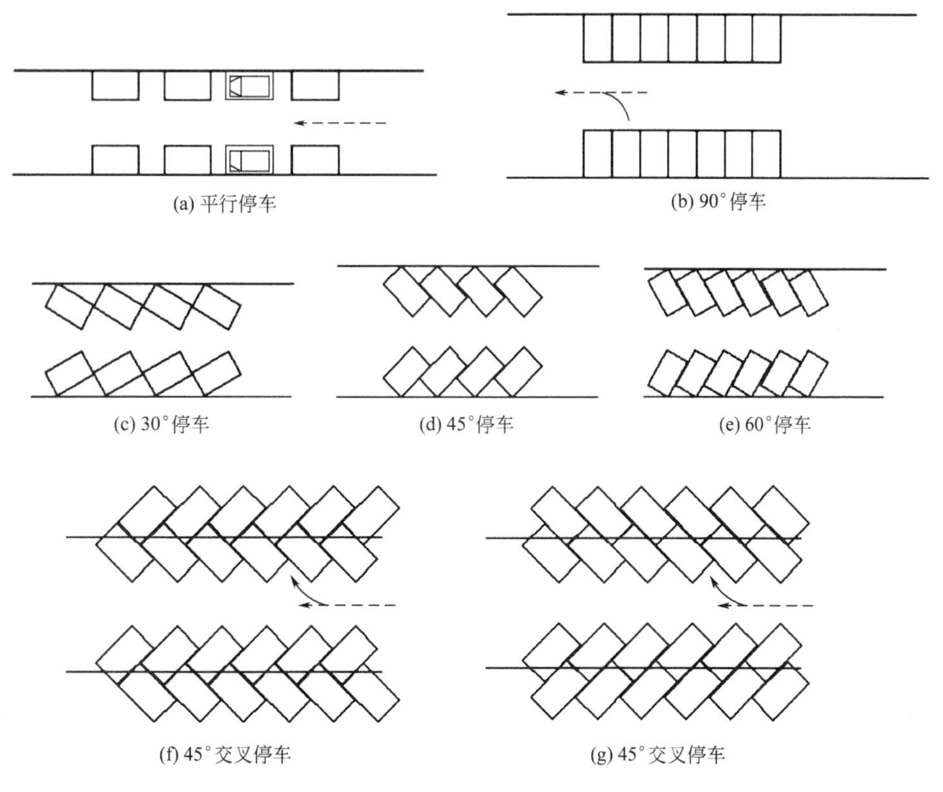

图6-19　微型汽车和小汽车停车图形

表6-4　微型汽车和小型汽车停车设计图

停车角度	停车方式	垂直通道方向停车位宽		平行通道方向停车位宽		通道宽		双排停车单位宽度		单排停车单位面积	
		I	II	I	II	I	II	I	II	I	II
平等式	前停前发	2.6	2.8	5.7	7.5	3.0	4.0	8.2	9.6	23.4	36.0
30°	前停后发	4.1	5.2	5.2	5.6	3.0	4.0	11.2	14.4	29.1	40.3
45°	前停后发	5.45	6.9	3.7	4.0	3.0	4.0	13.9	17.8	25.7	35.6
45° 交叉	前停后发	4.45	5.9	3.7	4.0	3.0	4.0	11.9	15.8	22.0	31.6
60°	后停前发	4.5	6.2	3.0	3.2	3.5	4.5	12.5	16.9	18.8	27
90°	后停前发	3.7	5.5	2.6	2.8	4.2	6.0	11.6	17.0	15.1	23.8

第五节　无障碍设施设计

残疾人所需设施的设计，即无障碍设施设计。障碍，是指实体环境中对残疾人和能力有丧失者不便或不能使用的物体，不便或无法通行的部分区域。无障碍设施设计，简称无障碍设计，就是为残疾人和能力丧失者提供和创造便利的行动及安全舒适相关的设计。人们为了舒适的生活而不断创造了各种环境设施，但是这些环境设施是否满足人们的各种需求呢？为了更好地、有效地组织、推动残疾人参与社会活动，就必须设立适合残疾人使用的各种辅助性的装置或设施，在环境中建立直接为残疾人服务的环境设施。

一、无障碍设施的基本形式和设置方法

1. 视觉残疾的无障碍设施

表6-5为视力残疾分级。

表6-5　视力残疾分级

类别	级别	最佳矫正视力
盲	一级盲	< 0.02 ~ 无感光；或视野半径 < 5°
	二级盲	< 0.05 ~ 0.02；或视野半径 < 10°
低视力	一级低视力	< 0.1 ~ 0.05
	二级低视力	< 0.3 ~ 0.1

视觉残疾者使用的无障碍设施主要有在道路十字路口装置的信号机、振动人行横道表示机、点块形方向引导石、点块形人行横道等。以下为目前较为常用的视觉无障碍设施。

① 信号机：一种为盲人使用的音响装置，初期为铃响声，近年来改为有旋律的音乐声。

② 震动人行横道表示机：高1m的柱状环境装置，其柱头紧靠人行横道的方向。在人行横道的绿坡边上设置震动人行横道表示机，发出信号时，柱头产生震动而产生有效的引导。

③ 点块形人行横道：不仅设于人行横道，在道路十字路口也设置点块形人行横道。

④ 点块形方向引导石：主要设置于人行道中部，盲人可以沿铺装块步行。

2. 肢体残疾人使用的无障碍设施

肢体残疾人无障碍设施主要以轮椅作为对象而设置。肢体残疾人、老人、儿童等均可使用。例如在十字路口和人行横道时，为了减少人行道与快车道的段差，方便轮椅的行走，通常有三个方法：三面坡式缘石坡道、单向坡式缘石坡道、全宽式缘石坡道。可以因地制宜地构筑不同形式的坡道。在进行人行道的无障碍设计时，人行道的宽度应具有不妨碍通行的特点，为确保足够的宽度，轮椅的尺寸宽度一般为大型65cm，小型58cm；手摇三轮车大型80cm，手摇四轮椅小型65cm。所以人行道净宽为200cm，以尽可能通行两台轮椅为宜。

二、建筑无障碍设施建设

建筑无障碍设施主要是行政建筑、商业服务性建筑等人流密集区，在进行建筑无障碍设施时，应注意其建筑性质和功能分工。

1. 行政建筑无障碍设施的主要要求

在进行行政建筑设计时，应注意以下主要内容：

① 必须设无障碍入口，方便轮椅进出；

② 室内必须设无障碍通道，即走道两旁设扶手、房间与走道有坡道；

③ 有楼层的政府办公建筑与司法、工商、财税等部门建筑、社区服务建筑和为残疾人服务的建筑，应设无障碍电梯；

④ 政府机关与司法、工商、财税等部门建筑、社区服务建筑和为残疾人服务的建筑，必须设置无障碍专用厕位；

⑤ 接待用房（一般接待室、贵宾接待室）和公共用房（会议室、报告厅、审判厅等）应无障碍化；

⑥ 服务台、公共电话、饮水器等设施应方便残疾人使用；

⑦ 无障碍入口、无障碍电梯和无障碍专用厕位前应铺设提示盲道；

⑧ 应设残疾人的停车泊位。

2. 商业服务建筑无障碍设施的主要要求

商业服务建筑无障碍设施的建设要求主要包括以下几点：

① 必须设无障碍入口，如图6-20所示；

② 室内必须设无障碍通道；

③ 有楼层的商业服务建筑应设无障碍电梯；

④ 设有公共厕所的商业服务建筑，必须设无障

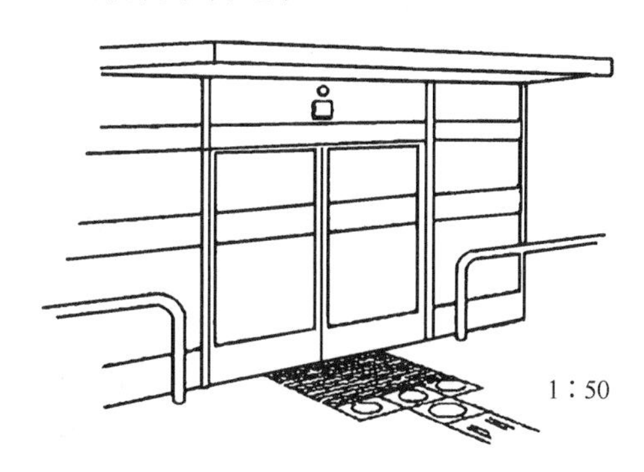

图6-20　无台阶建筑入口

碍专用厕位；

⑤ 宾馆、中高级旅馆和设有客房的饭店应设无障碍客房。其中，客房数在100间以下，应设1～2间无障碍客房；客房数在100～400间，应设2～4间无障碍客房；客房数在400间以上，应设4～6间无障碍客房，饮食厅、游乐用房、顾客休息与服务用房应方便残疾人使用；

⑥ 大型自选超市、菜市场类建筑必须设置轮椅结算通道；

⑦ 总服务台、业务台、公用电话、饮水器等应方便残疾人使用；

⑧ 大型商业服务建筑的无障碍入口、无障碍电梯和无障碍专用厕位前应铺设提示盲道；

⑨ 金融、邮电建筑的对外接待柜台应有一处是方便残疾人特别是乘坐轮椅残疾人使用；

⑩ 有停车场的商业服务建筑必须设有残疾人停车泊位。

3. 无障碍设施的设置

（1）出入口

出于心理因素，残疾人希望能与健康人共用一个出入口，为此，应在建筑物同一立面上设置专用入口。如美国国家美术馆、美国国会大厦等专门设置长坡道，以供残疾人通过。具体设置参数如下：

① 坡道大致宽度一般为135cm，坡道超过长度的6倍以上应在两侧加设扶手；

② 供残疾人使用的出入口，应设在通行方便和安全的地段。室内设置电梯时，该出入口应靠近候梯厅；

③ 出入口的室内外地面宜相平；

④ 出入口内外应留有不小于1.5m×1.5m平坦的供轮椅回转的面积。

（2）室内坡道

供残疾人使用的门厅、过厅等，地面有高度差时，应采用宽度不小于0.9m的坡道。一般情况下，可以参考表6-6进行设计。

表6-6　残疾人专用坡道长、最大高度和水平长度

坡道坡度	0/8	1/10	1/12
每道坡道允许高度/m	0.35	0.60	0.75
每道坡道允许水平长度/m	2.85	6.00	9.00

（3）走道

一般走道的净宽应控制在1.20m以上，走道通过1轮椅和1行人的走道净宽度不宜小于1.5m，通过2轮椅的走道净宽度不宜小于1.80m。走道两侧墙面应在0.90m高度处设置扶手，走道转弯处宜为圆弧墙面或切角墙面；走道两侧墙面下部应设置0.35m的护墙板。

三、标识及信息无障碍设施建设

（1）无障碍标识的建设

标识无障碍设施建设应对无障碍设施标志参照国际通用标准进行规范。城市道路、公共交通和建筑凡符合无障碍设施建设标准的，应设置无障碍标识，方便识别和使用。

① 在城市广场、步行街、主要商业街、人行天桥、人行地道和公共建筑、居住建筑等无障碍设施的位置，应设置无障碍标志；

② 城市主要地段的道路和建筑物宜设置盲文位置图；

③ 在市中心和主要商业街区宜设置盲文地图和盲文站牌。

（2）信息无障碍建设

信息无障碍建设主要包括以下几点：

① 电视台增设配套手语综合节目，各主要新闻时段配设字幕提要；

② 市、区两级图书馆配置供视、听残障者使用的多媒体设施；

③ 开发和建立残疾人、老年人无线求助信息系统；

④ 研制开发盲人出行交通引导系统。

第六节　室外照明设施

一、城市人行道照明设计

道路照明是为机车驾驶员和路人提供一个良好的视觉安全可靠条件，特别是保障车辆夜间在道路上能安全、迅速地行驶，驾驶员的视觉可靠性取决于照明条件下观察路面变化的能力和舒适感，即视功能和视舒适。

道路照明光源要根据光源的效率、光通量、使用寿命、光色和显色性、控制配光的难易程度及使用环境等因素综合选择，一般选用钠灯和金属卤化物灯。

1. 常用的道路照明光源的选择原则

常用的道路照明光源的选择应符合下列规定：

① 快速路、主干路、次干路和支路应采用高压钠灯；

② 居住区机动车和行人混合交通道路宜采用高压钠灯或小功率金属卤化物灯；

③ 商业区步行街、居住区人行道路、机动车交通道路两侧人行道可采用小功率金属卤化物灯、细管径荧光灯或紧凑型荧光灯；

④ 市中心、商业中心等对颜色识别要求较高的机动车交通道路可采用金属卤化物灯；

⑤ 道路照明不应采用自镇流高压汞灯和白炽灯。

2. 道路灯具的选择

道路灯具的选择应注意以下几个方面

① 道路及与其相关的场所使用的灯具按用途可分为功能性灯具和装饰性灯具。为了定性满足不同级别道路对眩光限制的不同要求，机动车道照明应采用符合下列规定的功能性灯具，快速路、主干路必须采用截光型或半截光型灯具；次干路应采用半截光型灯具；支路宜采用半截光型灯具。

② 在禁止机动车通行的商业步行街、人行道路、人行地道、人行天桥等场所，对眩光限

制不是很严格，灯光有适度的耀眼效果反而有利于创造一种活跃的气氛，因此对灯具的配光性能要求可以适当放宽，在此类场所可以采用兼顾功能性和装饰性两方面要求的灯具或者是装饰性灯具。

③ 采用高杆照明时，应根据场所的特点，选择具有合适功率和光分布的泛光灯或截光型灯具。这是为了在满足照射范围内的平均照度和均匀度的前提下，控制高杆灯的照射范围和限制眩光。

④ 为了减少维护工作量，提高灯具的维护系数，节约电能，可采用密闭式道路照明灯具时，光源腔的防护等级不应低于IP54。环境污染严重、维护困难的道路和场所，光源腔的防护等级不应低于IP65。灯具电气腔的防护等级不应低于IP43。

⑤ 空气中酸碱等腐蚀性气体含量高的地区或场所宜采用耐腐蚀性能好的灯具。通行机动车的大型桥梁等易发生强烈振动的场所，采用防震型灯具。

⑥ 高强度气体放电灯宜配用节能型电感镇流器，功率较小（1500W以下）的光源可配用电子镇流器。

⑦ 高强度气体放电灯的触发器、镇流器与光源的安装距离应符合产品的要求。

二、广场照明设计

1. 交通广场

城市道路的平面交叉口和立体交叉口（立交桥）形成的交通广场，由于交通流量大，对照明的照度和照度均匀度的要求也应当高。《城市道路照明指南》中指示：驾驶员观察路面障碍物的背景主要是驾驶员前方的路面。障碍物本身的表面和路面之间至少要有一定的最低限度的亮度差（对比）才能被觉察到。觉察障碍物所需的对比值取决于视角及观察者视物的亮度分布。视角越大，路面亮度越高，则眼睛的对比灵敏度越高，也就是阈值对比越低，发觉障碍物的机会也就越大。

因此提高路面平均亮度（照度）值将有利于提高驾驶员的辨认可靠性。交通广场的照明应以功能性照明为主，其照度应大于快速路的照明水平，根据各地设计较好的交通广场的照度，一般都在100lx左右。为了限制眩光的产生，应提高灯杆的高度。最好是采用中心设置圆盘或圆球中高杆灯的方式，也可采用四周设置投射型中高杆灯的方式。总之，要保证司机视觉作业的注视范围内，照明器与司机眼睛水平视线的夹角大于45°。

2. 市政广场和纪念广场

一般来说，市政广场和纪念广场的一部分或某个方向兼有交通广场的性质。那么，可将这属于交通广场的部分采用杆灯照明的方式，切不可采用庭院灯一类的栏杆照明，并严格禁止使用非截光型灯具。广场的绿化、雕塑，可采用彩色金卤灯来装饰；广场上的纪念碑、纪念塔和纪念意义的雕塑，则适宜采用日光色金卤灯和高压钠灯来作装饰照明，以显其庄重的感觉。市政广场和纪念广场的照明应有层次感，除标志性建筑要亮一些，其他地方的照度可控制在10lx以内。广场照明要使人感到舒适、轻松，应着重考虑造型立体感、限制眩光、灯型灯具的视觉效果和色温及显色性等四个照明要素。

灯具的选择和布置照明设计是一项涉及生理（引起视觉反应）和心理（引起联想、愉悦或美感）反应的综合工程，设计的目的除了要满足行人对亮度的需要外，还应满足人们对美的心理感受。

三、人行天桥与地下通道照明

1. 人行天桥照明

跨越有照明设施道路的人行天桥可不另设照明，紧邻天桥两侧的常规照明的灯杆高度、安装位置以及光源灯具的配置，宜根据桥面照明的需要作相应调整。当桥面照度小于2lx、阶梯照度小于5lx时，宜专门设置人行天桥照明。

专门设置照明的人行天桥桥面的平均水平照度不应低于5lx，阶梯照度宜适当提高，且阶梯踏板的水平照度与踢板的垂直照度的比值不应小于2 ∶ 1。

2. 地下通道照明

天然光充足的短直线人行地道，可只设夜间照明；附近不设路灯的地道出入口，应设照明装置；地道内的平均水平照度，夜间宜为30lx，白天宜为100lx；最小水平照度，夜间宜为15lx，白天宜为50lx。并应提供适当的垂直照度。

四、绿化照明设计

1. 树木的照明

一般来讲，绿化地带的泛光照明不可能像建筑物那样大规模地进行，总要有选择。例如选择名树、古木或造型奇特的树木作为对象。奥地利维也纳的公园中，凡是有编号、钉牌子的大树、古木都配有数只投光灯，以其独特的形态展现在观看者的眼前，成为城市景观的一个组成部分。对于树林照明可遵循下列原则。

① 根据树木形体的几何形状（如圆锥形、球形、伸展出去的程度等）来布灯，照明必须与树的整体相适应。例如淡色的、高耸的树，可以用轮廓效果的手法使之突出。

② 为了增加园林深远的感觉，用灯光照亮周边树木的顶部，可以获得虚无缥缈的感觉，同时再分层次照明不同高度的树木和灌木丛，造成深度感和层次感。

③ 树叶的颜色限制了可以使用的光源，否则会破坏天然的色彩。但是如果光色与树叶颜色配合得好的话，也能生色不少。

④ 照明一簇树丛时，一般不考虑个别树的体形，而是注意它的颜色和整个体积。但是近距离观赏的对象，必须单独考虑。

⑤ 许多植物的颜色和外观是随季节而变化的，照明也需适应这种变化。

⑥ 为了不影响观赏远处的目标，位于观看者面前的物体应暗一些或根本不照明，以免抢夺观看者的注意。

⑦ 被照明的目标附近不论从一个位置或几个点上观看时，不应出现眩光。

2. 水景照明

城市中的喷泉、喷水池、瀑布、水幕等水景也是泛光照明的重点对象。由于这些水景是动态的，若配以音乐，尤为动人。

喷泉灯最好布置在喷出的水柱旁边，或在水落下的地方。也可两处均有。在水柱喷出处，水集成束，水流密度最大，当水流通过空气时会发生扩散。由于水和空气有不同的折射率，使部分光线好似被拴在水柱中，采用窄光束泛光灯具时，这个效果特别显著。在水落下的地方，水和雨滴一样，灯具最好浸在水面下10dm左右，以便使落下的水滴产生闪闪发光的效果。

水幕或瀑布水幕或瀑布的照明灯具应装在水流下落处的底部，灯的光通输出取决于瀑布落下的高度和水幕的厚度等因素，也与流出口的形状所造成的水幕散开程度有关，踏步或水幕的水流慢且落差小，需在每个踏步处设置管状的灯。如能改变光的颜色，可以更加生动活泼。灯具射出光的方向可以是水平的，也可以是垂直向上。

静止的水面和池塘或缓慢的流水能反映出岸边的一切物体。如果岸上的对象已有良好的冷光照明，则和水中的倒影相映成趣。如果水面不是完全静止而是略有些扰动，可用探射的光照射水面，获得水波涟漪、闪闪发光的感觉，它在建筑物墙上形成的反射像也很动人。在岸边行人注目的对象以及伸出在水面上的物体如斜倚着的树木等，在岸上无法照明时，均可用浸在水下的投光灯具来照明。

习题与思考题

1. 室外环境设计包括哪些内容?
2. 无障碍设施设计应注意哪些事项?
3. 防眩设施包括哪些内容，设计时应注意哪些事项?
4. 照明设施包括哪些内容，分析各种照明的异同点。

7 Chapter

第七章　人因工程学在产品设计中的应用

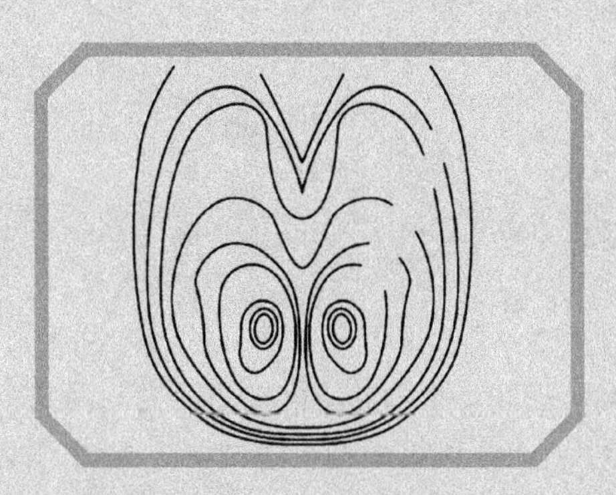

产品设计是一个创造性的综合信息处理过程，通过线条、符号、数字、色彩等方式把产品显现在人们面前。它是将人的某种目的或需要转换为一个具体的物理或工具的过程，把一种计划、规划设想、问题解决的方法，通过具体的载体，以美好的形式表达出来。从产品设计的角度，人因工程学主要在设计中提供人体的基本参数、心理和生理特征、人体行为习惯等内容，保证产品能够符合人的需求，满足人的生理、心理的需要。

学习目标

主要介绍产品设计中手工具设计、工作座椅设计、鞋子设计等的设计内容及人因工程学选择的基本原则，深入理解在具体实践过程中的设计要领。通过本章的学习，使学生理解并掌握手工具、工作座椅及鞋子设计的人因工程学原理和方法。

学习重点

1. 掌握手握式工具设计的基本原则；
2. 掌握工作座椅设计的基本原则；
3. 掌握鞋类设计的基本原则；
4. 掌握每个具体设计实例中应注意的问题。

学习建议

在生活中发现问题，对不合理的产品和使用方式进行总结，分析并在学习理论知识的过程中，紧密地联系具体的设计实例，从例子中去发现人因工程设计过程中的一些设计准则，然后结合自身的理解去设计有关人因工程学的课题。

第一节 手工具设计

人的双手在处理事情时有非常细微的感觉，做复杂而灵巧的动作时显得特别轻松，在很多实际的工作中，大多数活动都需要通过手或者手的配合来完成。因此，手工具在人们的日常生活中起着至关重要的作用。在人因工程学中，根据工程技术、解剖学、生理学、心理学和人体力学等学科知识对手工具进行研究和改进。

一、手工具设计中人的因素

在第四章操纵装置设计中，简要介绍了手的基本结构和手动操纵工具设计的基本原则与特点，因此在本章中着重介绍手指和手部的活动。

人的手是骨头、动脉、神经、韧带以及肌腱的复杂的结构体。手指的伸缩，抓握，手部的偏屈、转动都是由肌肉力量带动的。而肌纤维只能产生拉力，不能产生压力。因此手指的屈拢，是肌肉从掌心这边拉动的结果；手指的伸开，是肌肉从手背一边拉动的结果。在设计、选用、安装和使用手持式作业工具时，人因工程学要考虑的一个重要目标是减少肌肉疲劳的产生，防止上肢击鼓失常症的发生。

腕部是多自由度的关节，其骨关节的结构复杂，很多条肌肉、肌腱、血管、神经都经过这里，穿越复杂骨关节间狭窄的缝隙，通往手部。因此，如腕关节有较大的偏屈、偏转，其间的肌肉、肌腱、血管、神经会受到压迫，影响手部手指的活动。腕关节的运动主要有两种，一种运动为掌屈和背屈，另一种为尺偏转和桡偏转，这些运动的能力也有所不同，它们都发生在相互垂直的两个平面上。人的手腕呈“仰起”状态时，而且夹角为15° ～ 30° 是最舒服状态，超过这个范围，则前臂肌肉会处于拉紧状态，而且也会导致血液的流动不畅。

二、手工具设计的人因工程学原则

在工作和生活中，人们使用的工具很大程度上都没有达到最符合人使用的形态，其主要原因大多是形状与尺寸等因素不符合人因工程学的原则，有些手握式工具很难使人高效并安全地操作。一旦长期使用设计不良的手握式工具和设备，将导致人们身体不适、损伤与疾患，不但降低了生产率，更重要的是增加了人们在心理方面的痛苦。

1. 手工具设计需考虑的因素

手工具设计要建立在保证功能的基础上，而且需要保证操作者在使用工具进行作业时的姿势不能引起过度疲劳。在进行力度设计的时候，要适当地考虑到性别、身体素质的差异，并将手工具设计成与操作者的身体比例相适宜，使其能达到人工作的最高效率。具体可以总结为以下几个方面。

（1）避免静态肌肉静态负荷

在使用工具时，当需举起臂部或需要较长时间握持使用工具时，肩部、臂部和手部的肌肉可能处于静态施力，将导致疲劳和作业效能下降。此外，长时间地展开手臂用力作业，也将致使前臂疼痛不适。一般来说，通过对工位重新布局或者调整工具与作业台面的相对位置，使得手臂处于一个自然下垂的姿势，即使肘部角度基本保持在90°。

（2）避免不协调的腕部方位，保持手腕处于顺直状态

当人的手腕处于顺直操作时，腕关节处于正中的放松状态。但当手腕处于掌屈、背屈、尺偏等别扭的状态时，会使腕部酸痛、握力减小，如果持续时间较长，还会导致腕道综合征、腱鞘炎等。如果将把手设计成弯曲的形状，这样一方面可以降低疲劳，另一方面对于腕部有损伤者特别有利。一般认为，将把手与工作部分弯曲10°左右效果最好。同时也可以通过重新设计工具和工位，确保手腕部处于平直状态，可以解决该问题。通过对工具改进，腕部处于弯曲和平直状态的情况，以及相关实验结果比较，从中可见使腕部处于平直状态后可以极大减轻不适。如表7-1所示。

表7-1 腕关节和前臂运动的能力［单位：(°)］

方向	男性			女性		
	第5百分位	第50百分位	第95百分位	第5百分位	第50百分位	第95百分位
腕部弯曲（F）	51	68	85	54	72	90
腕部伸展（E）	47	62	76	57	72	88
腕部桡侧偏转（R）	14	22	30	17	27	37
腕部尺侧偏转（U）	22	31	40	19	28	37
前臂外转（S）	86	108	135	87	109	130
前臂内转（P）	43	65	87	63	81	99

（3）避免或减轻掌部组织受压

操作手持式工具作业时，作业者掌心或者手指需要施加用力，如果工具设计不当，会在掌部和手指处造成很大的压力，妨碍血液在尺动脉的循环，从而引起局部缺血，导致麻木、刺痛感等，严重时可能引起肌肉萎缩。因此，手把设计应具有较大的接触面，使压力能分布于较大的手掌面积上，减少应力；或者使压力作用于不太敏感的区域，如拇指与食指之间的虎口。如果没有特殊作用，把手上最好不留指槽，因为对一般来说，人体尺度不同，不合适的指槽很可能造成某些操作者手指局部的应力集中，如图7-1所示。

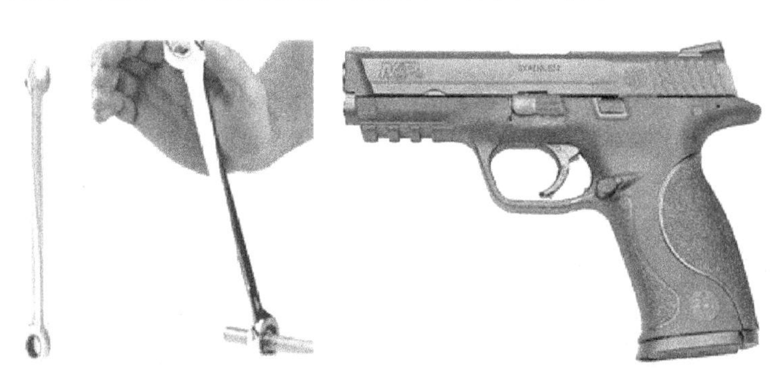

图7-1 减轻掌部组织所受压迫的手握式工具

（4）避免手指重复运动

反复用食指操作扳机式控制器，会导致狭窄性“扳机指”。设计时应尽量避免食指做这类动作，解决的方法是用拇指或指压板代替，如图7-2所示。拇指由局部肌肉控制，重复拇指动作比重复食指动作的危害性小一些。

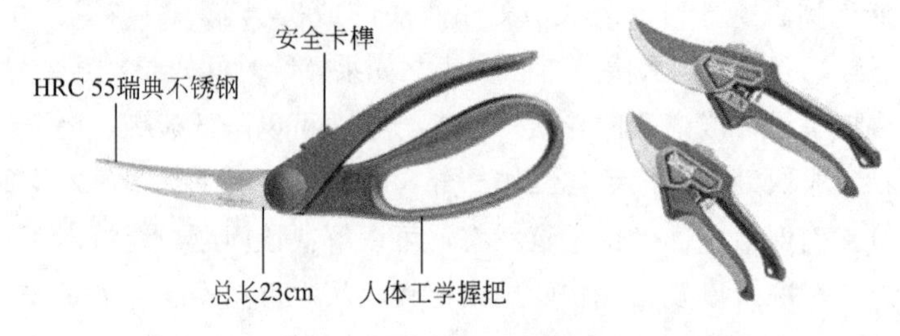

图7-2 Fiskars公司生产的手指重复运动的手工具

2. 设计要点与人因工程学选择原则

在第四章中对手柄、旋钮、按钮等操纵装置的设计原则和设计点进行了较为详尽的介绍，这里不再进行阐述，本节中主要从产品设计中的人因工程学的其他相应因素，例如重量、惯性力矩、尺寸、重心等进行阐述，这些都是影响手持工具舒适性的主要因素。因此，在进行手工具产品的人因工程学设计时，建议从以下几个方面进行考虑：

① 手握部分不应出现尖角和边棱；

② 手柄表面材料纹理应能增强表面的摩擦力；

③ 手柄不设沉沟槽，因其不可能与所有使用者的手指形状都匹配；

④ 使用手工具时，手腕可以伸直，以减轻手腕疲劳；

⑤ 当有外力作用于手工具时，应同时考虑推力、拉力和扭矩的同时作用；

⑥ 根据外力作用要求，确定手柄直径。

（1）手工具产品的重量

在表7-2和表7-3中给出了第5至95百分位数使用者的手工具产品的极限重量。为了满足95%的使用者，手持工具的重量应低于4.4kg。至于推荐极限重量，还应取决于它是单手提还是双手提。双手提式的推荐最大重量为9.4kg；单手提则为8.1kg。

表7-2 手工具产品的最大重量

百分位数	5	10	25	50	75	90	95
最大重量/kg	4.4	5.0	6.1	7.3	8.4	9.5	10.1

在进行设计时，男性和女性用户所能接受的最大重量没有明显区别。因此，表7-2中对每个百分数的人群只给出一个数据。就力量而论，使用设备时，男性在使出全力的情况下可比正常情况的最大力量增加30%。同样对于女性这个增量则是42%。因此，如果产品使用不舒服，那么男性的感受要比女性强烈得多。

安全和舒适携带的最大重量还取决于物体的尺寸。因此，如果宽度超过15cm，就应该减轻所推荐的最大单手重量，如表7-3所示。通常，宽度每增加10cm，最大推荐重量将要减轻10%。

表7-3　产品最大重量（单位：kg）

百分位数	男性		女性	
	单手	双手	单手	双手
5	11.0	13.1	8.1	9.4
10	12.1	15.6	9.0	10.8
25	14.8	18.3	10.4	12.8
50	18.4	22.2	12.7	14.7
75	22.1	25.1	15.2	18.6
90	26.1	28.4	17.9	21.0
95	28.0	32.0	21.2	21.4

（2）尺寸

对于手工具产品的最大可接受尺寸取决于它的设计是单手还是双手使用，表7-4是部分最大推荐值。

表7-4　手工具尺寸最人推荐值（单位：cm）

项目	单手	双手
最大长度	100	40
最大宽度	15	30
最大高度	45	0

手持工具长度大于1m时，在使用和运输方面都具有不便性，而且产品的宽度过宽，就会增加手与身体之间的距离。这就较容易造成肌肉疲劳。

单手提的手持工具的最大高度可以这样进行计算：身体最矮的使用者站立时手腕离地面的高度减去产品的离地高度。推荐的45cm的最大高度为第5个百分位数的手腕高度和25cm的离地高度。如果离地高度不够，当上楼梯时，携带者必须将产品提高，这种做法即使没有危险，也会造成肌肉损伤。

（3）重心与手柄位置

如果手工具设计为侧面单手提携的，它的手柄中心必须位于产品重心的正上方，这将减少手腕的受力，因为这种情况下不需要手腕的反向力矩来平衡或稳定产品。然而，在许多情况下，手柄中心很难恰好位于产品重心的正上方，仅仅通过手柄的位置不可能完全平衡物体。这时，物体产生扭矩不应超过手腕最大同轴转动力矩的25%。如表7-5和表7-6所示，产品重心偏前产生的最大扭矩极限值和产品重心偏后产生的最大扭矩极限值。

表7-5　产品重心偏前产生的最大扭矩极限值（单位：N·m）

百分位数	男性	女性
10	1.8	1.0
50	2.3	1.6
90	2.9	2.2

表7-6　产品重心偏后产生的最大扭矩极限值（单位：N·m）

百分位数	男性	女性
10	2.8	1.0
50	3.3	2.0
90	3.9	2.9

第二节　桌椅设计

桌椅设计一直是产品设计所关注和研究的，从德国包豪斯设计学校开始，家具设计就突破了以木质材料为主的障碍，开创了新材料、新造型的新纪元。在进行桌椅设计中涉及了大量的人因工程学内容，它涉及了人体解剖学、生理学等各方面内容。

一、桌椅设计中人的因素

1. 座椅设计的生理学基础

座椅设计是为了满足人们对工作、生活中坐的需求，坐可以减轻人体足踝、膝部、臀部和脊椎等关节部位所受的静肌力作用，减少人体能耗、消除疲劳；坐姿是目前主要的工作姿势之一，其相对于站姿和其他工作姿势具有明显优点，坐姿比站姿更有利于血液循环；坐姿还有利于保持身体的稳定，更适合静态作业、精细作业和脚操作场合。

2. 座椅设计时应注意的生理学需求

座椅的设计可以直接影响坐姿的正确性，因此在进行桌椅设计时，应特别注意座椅设计的以下生理学需求。

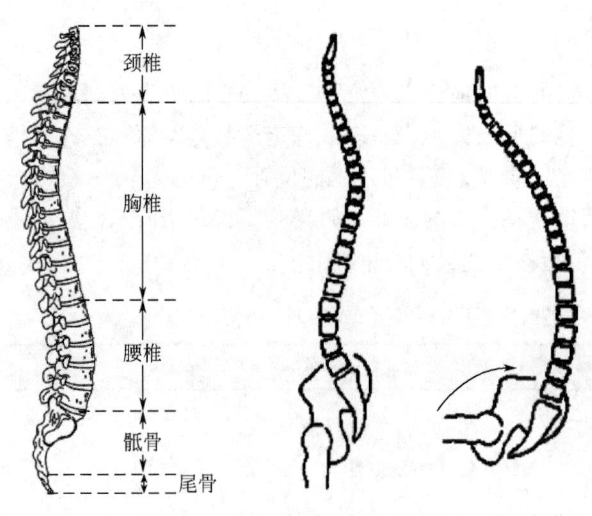

图7-3　脊椎的基本形态

（1）坐姿状态下脊柱形态变化

坐姿时人体的支承结构为：脊柱、骨盆、腿和脚，其中脊柱最关键。脊柱由33块脊椎骨靠复合韧带和介于其间的椎间盘连接组成，从侧面观察有四个生理弯曲，即颈弯、胸弯、腰弯及骶弯，保证腰弧曲线的正常形状是获得舒适坐姿的关键。分析图7-3腰椎的变形，可以发现当腰部支承在靠背上，使躯干与大腿间呈115°角时，腰椎的弯曲与自然形态最接近，是最舒适的姿势；上体取铅直姿势时，不使用腰部支承反而比腰部支承有利，但长时间坐姿时，为了能将腿前伸而得到休息，还是应有腰部支承；为使坐姿下腰弧曲线变形最小，座椅应在腰椎部提供两点支承，第一支承应位于第5、6胸椎之间，相当于肩胛骨的高度，称为肩靠，第二支承应位于第4、5节腰椎之间的高度上，称为腰靠，合理的腰靠应该使腰弧曲线处于正常的生理曲线。

（2）坐姿状态下体压分布

坐姿状态下，臀部、大腿、腘窝、腹部等部位都受有压力，关系到坐姿的舒适性。一般来说，坐姿引起的压力最大，其原因在于人坐下时骨盆和骶骨的位置变化，如图7-4所示。人体结构在骨盆下方有两块圆骨，称为坐骨结构。人体坐骨粗壮，能比周围的肌肉承受更大的压力；而大腿底部有大量血管和神经系统，压力过大会影响血液循环和神经传导而导致不适。所以座垫上的压力应按照臀部不同部位承受不同压力的原则来设计，即在坐骨处压力最大，向四周逐渐减少，至大腿时压力减至最低值。

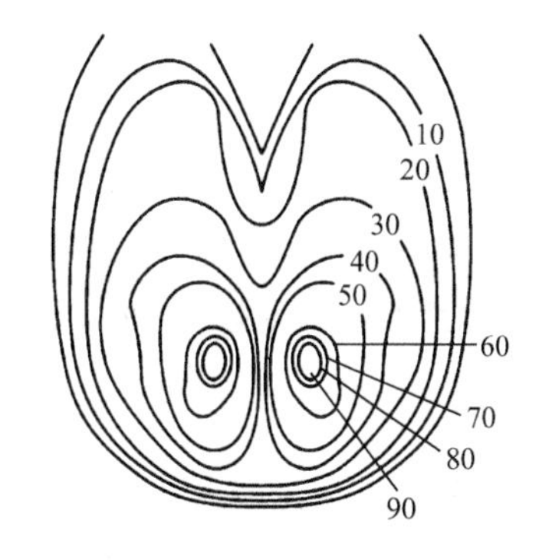

图7-4　理想体压分布曲线（10^2Pa）

（3）坐姿下股骨、肩部、小腿与背肌

人体在坐姿状态下时，股骨会与椅面有较大面积的接触，因此在座椅设计中设计者会将椅面设计为弧凹形，但通过解剖学分析，若弧凹形的高度差较大，那么人坐在这样的椅面上，股骨两侧会向上推移，使髋部肌肉受到挤压，造成不适。

脊椎骨依靠肌肉和肌腱连接，一旦脊椎偏离自然状态，肌腱组织就会受到拉力或压力，使肌肉活动度增加，也会导致疲劳酸痛。经测试表明，上身重心并不恰好通过两坐骨骨尖的连线，而在此连线偏前25mm左右的位置。在进行座椅设计时，需要坐姿状态下有小腿的支撑，这样就可以轻松实现上身的平衡稳定条件。

（4）体态调节

人的坐姿并不是固定不变的方式，还包括通过改变坐姿来分布压力、缓解肌肉疲劳，同时根据坐姿的变化不断地保持身体平衡的动作。坐姿的调节和自发稳定坐姿的动作同属体态平衡，即就座者达到变化和稳定时的中间过程。由于坐姿有各种特征，所以由变化到平稳的活动类型就会不同。因此，座椅的设计必须能够满足这种平衡要求，使就座者能灵活、平稳地进行体态自动调节。

二、桌椅设计的人因工程学原则

在进行桌椅设计时，不仅应注意相应的国标规定，同时也应注意家具细节与人体的关系。例如人在一些低柜或工作台边可能站得比较近，在这些家具的直角部位留有“容足空间”是非常必要的。容足空间对于沙发前的茶几等尤为重要，因为人们为了舒适，坐沙发时常常会将小腿往前屈伸。此类问题都是在设计过程中值得注意的。因此，在进行人因工程学的桌椅设计时应注意以下几方面问题：

① 高度可调，使得座椅的样式和尺寸适应各种人体尺度和坐姿，一般办公椅的高度设计为38～54cm；

② 座椅要适于就座者的体位并保持其稳定，防止座椅滑动或翻倒，可以设计成5个，平

分在圆周上；

③ 座椅要适于就座者保持不同姿势和调节坐姿的需要；

④ 靠背的结构和形状要尽可能减少就座者背部和脊柱疲劳；

⑤ 座椅上应配有适当质地或透气的座垫，以改善臀部及背部的体压分布；

⑥ 给人留有足够的空间，特别是腿的活动，以防止腿经常疲劳。

1. 座面设计

座面的前缘高度称为座高，其在设计时主要有以下几个设计要点：

① 保持小腿可以垂直放置于地面上，能够起到支撑作用，同时大腿基本保持水平状态；

② 腘窝不受压力；

③ 臀部边缘及腘窝后部的大腿在椅面获得弹性支撑。

一般情况下，工作座椅的座高比坐姿人体尺寸中的“3.8 小腿+足高”低 10 ～ 15mm。

例如，在GB/10000—1988 中可以查得中国成年男女“3.8 小腿+足高”50 百分位数分别为：

$$P_{50男}=413\text{mm}\,,\ P_{50女}=382\text{mm}$$

加上穿鞋修正量（男25mm，女20mm）、穿裤修正量（–6mm），就可算出适合中国中等身材男子、女子的座高值：

适合男子50 百分位数身高的座高：413mm+(25–6)mm-10mm=422mm；

适合女子50 百分位数身高的座高：382mm+(20–6)mm-10mm=386mm。

将这两个数据四舍五入为圆整数值，就得到了一个工作椅的基础数据，即中国男女通用工作椅座高的调节范围为350 ～ 460mm。

2. 座面倾角

通常将前缘翘起的椅子座面倾角α定义为正值；反之α为负值。通过试验研究表明，用于读、写、打字等操作的工作座椅，座面倾角α不应取正值，应取为负值。如老式工作座椅往往前面的油漆被磨得光亮，后面的几乎无变化。图7-5是对于该论点的实验测定结果。图中β与α，座面倾角为正值（α=5°），工作者躯干前倾工作，座面上的大腿近腘窝处均受到使人不适的体压。当倾角为负值（α=–15°），工作的前倾情况略有差别，但椅面上的体压均以坐骨骨尖处为中心，椅面体压分布合理。因此在设计工作座椅时应合理设计椅面倾角，可以总结为以下三点：

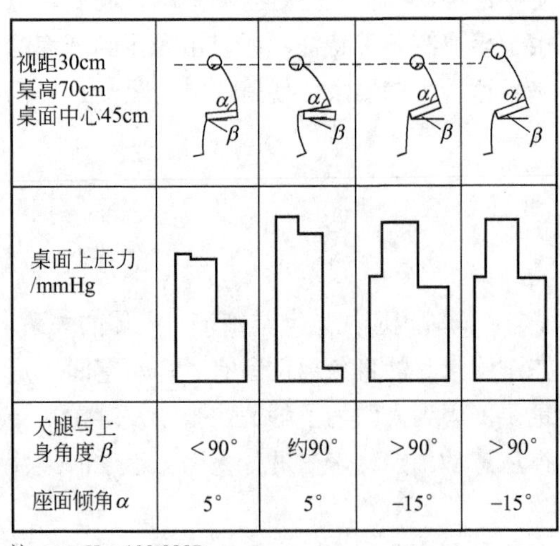

注：mmHg=133.322Pa。

图7-5　前倾工作时座面倾角与椅面体压的关系

① 一般办公座椅倾角可取α=0° ～ 5°，常推荐取α=3° ～ 4°；

② 主要用于前倾工作的座椅，椅面前缘应低一点，即座面倾角取负值；

③ 若办公座椅需提供前倾工作和后倚放

松两种可能，需将倾角设定为可调节式。

休息椅可以参照表7-7进行设计。

表7-7 休息椅座面倾角参考值

座椅类型	会议室椅	剧院座椅	公园休闲椅	公交座椅	一般沙发	安乐椅
座面倾角	约5°	5° ～ 10°	约10°	约10°	8° ～ 15°	可达20°

3. 座深

座深的设计注意要点包括以下几个方面：

① 座面有必要的支撑面积，臀部边缘及大腿在椅面的“弹性支撑”能辅助上身稳定，减少背脊负担；

② 在腘窝不受压力的条件下，腰背容易获得腰靠的支托。

一般工作座椅的座深为：比坐姿人体尺寸中的“3.9座深”略小即可。由GB/10000—1988可知，中国成年人“3.9座深”女性5百分位数、男性95百分位数分别为：

$$P_{50男} = 401\text{mm}\,,\ P_{95女} = 494\text{mm}$$

根据上述设计要点，工作座椅座深一般可参照GB/T 14774—1993《工作座椅一般人类工效学》给出的座深范围为360 ～ 390mm，推荐值为380mm。

4. 座宽

单人用座椅宽宜略大于人体水平尺寸中“6坐姿臀宽”。因为女性的该项人体尺寸大于男性，因此通用座椅座宽应以女子坐姿臀宽的95百分位数作为设计依据，可以增加穿衣修正量。GB/T 14774—1993《工作座椅一般人类工效学》给出的座宽数值范围为370 ～ 420mm，推荐值为400mm。

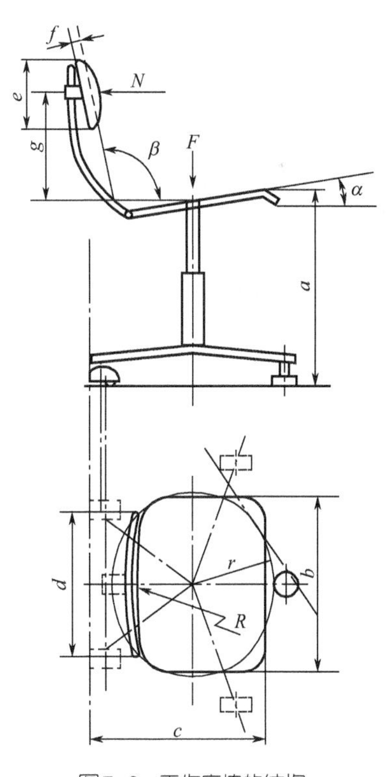

图7-6 工作座椅的结构

三、家具设计的国标

1997年我国发布了三个有关家具尺寸的国家标准，它们是：GB/T 3326—1997《家具：桌、椅、凳类主要尺寸》、GB/T 3327—1997《家具：柜类主要尺寸》、GB/T 3328—1997《家具：床类主要尺寸》。1993年国家对工作座椅提出了统一的国家标准GB/T 14774—1993《工作座椅一般人类工效学》，可以参见图7-3。在进行设计时，可以将图7-6与表7-8进行对照分析与设计参考，图中N表示人坐在座椅上时的水平作用力，F为垂直作用力。

表7-8　工作座椅的主要参数

参数	符号	数　值
座高	a	360 ~ 480mm
座宽	b	370 ~ 420mm；推荐值400mm
座深	c	360 ~ 390mm；推荐值380mm
腰靠长	d	320 ~ 310mm；推荐值250mm
腰靠款	e	200 ~ 300mm；推荐值250mm
腰靠后	f	35 ~ 50mm；推荐值40mm
腰靠高	g	165 ~ 210mm
腰靠圆弧半径	R	400 ~ 700mm；推荐值550mm
倾覆半径	r	195mm
坐面倾角	α	0° ~ 5°；推荐值3° ~ 4°
腰靠倾角	β	95° ~ 115°；推荐值110°

四、办公桌功能尺寸

1. 桌面高度

在医学调查中显示我国传统、老式办公桌明显偏高。在人因工程学中，桌面过高，小臂在桌面上工作时肘部连同上臂、肩部都被托起，肩部因耸起而使肌肉处于紧张状态，极易使人产生疲劳。桌面过高也是引起青少年近视的重要原因之一。同时桌面过低会使人们工作时脊柱的弯曲度加大，腹部受压，妨碍呼吸和有关部位的血液循环。因此，正确的桌高应该与椅坐高保持一定的尺度配合关系。

2. 桌面倾角

桌面倾角是指桌面与水平面之间的夹角。倾斜桌面有利于保持躯干的自然姿势，能改善作业身体姿势，躯干的运动变少，颈部弯曲减少，从而减轻工作疲劳和不适。同时，肌电图和个体主观感受测量都证明了倾斜桌面的优越性。倾斜桌面还有利于视觉活动。

3. 桌面宽度

桌面宽度指桌面在X轴方向的横向尺寸长。办公桌桌面宽度依照人在坐姿作业下的工作区域来决定，同时也与人身体部位的尺寸关系密切。上肢最大工作区域是以肩关节为轴心，上肢伸直在空间回转时，中指指尖点的运动轨迹所包含的空间区域。

4. 桌面深度

桌面深度指桌面在Y轴方向的纵深尺寸长。桌面的深度分为最大有效深度和最佳深度。坐姿时的最大有效深度和最佳深度的确定同样由上肢水平面活动域所决定。桌面深度若超过手臂前伸的长度范围，一般会使人不愿去取用放置在前面的物品。当人体端坐于桌子中央时，左右两侧以手腕伸出长度为一般办公桌限度。不过，带万向轮的办公椅可以突破这一限度，因为随着椅子向两侧滑动，桌面的活动范围也随之延伸，所以有些大班台的桌面长度往往达到2m以上。

办公桌功能尺寸与人体测量项目关系如表7-9所示。

表7-9 办公桌功能尺寸与相关人体测量项目之间的关系

功能尺寸	测量项目	功能尺寸与测量项目	备注
桌面宽度	肩宽、手臂功能长	桌面宽度=肩宽+2倍的手臂功能长度	应包括实际使用需要
桌面深度	手臂功能长	桌面深度=手臂功能长–桌面前缘到肩部所在垂直距离	应包括实际使用需要
容脚空间高度	坐姿大腿厚	容脚空间高度=坐姿大腿厚+座面高度+活动余量	与座面高度配合尺寸视实际而定，活动余量在10 ~ 20mm
容脚空间深度	臀膝距	容脚空间深度=臀膝距离–桌面前缘到肩部坐在垂直面距离	足够的坐姿和立姿转换所需空间
宽脚空间宽度	坐姿臀宽	≥坐姿臀宽	以实际使用需要进行增减，一般≥520mm

通过大量的测试研究表明，办公桌在人体进行坐姿状态使用时，主要是依据坐姿状态下人体尺寸中的高度来确定，确定桌高的正确方法应该是：座高加上合理的桌面座椅高度差，即：

桌面高度=座高+桌椅高度差

一般情况下，书写用的桌子为：

适合的桌椅高度差=坐高/3–(20–30)mm；

办公桌：合适的桌椅高度差=坐高/3。

根据GB/T 10000—1988，可以推算出中等身材的中国成年男子、女子办公桌的桌高如下：

办公桌高=座高+合适的桌椅高度差=座高+坐高/3

对50百分位数身高的男子：座高=422mm；坐高=908mm。因此，办公桌高=422mm+908/3mm=725mm

对50百分位数身高的女子：座高=386mm；坐高=852mm。因此，办公桌高=386mm+852/3mm=670mm

考虑到办公桌现实中难以区别男用或女用等因素，我国国家标准GB/T 3326—1997规定的桌高范围为H=700 ~ 760mm；极差ΔS=20mm。因此办公桌共有以下四个规格的高度：700mm、720mm、740mm和760mm。

第三节 鞋类设计

一、鞋类设计中人的因素

1.鞋类设计中的生理学基础

足的外形很像一个楔形，前宽后窄、前低后高。由于构成足的骨骼多而肌肉少，所以足骨的组合形态就决定了足的基本形态。而且足骨的变化小，所以使足的形态比较稳定。人体的左右两足基本上是镜像对称的，大拇指一侧称为里怀，小趾一侧称为外怀。足的外部形态主要包括脚趾、跖趾关节、足背、足腰窝、足弯、足腕、足踝骨、足后跟、前脚掌和足心几个部分，如图7-7所示。

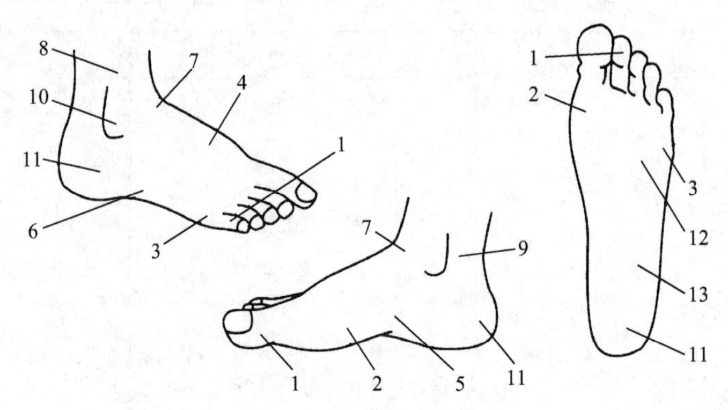

图7-7　足的外部形态

1—脚趾；2—第一跖趾关节；3—第五跖趾关节；4—足背；5—里腰窝；6—外腰窝；7—脚弯；8—脚腕；9—里怀骨；10—外踝骨；11—脚后跟；12—前脚掌；13—脚心

脚趾，在足的最前端，对支撑有很好的附着作用。脚趾的形态因人而异，但在确定脚趾的前端点时，以最长的脚趾端点来计算。跖趾关节又称脚骨岗、脚骨拐，是由脚趾骨和脚跖骨形成的关节。成年人足型两侧最宽的部位就是跖趾关节，它是活动最频繁和主要的受力部位。足背也称作脚面、脚跗面，处在足的中间上层位置，呈现凸起的弓状结构，其中明显的硬的突起部位，是前跗骨凸点。足腰窝处于足两侧的中间位置，有里怀腰窝与外怀腰窝的区别。里怀腰窝呈凹进状，有明显的足弓；外怀腰窝肉体较多，呈扁平状。足弯介于小腿和足背之间的拐弯处，当足背进行背屈活动时，该处会有明显的横向皱褶出现。足腕位于小腿的最细处，是足与小腿的分界线。足踝骨在足腕下方的两侧，有两个明显的突起称踝骨球。足后跟在足的最后端，支撑人体50%以上的重量。前脚掌在足的底部，跖趾关节与脚趾之间的部分，也是足受力的主要部分，随着足后跟高度的增加，它的受力也逐渐增大。足心在足的中间部位，呈凹陷状。足心处还有一个重要的穴位是涌泉穴，刺激这个穴位有强身健体，防病祛病的作用。

2.足部生理结构

足部生理结构是由骨骼、肌肉、韧带、关节、皮肤等组织构成的。各个部分通过相互复杂密切的配合才能完成行走时一系列复杂的动作。下面分别从足部骨骼、关节、肌肉和足弓等方面来介绍足部的生理结构知识。

（1）骨骼

人体单足上的骨骼为26块，分趾骨14块、跖骨5块和跗骨7块三大部分。趾骨除拇趾为两节外，其余为三节；跖骨在足的中部，自内向外依次为第一、二、三、四和第五跖骨，其中第一趾骨最粗，可承受较大的重力，第二趾骨最长，使得跖趾关节呈弧形排列，增强较大弹性；跗骨位于足的后半部，为短骨，近似立方体，各具六个面。在第一跖骨前端的底部，还有2块小籽骨，起着减震作用，如图7-8所示。

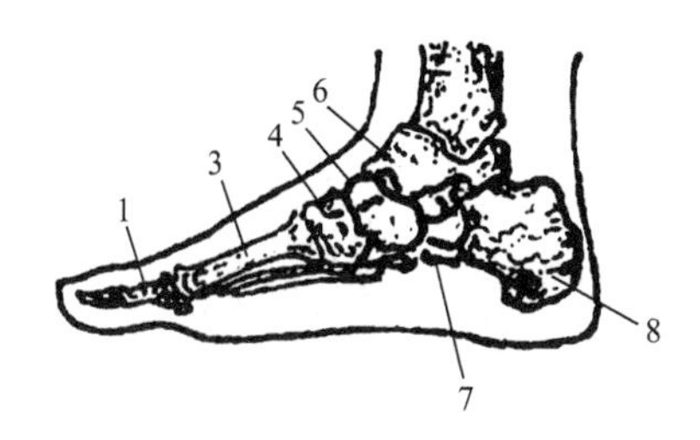

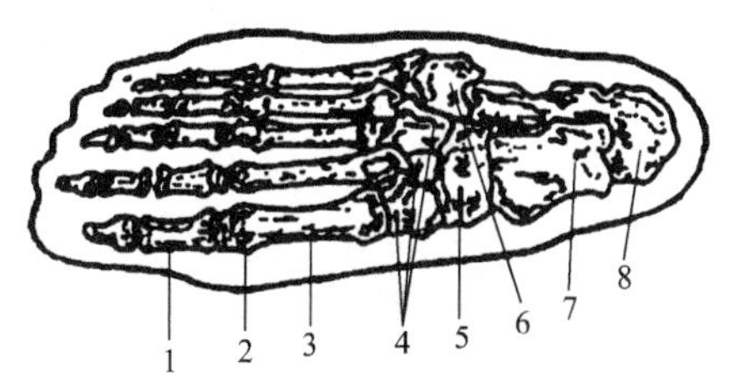

图7-8　足部生理结构图

1—趾骨；2—籽骨；3—跖骨；4—楔骨；5—舟骨；6—距骨；7—骰骨；8—跟骨

（2）足部关节

骨与骨之间的连接属于活动范围很大的可动连接，叫关节。足部关节主要有踝关节、跗骨关节、跗跖关节、跖趾和趾关节。踝关节的特点是一块骨的关节面为关节头，另一块骨有与此相应的关节窝，只能做前后的屈伸运动，不能左右移动和旋转。踝关节连接小腿与脚，活动量大，运动形式复杂，所以很容易受到伤害。

跗骨关节是指跗骨之间形成的关节，属于平面关节，关节曲度极小，可以相互磨动，活动范围很小，保持了结构的稳定性。跗趾关节也属于平面关节，结构相对稳定。其中第一、二、三跖骨向后连接三块楔骨，第四、五跖骨向后连接骰骨。

跖趾关节属于椭圆关节，特点是一端为椭圆形的凸关节面，另一端为凹关节面与其相对应，能够做内收、外展、屈伸及环转运动。跖趾关节的活动很频繁，在鞋腔内应该留有关节活动的余地，如果鞋子很瘦，关节的活动受到挤压，就会造成磨泡、起老茧、拇指外翻、脚趾重叠等一系列足病。趾关节能灵活进行屈伸活动，所以在进行鞋类设计时，要考虑脚趾活动的特点，鞋头要适当保留一定的厚度，给脚趾留有一定的活动空间。

（3）足部肌肉

足部肌肉有足背肌和足底肌两个部分。当足背肌收缩时，脚趾伸展，当足底肌收缩时，脚趾弯曲。足部肌肉主要集中在足底肌。足底皮肤坚厚致密，无毛且汗腺多，在负重较大的部位，如足跟、第一和第五跖骨头等处，角化形成胼胝。浅筋膜较厚，富含脂肪组织，其中有致密结缔组织将皮肤与足底腱膜紧密相连。

了解足部肌肉的原理，有助于理解足部产生发酸、发胀、疲劳、甚至腰痛的原因。穿着过于瘦小的鞋子，压迫脚趾、脚背，肌肉也受到挤压而产生疼痛。如果穿的鞋子肥大不合脚，为了防止鞋子脱落，走路时肌肉处于紧张状态，想把鞋子钩住，其结果必然是使肌肉疲劳、发酸和疼痛。在穿着高跟鞋时，跖趾部位受力加大，还要保持身体的平衡，肌肉将一直处于紧张状态，时间长了，造成全身不适。足部肌肉与小腿、大腿、臀部、腰部的肌肉都是相连的，穿着结构不合理的鞋子最终会对身体造成一系列的毛病。

（4）足弓

足弓是由足骨所形成的一种弓状结构。当人用两只脚站立或行走时，主要靠足弓来平衡身体，它是人类在进化过程中，为了负重行走和吸收震荡而形成的。足弓分为内外两个纵弓和前后两个横弓，如图7-9所示。内侧纵弓由跟骨、距骨、舟骨、契骨和第一、二、三跖骨组成，内侧纵弓较高，有较大弹性，主要起缓冲减震作用；外侧纵弓由跟骨、股骨和第四、五跖骨组成，弓身较低，弹性差，主要起支撑作用；前横弓由跖趾关节构成，变化比较大；后横弓由3块契骨和股骨构成，结构比较稳定，足弓整体成拱桥形排列。

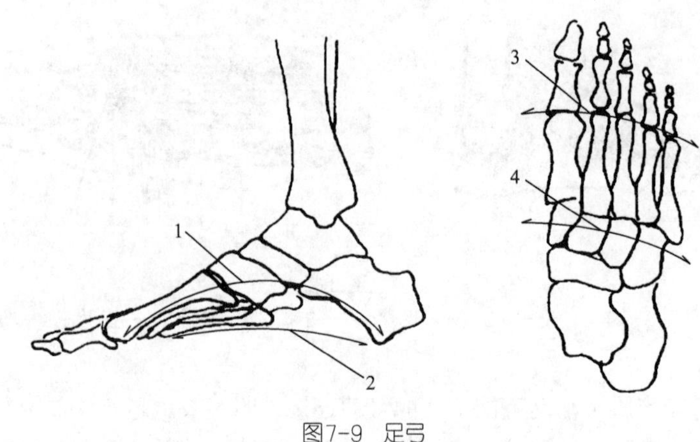

图7-9 足弓

1—内纵弓；2—外纵弓；3—前横弓；4—后横弓

足弓构造具有避震和弹性的作用，可以吸收足部受到的冲击力，分散人体重量，保护足以上关节，防止内脏损伤，帮助身体完成站立、行走、跑步等动作。人在跑跳时，对足底产生的冲击力可达到体重的3～5倍，足弓通过变化化解了如此大的冲击力。在单足着地受力的瞬间足弓消失，将垂直的力转为横向的力，减缓对足的冲击强度。当足离开地面以后，足弓又恢复原来的弓状结构。

因此，在鞋类设计时，应注意对足弓的保护。如果足弓发育不健全，或者过度的疲劳、体重过大、持续穿着不适合或穿着不具有足弓支撑力的鞋子都会导致足弓发育不良，造成扁平足，影响足部的活动，造成足的疾病的发生，甚至影响到腿部的发育。

二、鞋子设计基本原则

鞋子设计时应注意以下基本原则。

（1）鞋子的尺寸要合适

一个人一天至少有1/2的时间与鞋相伴，一双鞋完全可以改变一个人足的成长。过去的三寸金莲，就是将足限制在一定的尺寸，严重影响了足的健康发育。因此，鞋子尺寸设计应根据足的特性，要合理选择。例如，脚趾比较灵活，鞋子的前头设计要有适宜的宽度、厚度和长度，有足够的空间让脚趾活动，避免挤脚、磨脚和拇指外翻等疾病的发生。

（2）鞋跟中心与身体中心要一致

鞋跟设计需要根据人因工程学方面的知识合理选择，以保证鞋跟的位置与身体中心轴线保持平衡。如图7-10所示，如果鞋跟位置偏离，可能会使身体体重支撑失去平衡，这样鞋跟往往容易破损，甚至会引起崴脚等事故发生。

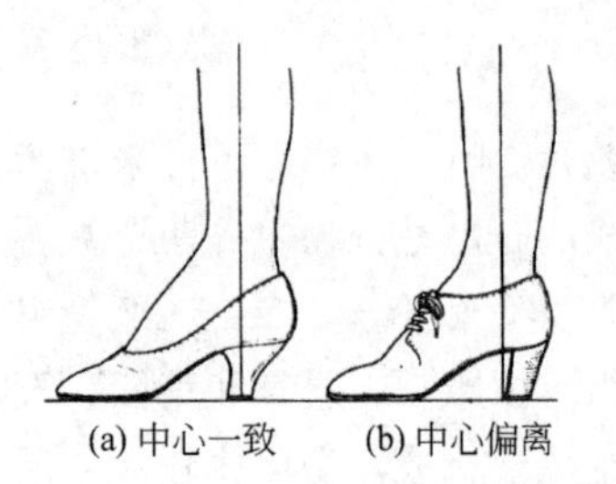

图7-10 体中心与鞋跟中心的关系

（3）鞋跟高度要适宜

足部的受力与鞋跟高度有着密切的联系，随着鞋跟高度的增长，足部的受力分布也明显不同，鞋跟越高前足受力就越大，后跟受力越小。此外，当足跟被抬高时，关节受力增大，关节间隙被拉开，而且此时足是一个斜面状态，为了保障身体处于稳定状态，韧带就要被拉动，所以穿高跟鞋时间长了，足会产生疼痛感。下面用力学角度分别从赤足、穿中跟鞋、穿高跟鞋三个情况分析足部各部分受力状态。

假设人的体重为75kg，赤足站立时足跟的受力为58.3kg，拇趾和籽骨部位的受力是16.7kg。当足跟向上抬起的时候，以上的受力数值就会发生变化。当鞋跟升高4cm时，同样75kg的身体，足跟的受力就由58.3kg变为50.7kg，承担的力减少了7.6kg。从而，这7.6kg的力就由脚跟转移到拇趾和籽骨部位上。这时趾骨跟部的受力随着足跟的抬高由赤足时的16.7kg增加到了24.3kg。当穿上9cm高的高跟鞋后，足跟的受力就进一步减少到27.9kg，基本减少了一半。此时脚趾跟部的受力是47.1kg，具体分析如图7-11所示。

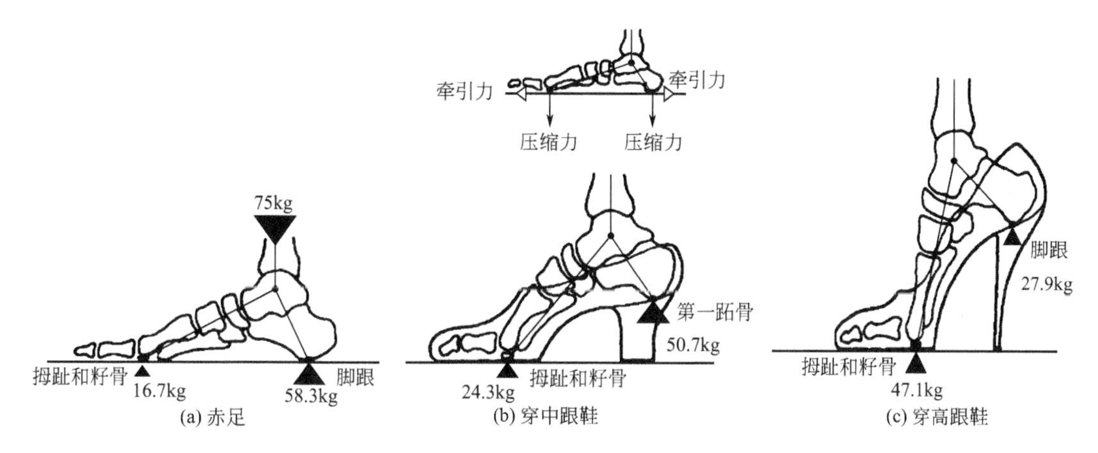

图7-11　足部受力与鞋跟高度的关系

（4）功能和样式要统筹兼顾

功能是鞋子价值的体现，鞋子的产生源于它对人们足部的保护作用。随着人们生活水平的提高，观念也逐渐发生转变。在物质需求满足时，希望精神情感能得到慰藉。

样式是营造产品主题的一个重要方面，主要是通过产品的尺度、形状、比例及层次关系对心理体验的影响，让用户产生拥有感、成就感、亲切感，同时还应营造必要的环境氛围，使人产生夸张、含蓄、趣味、愉悦、轻松、神秘等不同的心理情绪。鞋子的样式是人的第一直觉反应，决定人们的购买欲。因此，样式设计非常重要。

鞋子的功能和样式不断地变化发展，随着技术的进步和工艺的成熟，丰富多彩的鞋子展现在人们的眼前，但这些鞋容易将功能和样式脱节。有的鞋子设计很实用，但样式可能不是很美观；有的鞋子虽然样式很漂亮、很独特，往往穿着不舒适。因此，鞋子设计应综合考虑功能和样式等各方面因素，最后设计出人们从心理上和生理上都满足的鞋子。

（5）材质和舒适性相结合

在鞋类设计中，材质是用于构成造型且不依赖于人的意识而客观存在的物质，它构成了鞋类设计的基础。无论鞋子设计的方案如何优秀，如果没有材质作为载体，也只能是纸上谈兵。材质是构成鞋子设计付诸实现的必要条件，是鞋子设计的物质基础，是鞋子满足功能要求、体现结构的基本要素。材质本身蕴含着巨大潜力和拓展空间，恰如其分的选择材质会给人们带来全新的惊喜和体验。

鞋子设计要以舒适性为主，因此，在运用材质进行鞋类设计时，要从视觉和触觉上共同把握。在视觉上，为了表达一定的创意，塑造一定的角色形象，可以利用各种面饰工艺，形成别具一格的视觉感受。例如，夏天的凉鞋，可以采用塑料上烫印铝箔呈现金属质感，给人一种凉爽的感觉；冬天的鞋靴设计大多选用皮革等暖性材质更易于人们接受。在触觉上，可以巧妙地利用材质的触觉特性，使鞋类更舒适，更实用，从生理和心理上满足人们的需求。例如，夏天，人们一般赤脚穿鞋，所以鞋子的内底面材质一定要防滑；对于运动鞋应选用透气性好的材质等。因此，优秀的鞋类设计有时也需要好的材质来渲染与寄托，这样才能满足人们的使用需求。

（6）符合人们的心理需求

心理学是人因工程学的主观方面，把握人们的心理，才能赢得市场。随着人们生活水平的提高，对鞋子设计更关注精神方面的需求。因此，鞋类设计在满足人们使用功能时，应考虑消费者的心理需求。

心理学可以分为功能心理、使用心理、审美心理、消费心理和环境心理。鞋类设计师应发挥自己的创造性思维，运用高新技术成果和现代的工艺技术，创造出内在质量和外观俱佳的有持久生命力的新产品。例如，一双鞋即使外观设计很美，如果穿着不舒服，就不会被人们认可；相反，如果一双鞋子穿着很舒适，造型设计不雅观，也不能被消费者接受。所以优秀的鞋子设计应将触觉心理和视觉心理运用得相得益彰。

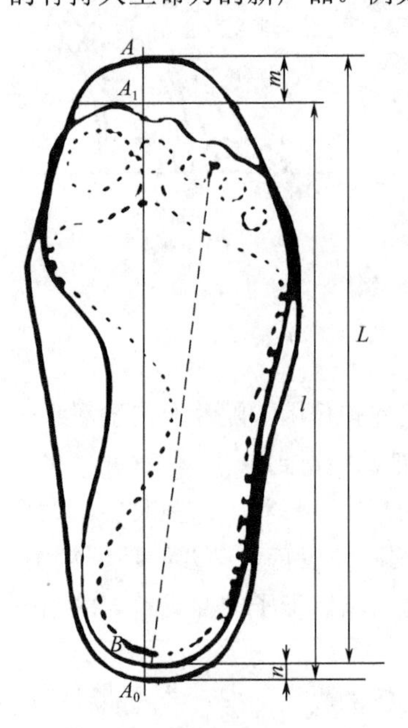

图7-12　楦底长与足长

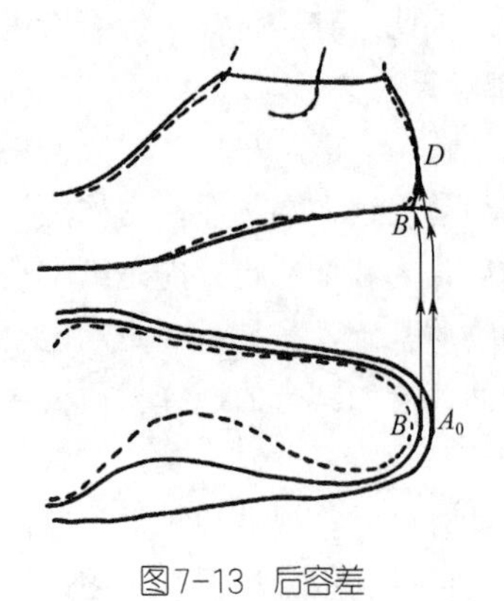

图7-13　后容差

三、鞋子设计

1.鞋底长度设计

足长决定了鞋底的总长度，但鞋底的长度要大于足长。一般情况下，鞋底长=足长+放余量–后容差。用符号表示为：$L=l+m-n$。其中，L为鞋底长；l为足长；m为放余量；n为后容差，如图7-12所示。

图7-12中AB的长度是鞋底长度，A_1A_0的长度是足长，AA_1的长度是放余量，BA_0的长度是后容差。放余量是指足的前端与鞋底前端之间的距离，为了保证足在鞋内有一定的活动余量，使鞋不至于顶脚，需要在鞋子前头加长一定的尺寸。在行走时，受到体重的压力，脚掌脚跟受力时足弓会下榻，向前延伸，因此，足长会有一定的变化量，所以前端要有一定的放余量，这样鞋子才不会顶脚、磨脚。根据鞋子的款式不同，放余量也有所不同，如果鞋子的前端比较尖窄，放余量就应大一点，相反若鞋子的前端与足宽相近，放余量适当小一点。一般放余量取10～30mm之间。

后容差是指鞋底后端和足后跟凸点在底中线延长线上投影间的距离。由于足后跟是一个弧状结构，所以足跟最凸点的投影与足底面末端有一定间距。如图7-13所示，其中A_0为后容差；B为后跟中心点；D为楦底后端点。根据足型规律一般情况，后容差约为2%足长。

2. 鞋围

鞋围主要包括跖趾围长、兜跟围和脚腕围长，这几个尺寸是鞋楦围度设计的关键尺寸。

（1）跖趾围

跖趾围长是足型肥瘦的主要标志。足在行走、跑跳等运动时，跖趾关节是身体的主要负载部位，也是弯曲程度最大的部位。由于跖趾关节部位比较圆滑饱满，鞋子在这个部位的设计也要松紧得当。使鞋子穿在脚上既不松懈又不挤脚，就能很好地包裹住脚，保证足的舒适性。此外，由于这个部位的弯曲幅度较大，所以鞋子在这个部位的材料选取要有一定的标准，既要有很好的柔韧性，保证跖趾关节的正常屈伸活动，又要具有一定的强度，防止这个部位因活动频繁，而造成早期破损。

不同款式的鞋子对鞋跖围的要求也有所不同。凉鞋和女浅口鞋等鞋子的鞋跖围可以等于或略小于跖趾围长，这样有助于鞋子对脚的包裹能力。对于运动鞋和休闲鞋来说，要考虑到足部长时间运动会有一定的膨胀，所以鞋跖围要比跖趾围长适当增大一些。因此设计师要根据跖趾围的特点，针对不同人群和不同款式的鞋子合理选择鞋跖围长作为设计尺寸。

（2）兜跟围和脚腕围

在穿用高筒靴时，常有穿脱不方便或走路不跟脚、下蹲时脚腕部位受限制的问题，这是兜跟围不合适造成的。

对于靴鞋设计来说，兜跟围和脚腕围是个重要的尺寸数据，尤其是高腰鞋设计，这两个围度尺寸就更加重要。因为高腰鞋靴的后帮高度都超过了脚踝骨和舟上弯点的位置，因此，鞋的大小就决定了靴鞋腔体的空间大小。如果鞋子的兜跟围尺寸过小，鞋腔就容不下脚，或者会产生压脚背等情况，这样会阻止足部的血液循环；如果鞋腔过大，穿起来会很空旷，而且也会影响鞋靴的外观。

此外，在封闭式高腰靴鞋设计中，最瘦的部位是脚腕，而脚腕围度的选取直接取决于兜跟围。因为把脚伸进筒靴的时候，穿鞋时在脚腕部位承受的最大围度是兜跟围。因此，脚腕围设计尺寸的最低围度要能满足兜跟围的穿入要求。如图7-14所示。

3. 鞋的宽度设计

在测量时，足宽是选择足部最大的宽度尺寸，即第一跖趾关节到第五跖趾关节的宽度。但是当足底落在平面时，足印轮廓并不是足部最大宽度，而是比最大宽度小一圈，如图7-15所示。因此，设计鞋宽时就不能直接使用足宽尺寸，否则会造成鞋子空旷、不跟脚等问题。然而，如果用足印轮廓宽度作为鞋子宽度的话，由于足部肌肉的存在，可能会引起挤脚、磨脚的情况发生。所以鞋子宽度应该选取足宽与足部轮廓宽度之间，如图7-16所示。一般情况下鞋子宽比足宽小2～6mm，根据鞋子的类型和功能不同有所侧重。

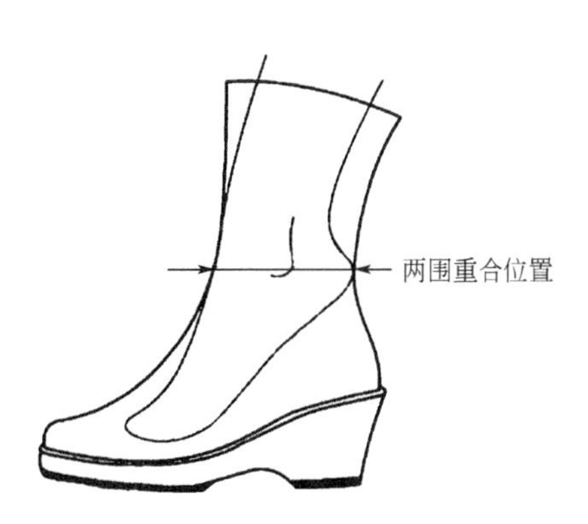

图7-14 兜跟围与足腕围重合

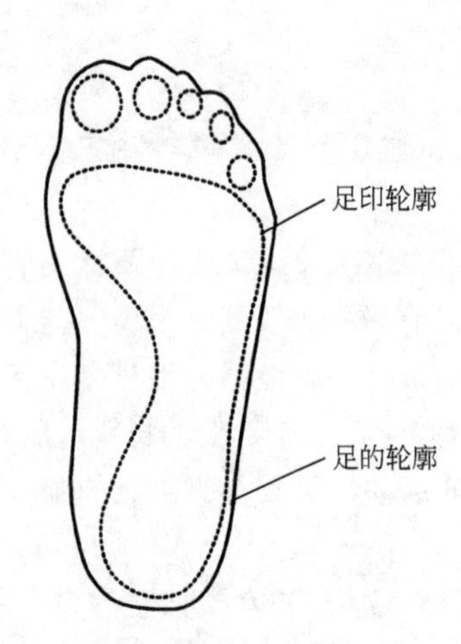

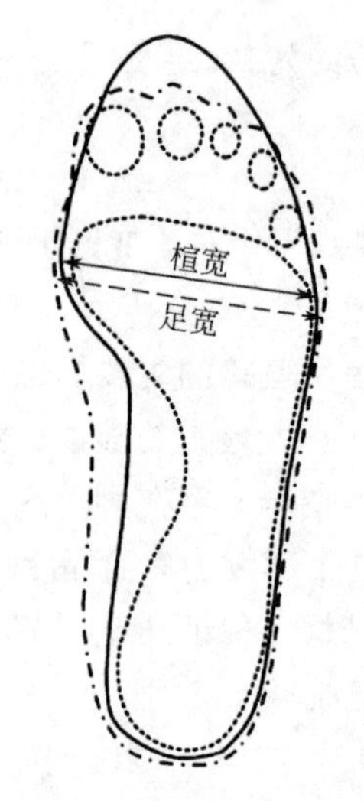

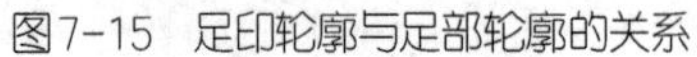

图7-15　足印轮廓与足部轮廓的关系

图7-16　足宽与足部楦宽

4. 鞋的高度设计

鞋的高度因素，主要从拇趾高度、舟上弯点高度和脚腕高来分析。

（1）拇趾高度

拇趾高度一般决定了鞋头的厚度。一般而言，拇趾是足趾中最高的，也是五个足趾中最活跃的一个。所以要充分考虑拇趾的活动空间，这就要求在设计鞋时，要结合实际鞋子款式，适当选取拇指高度，通常选取拇趾高度的第90百分位数。

（2）舟上弯点高度

舟上弯点高度是普通鞋跗面设计的最高尺寸，这个尺寸控制了鞋子前端的总体高度。因此舟上弯点高度尺寸的选择对鞋子设计至关重要。在行走时舟上弯点部位有一定的抬起动作，要留有一定的缓冲空间，否则足部会有被束缚的感觉。

（3）脚腕高

脚腕高是后端的最高尺寸。脚腕是足与腿的连接枢纽，活动量比较大，尤其可以做左右和向后的转动动作。因此，鞋后帮设计要低于脚腕的高度，这样鞋子才不会妨碍足部的运动。

习题与思考题

1. 手握式工具设计时应注意哪些方面的内容？
2. 根据人体尺寸及椅子设计原则，分析目前学生用椅的缺点，设计一款适合学生用的椅子。
3. 设计一款新型鼠标或其他手握式工具，并分析其设计依据。
4. 鞋子设计时主要应注重哪几个方面？

第八章　专题设计

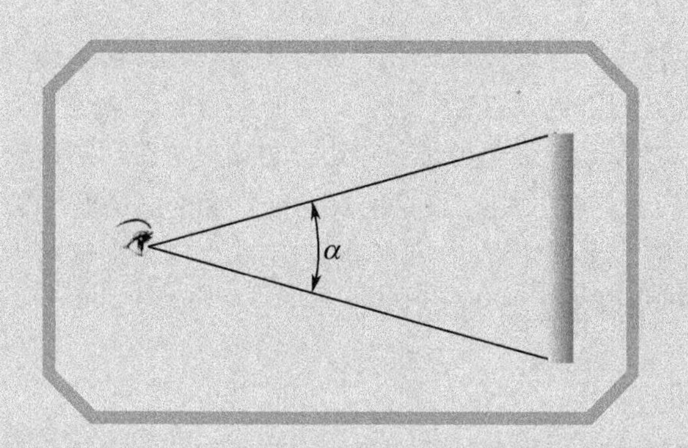

设计的主要目的是满足人的各种生活需求，而设计创新的本质是以人为中心的创新，关于人的物质和精神生活的任何一项科学性的设计研究必然涉及人因工程学。本章主要以具体设计实例和测试实验进行讲述，着重介绍了人因工程学在设计中应用时获得基本设计数据的过程与方法，并具体应用于解决实际的设计问题。

学习目标

通过具体的设计实例和设计研究深入认识可视信息设计、手握式工具设计、工作座椅设计等设计的基本原则、设计方法和人因工程学的检验，深入理解在具体实践过程中的设计要领。通过本章的学习，使学生理解并掌握可视信息、手握式工具、工作座椅的人因工程学原理和方法。

学习重点

1. 掌握可视信息设计的设计要点；
2. 掌握手握式工具设计的基本原则；
3. 掌握工作座椅设计的基本原则；
4. 掌握每个具体设计实例中应注意的问题。

学习建议

在学习理论知识的过程中，紧密地联系具体的设计实例，从例子中去发现人因工程设计过程中的一些设计准则，然后结合自身的理解去设计有关人因工程学的课题。

第一节 沈阳铁路客运站静态导向标志设计研究

一、设计任务书

1.项目概述

2013年辽宁将承办的第十二届全运会，作为主赛区的省会城市沈阳，客流量增加，沈阳铁路客运站必然肩负起一个城市的交通枢纽和城市的对外窗口。沈阳铁路客运站是中国铁路车站中最高等级的车站（简称特等站），是东北三省铁路枢纽中心，日均上下车及换乘旅客在6万人以上，承担着东北最大的客流量压力。在2013年，进出沈阳铁路客运站的旅客数量将与日俱增且集中，在复杂的客运站空间中，如何使旅客增强判断能力就变得尤为重要，因此将需要一定数量的标志对旅客进行方向性引导，方便旅客的定位与出行。

2.设计要求

① 设计标志需符合旅客需求，可以清晰、直观地体现和说明乘坐规则、方向性、区域特征等重要内容。

② 设计中需提供设置标志的合理位置，对进出沈阳铁路客运站的出行者进行引导。

③ 设计标志应符合人的视觉特性、国家相应规范与约定俗成，即：

a.标志符号涵义的内涵不应过大，使人们能够准确理解并不产生歧义；

b.标志图形应构型简单，突出所表示对象的主要内容及独特属性；

c.标志图形应醒目、清晰、易懂、易记、易辨和易制。

二、人因工程学设计分析

1.沈阳铁路客运站标志及现状分析

铁路客运站的导向标志是用来说明乘坐规则、表明方向、区域的图形符号，具有提示方向、提供信息和规范等作用。首先应了解出行者进出沈阳客运站以及换乘及使用公交设施的流程图，如图8-1所示。

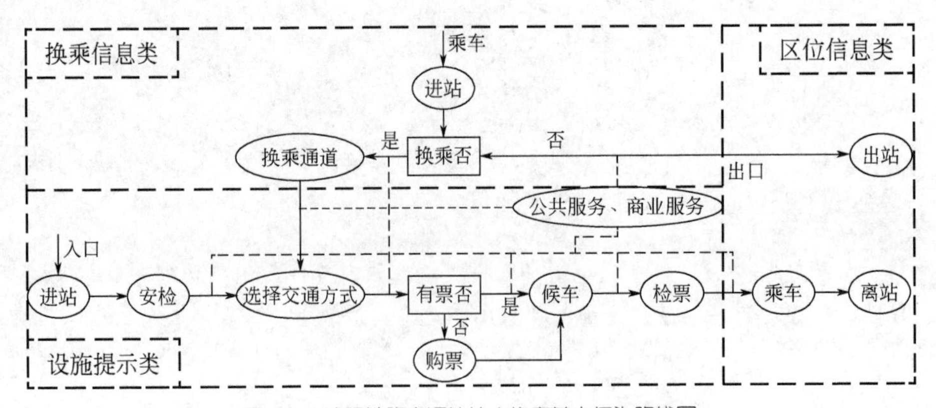

图8-1 沈阳铁路客运站站内旅客基本行为路线图

沈阳综合客运枢纽内的静态标识系统表述信息种类繁多，可以根据作用的不同，将其大致归纳为3类：设施提示类、换乘信息类和区位信息类，如图8-2所示。

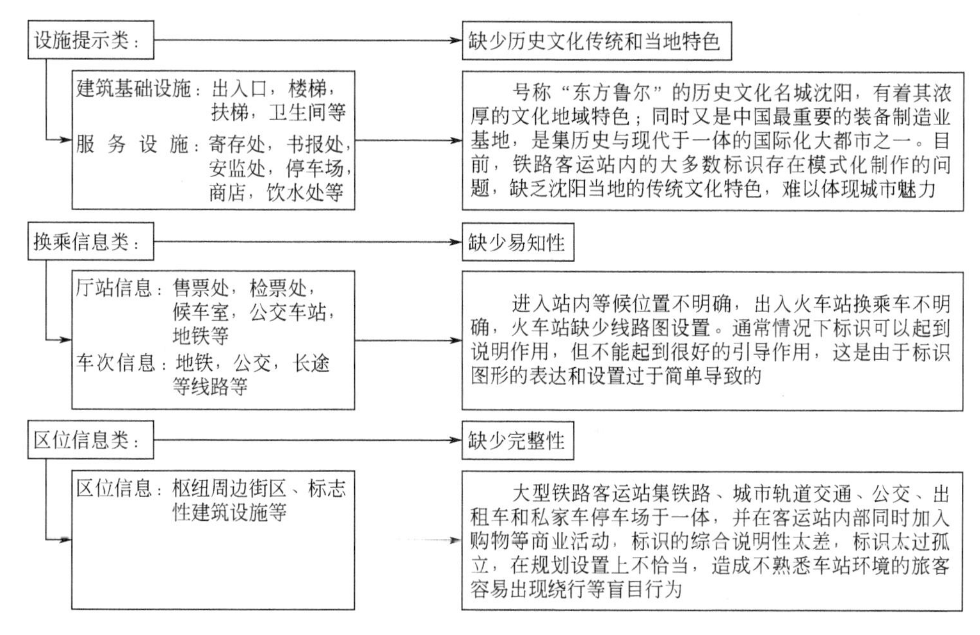

图8-2 静态标志的分类及现状

2.旅客视野推算

旅客进入火车站内有些标识信息就需要旅客在静止状态获得，如候车大厅电子滚动屏上的信息。一般来说，旅客在进入客运站行走的过程中，视线习惯于平视和仰视，很少有俯视或者侧视的。人在站立时，假定头部不动，标准视线是水平的，定为0°，视线在垂直方向眼睛的最大转动是25°，视野的最大界限是50°，在这个范围内的视觉称为仰视，如图8-3所示。

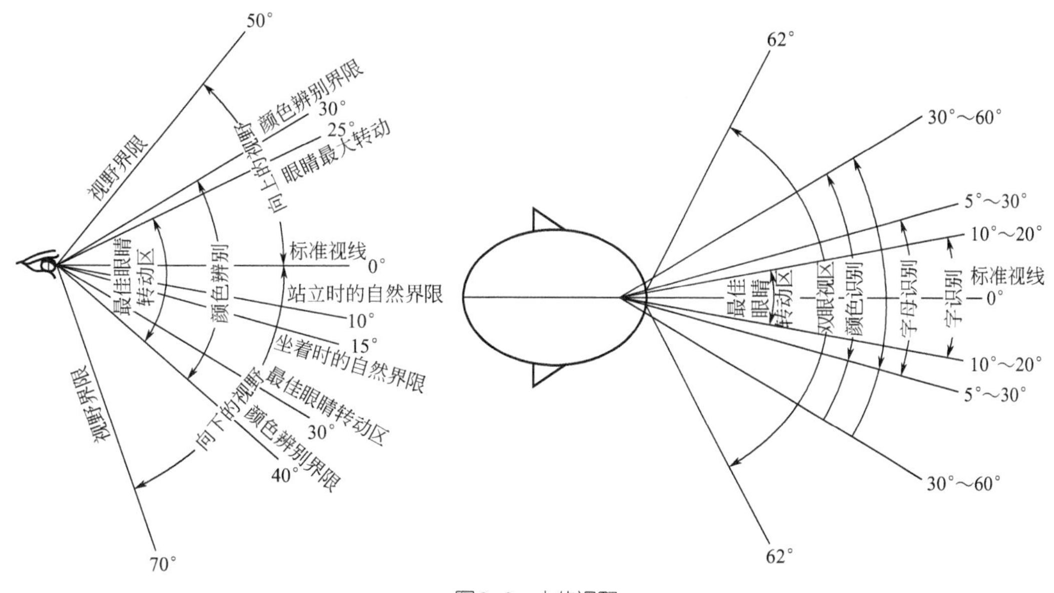

图8-3 人的视野

站立时的自然视线低于水平线10°，坐着时自然视线低于水平视线15°，人在松弛的状态中，站着和坐着时的自然视线偏离标准视线分别是30°和38°，最佳眼睛转动区的范围在25°～30°之间；视线在水平方向上，左眼和右眼的单眼视野界限均是从62°到94°～104°之间，最佳眼睛转动范围是±30°。

由此可以得出，观看标识信息牌的理想视角区域是：标识信息的尺度尽量控制在正常人眼睛到信息牌底边的视线与水平视线所构成的夹角为30°，最佳视觉角度范围在正常人平视时的30°视锥内。

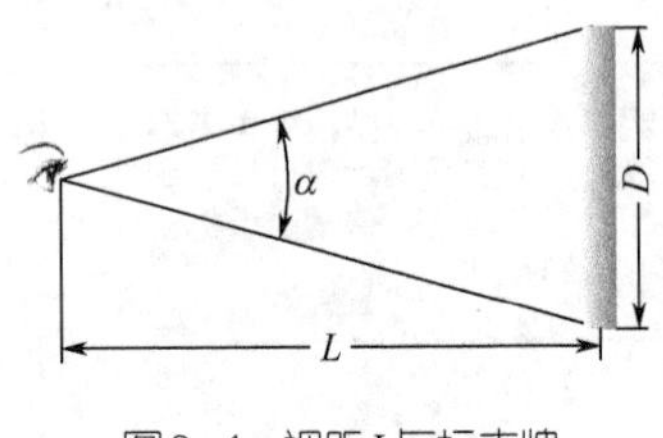

图8-4　视距L与标志牌大小D之间的关系

3. 标志牌尺寸及字符大小

标识安装位置方面的一个重要问题就是视距和视角的关系，视角会影响视距。人的站姿眼高和坐姿眼高是计算标识牌设置位置必须考虑的因素。此外，视角、标识牌底部与地面之间的净高、标识牌的高度也是必须考虑的三个重要因素。

通常轮椅使用者和身材矮小的人视角较大，因此，这些人的视线容易被阻断。眼睛水平高度可以这样来决定：取5%的中国成年女性的眼睛水平高度，再取95%的中国成年男性的眼睛水平高度，结合二者眼睛水平高度，取平均值。根据《中国成年人人体尺寸》坐在轮椅中的眼高，则以成年人坐姿眼高进行模拟，得到以下计算结果：

站姿眼高=眼高均值+修正量=1584 mm

坐姿眼高=坐姿眼高均值+修正量=875 mm

视距L和标识牌大小D之间的关系（见图8-4），也可用如下公式表示：

$$\alpha = 2\arctan\frac{D}{2L}$$

式中，α为视角，(°)；L为眼睛到标识信息牌的距离，m；D为标识牌标识上下两端的直线距离，cm。

在铁路客运站内，基本可以满足以下三个条件：中等光照强度；字符基本清晰可辨（不要求特别高的清晰度，但也不是模糊不清）；稍作定睛凝视即可看清；所以可以根据字符与视距的关系，即：

$$H = \frac{L}{200} \sim \frac{L}{300} \quad (8\text{-}1)$$

式中，H为字符高度，cm；L为视距，m；200和300为常量。

字符的其他尺寸可以根据高度（H）确定，如图8-4所示。字符之间最小间距为$H/5$；单词或数值之间最小间距为$2H/3$。字符的宽度为$2H/3$；笔画粗细为$H/6$。

由上面推断，观看标识信息牌最佳视角α在视锥30°范围内，得出水平视线上方15°视角，即α=15°。由公式（8-1）计算可以得出表8-1。

表8-1　标志高与视距及字符的关系

标识高/cm	视距/m	字符高度/cm	字符宽度/cm	笔画粗细/cm
8	3.06	1.22	0.81	0.20
10	3.82	1.53	1.02	0.26
15	5.73	2.29	1.53	0.38
20	7.64	3.06	2.04	0.51
25	9.56	3.82	2.55	0.64
30	11.46	4.58	3.05	0.76
35	13.37	5.35	3.57	0.89
40	15.28	6.11	4.07	1.01

4. 标识与背景对比感度

物体与背景有一定的对比度时，人眼才能看清其形状。人眼刚刚能辨别到无提示，背景与物体之间的最小亮度差称为临界亮度差，临界亮度差与背景亮度之比称为临界对比。临界对比的倒数称为对比感度。

$$S_c = \frac{L_b}{L_b - L_0} \tag{8-2}$$

式中，L_b为背景亮度；L_0为物体的亮度；S_c为对比感度。可以根据式（8-2）得出：对比感度的大小取决于背景亮度与物体的亮度，在本文中标识的对比感度取决于背景亮度与字体的亮度，从而得出字体颜色与背景颜色的对比度，见表8-2。

表8-2　字体颜色与背景颜色亮度对比

字体颜色	背景颜色											
	米色	白色	灰色	黑色	褐色	粉色	紫色	绿色	橙色	蓝色	黄色	红色
红色	2.29	2.17	0	0	−2.38	2.8	−1.25	2.59	3.45	1	2.23	0
黄色	−48	50	−1.23	0	−0.63	1	−0.44	−8.8	−3.45	−0.44	0	−1.23
蓝色	1.45	1.43	2.25	0	4.75	1.56	0	1.52	1.65	0	1.44	2.25
橙色	4.8	4.17	−2.45	0	−1	10.5	−0.65	7.33	0	−0.65	4.45	−2.45
绿色	12	8.33	−1.59	0	−0.76	−21	−0.52	0	−6.33	−0.52	9.8	−1.58
紫色	1.45	1.43	2.25	0	4.75	1.56	0	1.52	1.65	0	1.44	2.25
粉色	8	6.25	−1.8	0	−0.83	0	−0.56	22	−9.5	−0.56	7	−1.8
褐色	1.66	1.61	3.38	0	0	1.83	−3.75	1.76	2	−3.75	1.63	3.38
黑色	1	1	1	0	1	1	1	1	1	1	1	1
灰色	2.29	2.17	0	0	−2.38	2.8	−1.25	2.59	3.45	−1.25	2.23	0
白色	−24	0	−1.17	0	−0.61	−5.25	−0.43	−7.33	−3.17	−0.43	−49	−1.17
米色	0	25	−1.29	0	−0.66	−7	−0.45	−11	−3.8	−0.45	49	−1.29

字体颜色与背景颜色的比值越小，观看标识牌越清晰，反之则越模糊，由此可以得出字符与背景的色彩搭配与辨认性，见表8-3。

表8-3 字符与背景的色彩搭配与辨认

背景色	字符色	清晰度	背景色	字符色	模糊度
黑	黄	1	黄	白	1
黄	黑	2	白	黄	2
黑	白	3	红	绿	3
紫	黄	4	红	蓝	4
紫	白	5	黑	紫	5
蓝	白	6	紫	黑	6
绿	白	7	灰	绿	7
白	黑	8	红	紫	8
黑	绿	9	绿	红	9
黄	蓝	10	黑	蓝	10

三、结论

通过以上设计分析与数值分析，可以初步了解进行沈阳铁路客运站静态标识时应注意的事项。

① 视距L在整个设计过程中具有重要的作用，是确定其他数值关系的关键因素之一，所以需要通过实验法、测量法、调查法等得到最常用视距L和需要设定标志的位置。

② 观察者观看标识信息牌与标识字符的大小和人的视距之间有直接的关系，观察者在放松自然的情况下，标识信息的尺度尽量控制在正常人从眼睛到信息牌底边的视线与水平视线所构成的夹角在30° 内。

③ 观察者观看标识信息牌清晰程度，与对比感度的大小有关，对比度的大小取决于背景亮度与物体的亮度，笔者通过公式计算得出，标识的对比感度取决于背景亮度与字体的亮度。

第二节 高校课桌椅设计

一、设计任务书

（1）项目概述

随着我国高校招生规模的不断扩大和高校信息化进程的逐步加快，大学校园硬件建设高速发展，各类先进设备不断引入，虽然提高了学生的学习效率，但学生每天大量使用的课桌椅设计却并不尽如人意。

据实地调研和抽样调查显示，80%以上的学生对目前使用的校园桌椅不满意，认为其设计存在很多问题，如课桌下部空间狭小，伸不开腿；课桌太窄，无法摆放课本和文具；座面倾角过大，坐着不舒适；座椅之间间距过小，不方便出入；造型呆板；色彩单一等问题。高校课桌椅存在的种种设计缺陷导致学生身体疲劳、视力下降、腰部损伤、颈椎病等诸多现象增多，严重影响了学习效率及身体健康。

因此，健康、舒适、人性化的高校课桌椅设计问题亟待解决。为了提高高校大学生的学习质量，减少设计不合理的课桌椅给学生健康带来的损害。全面分析高校大学生对课桌椅生理和心理上的需求，在此基础上对高校课桌椅进行人性化设计。

（2）设计要求

① 设计须符合课堂基本要求，即保证正常坐姿和写字坐姿的基本要求；

② 设计应严格保证学生生理需要，保证座椅相关尺寸符合人体要求；

③ 设计内容应包括座深、座高、座宽、座面等参数的选择和座面倾角的计算等内容；

④ 设计需符合GB/T 3326—1997《家具桌、椅、凳类主要尺寸》、GB/T 14774—1993《工作座椅一般人类工效学要求》。

二、人因工程学设计分析

1. 高校课桌椅使用群体分析

高校大学生在使用课桌椅的过程中，主要有两种状态：身体前倾、低头读写；上身后仰着听或说。其主要受损部位有腰部、颈部、肩部和背部。因此，大学生长期使用设计不合理的桌椅会导致以下常见病症。

① 腰部损伤：大学生学习时经常长时间保持一种固定姿势，腰间盘所承受压力变大，会导致腰部损伤，主要表现为腰部酸痛，严重者可发生腰肌劳损和椎间盘退行性变，这是一种慢性疾患，也是导致残疾的主要原因之一。

② 颈部损伤：上课时颈部长期处于前倾姿势，课桌太矮会使大学生向前倾，造成腰椎和颈椎弯曲，增加后背和颈部的压力。这样会导致颈部软组织的劳损和椎间盘的损伤，这统称为颈椎病，其主要症状为颈部酸胀感，严重者可压迫颈部神经，引起放射状疼痛和头晕等症状。

③ 肩部损伤：由于高校大学生要经常书写，课桌太高会限制手臂运动，使肩膀向前弯曲或高耸，还会影响脖子，造成肩膀和颈部肌肉疲劳。前倾时上臂通常处于前伸状态，保持上臂前伸的主要肌肉是斜方肌，斜方肌持续紧张，导致肩部疼痛。这个症状常与颈部症状共存，因此称为肩颈综合征。

④ 背部损伤：当高校大学生坐着读写、身体前倾时，上身重心偏前，所以需要小腿在地面获得支承，这可以降低大腿与椅面前缘之间的体压，缓解背肌紧张。但座椅高度过高就会造成小腿无法获得支承，导致上身体压过大，背肌紧张，长期会造成背部损伤。

2. 高校课桌椅的人性化设计

（1）设计参数的选取

在课桌椅设计中，人体的身高是最基本的人体尺寸，在人体坐姿尺寸中主要包括以下基本尺寸，即：坐高a；坐姿颈椎点高b；坐姿眼高c；坐姿肩高d；坐姿肘高e；坐姿大腿厚f；坐姿膝高g；小腿加足高h；坐深i；坐姿下肢长j共10项标识，如图8-5所示。

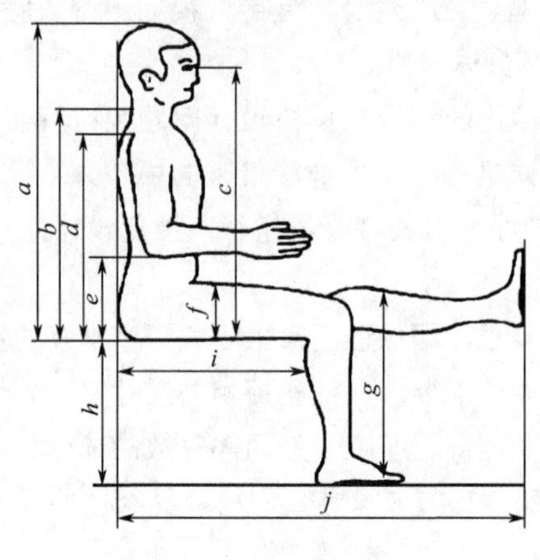

图8-5　人体坐姿尺寸示意

（2）坐姿尺寸的选取

学生用课桌椅主要使用者为18～25周岁的学生，因此根据实测的人体样本数据统计结果，对人体坐姿10项尺寸与平均身高（H）建立了推导各部分设计参数的推导公式作为座椅设计中主要尺寸参数，详见表8-4。例如，对于男性，坐高尺寸=0.533H；对于女性，坐高尺寸=0.531H，H代表身高。

表8-4　人体坐姿尺寸与平均身高的比例关系

项目	比例式（男）	比例式（女）
坐高	0.533H	0.531H
坐姿颈椎点高	0.401H	0.396H
坐姿眼高	0.465H	0.464H
坐姿肩高	0.361H	0.354H
坐姿肘高	0.164H	0.168H
坐姿大腿厚	0.087H	0.080H
坐姿膝高	0.309H	0.316H
小腿加足高	0.251H	0.267H
坐深	0.265H	0.273H
坐姿下肢长	0.568H	0.566H

（3）座椅尺寸的选取

① 座高

在第六章中已经较为详尽地介绍了座高的计算方法，所以在设计时可以参照其计算公式对座高的修正进行运算，也可以根据上表计算。一般穿衣修正量为男25mm，女20mm；穿裤修正量为–6mm，由此可以推算得出：

男子的座高：$0.251H$+(25–6)mm–10mm

女子的座高：$0.273H$+(20–6)mm–10mm

通过对1000名大学生进行实测，得出18～25周岁男子的平均身高为1752mm，女子的平均身高为1630mm，因此可以通过表8-4得出适合男子座高应为448mm，女子座高应为439mm。因此，可以确定男女通用课桌椅的座高可选取为439mm。

② 座面倾角

使用课桌椅主要是进行读写，一般需要身躯保持竖直坐姿听讲，因此座面倾角α可设置为正值，有时需要身躯前倾进行写作，可将座面前段边缘倾角设为负值β，根据第六章的介绍，可以将座面倾角α取为3°～5°，β 取–3°，如图8-6所示。

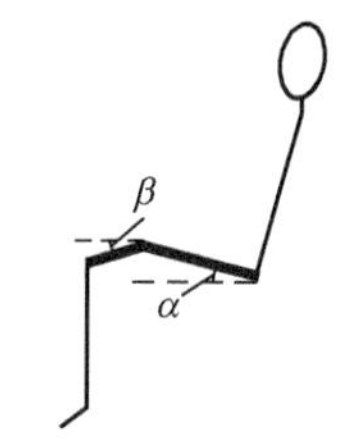

图8-6 拟设计座面倾角

③ 靠背高度及倾角

在课桌椅设计中，座椅靠背主要以支承躯干体重为主，同时还需提供腰靠，避免腰椎的严重后凸，因此背靠应具有两个支承点，即：第一个支承点为肩胛骨下部，第二个支承点为第三、四腰椎骨。所以根据日本人因工程学学者小原二郎等人的实验数据，可知课桌椅的靠背倾角为115°，靠背高830mm。

④ 其他功能尺寸

座面宽：考虑到男女肥胖者的需要，座宽一般依据女性中第95百分位的臀宽尺寸设计。无扶手的座椅座宽应为370～420mm，推荐值为400mm。

座面有效深：椅座后缘到前缘顶点的水平距离。座深应保证就座者在各种坐姿下靠背能够支承腰部，避免座深太大导致弓腰才能靠到椅背，或座深太小导致大腿失去支承，因此，在设计时应取360～390mm为宜，推荐值为380mm。

桌面高：从地面到桌面前缘最高点的垂直距离。在坐姿状态下，男生眼高为814mm，女生眼高为756mm，人眼自然界限为上下各15°，桌面边缘距人眼最佳距离为30mm。由此可以推算出桌面高为736mm。

根据国家标准GB/T 3976—2002《学校课桌椅功能尺寸》，桌面深：桌面后缘到前缘的水平距离，建议桌面深为750～900mm。每个席位桌面宽：桌面的水平宽度为1300～1850mm。桌下净空高：从地面到桌面的前缘底部的垂直距离为600～620mm。

三、设计方案

符合人因工程学的大学生课桌椅设计应从大学生身体的角度出发，同时还需要考虑其生理因素和心理因素。在大学学习和生活中，一般不需要携带过多的参考书籍，在学习过程中也主要以听和记录为主，因此在设计时除符合人体因素外，还应符合简约、绿色环保等内容。

如图8-7和图8-8所示，这个设计意图建立一个符合人因工程学的学生桌椅，其中参数主要来源于人体各部分的基本尺寸，同时对部分功能尺寸进行了优化，主要设计参数如表8-5所示。

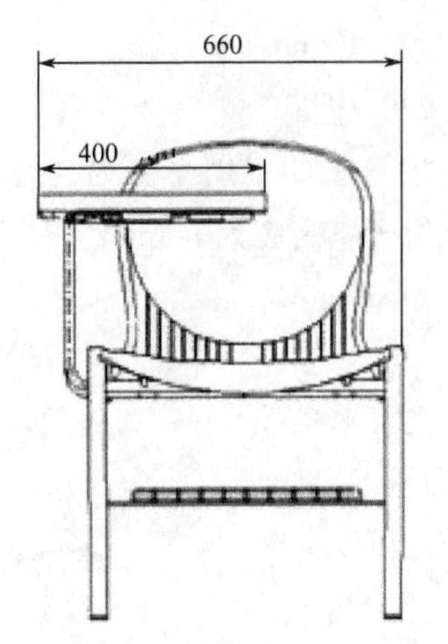

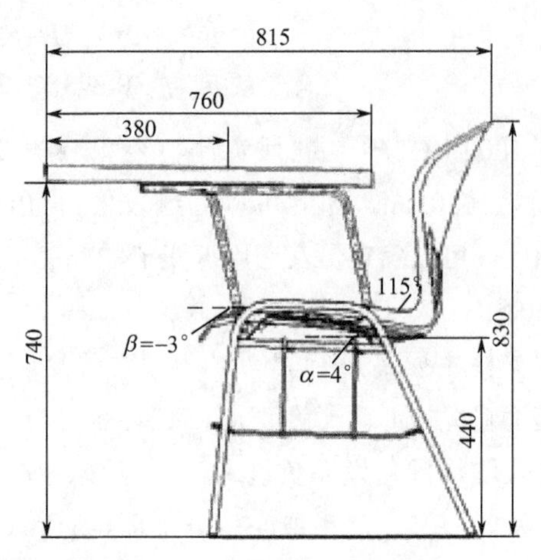

图8-7　课桌椅的基本尺寸

图8-8　效果图

表8-5　学生桌椅主要设计参数

名称	参数	名称	参数
座高	440mm	座面倾角	α=4°；β=-3°
靠背高	830mm	靠背倾角	115°
坐面宽	400mm	座深	380mm
桌面深	740mm	席位宽	660mm

第三节　住宅整体厨房的人性化设计

一、设计任务书

1.项目概述

厨房因其功能的必要性成为室内居住空间必不可少的组成部分。厨房作为特定的高频率使用空间，不仅要容纳繁多的厨房用具，同时还必须考虑操作的方便与舒适，以便更好地满足使用者的需要。现代家庭整体厨房不再仅仅是柜体、厨具、电器的简单叠加，而是整个厨房环境的有机组合。德国设计师提出“living in kitchen”的设计理念以及CDLK概念，即：烹饪（cooking）、就餐（dinning）、家居（living）这些功能有机融合于厨房（kitchen）中，这就要求住宅整体厨房作为一个整体产品来设计，在满足必要功能的同时，还能够充分体现使用者的爱好、品位及特定需求，进而满足对整体厨房的“人性化”需求。

2.设计要求

① 设计整体厨房需符合厨房的基本功能要求，即食品的清洗、贮存与烹饪以及餐具的消

毒与存放。以实用性、合理性为前提。所谓的实用性是以其必要的功能和舒适性来最大限度地满足使用要求，给厨房操作带来便利。

② 设计中在空间布局上应按照“工作三角形”的要求进行配置，保证有足够的操作空间和合理的储藏空间。需根据使用者的实际情况进行合理的操作流线和收纳、橱柜台面的高度等人性化设计。

③ 设计整体厨房各部分的具体尺度也应该符合人的形体特征，适应人的生理条件，并注重厨房整体格调、布局和功能，能与整个家装的风格相一致，为管线调改、橱柜布局、厨房电器选购及五金的选取等提供科学合理的依据。另外，所采用的材料也要能够满足厨房环境中耐高温、防水等特殊的要求。

二、人因工程学设计分析

1. 整体厨房操作布局动线分析

在厨房的操作过程中，可以分为即时性动作和持续性动作两个动作过程。持续性动作，是指通过相同或者相近的动作并需要较长的时间完成比较费力的动作过程；即时性动作即用很短的时间完成简单轻松的动作过程。洗菜、炒菜、洗碗等是持续动作；关水龙头、取调料罐等是即时动作。持续动作要确保有尽可能的舒适姿势，对于一些需要连续站立操作完成的持续动作，应考虑采用坐姿。

厨房中的活动内容繁多，如不能对厨房内的设备布置和活动方式进行合理的安排，既没有保证厨房设备充分发挥作用，又使厨房显得杂乱无章。经过精心考虑，合理布局的厨房与其他厨房相比，完成相同内容家事活动的劳动强度、时间消耗均可降低1/3。厨房用户的作业流程一般是：外购→储存→摘拣→洗涤→调理→烹饪→配餐→上桌→洗涤的顺序进行，厨房中的操作内容及操作动线如图5-10所示。

2. 橱柜尺寸推算

前期通过设计调查，随机抽取50名年龄范围在20～50岁的样本，进行“在家由谁做饭次数较多”的初步调查，统计得到的结论为：按照性别划分，其中72%的女性（36人）为厨房的主要使用者。这就决定了在研究人这个因素的时候，要充分考虑女性的需要。同时，根据表8-6和表8-7可知，男性的各项人体主要尺寸都要高于同年龄段和百分位数的女性。这就表明在整体厨房操作范围设计时，以女性人体尺度为标准同样可以满足男性的操作需要。

表8-6　男性（10～60岁）人体主要尺寸（单位：mm）

测量项目	身高	上臂长	前臂长	大腿长	小腿长
P1	1543	279	206	413	324
P5	1583	289	216	428	338
P10	1604	294	220	436	344
P50	1678	313	237	465	369
P90	1754	333	253	496	396
P95	1775	338	258	505	403
P99	1814	349	268	523	419

表8-7　女性（10 ~ 60岁）人体主要尺寸（单位：mm）

测量项目	身高	上臂长	前臂长	大腿长	小腿长
P1	1449	252	185	387	300
P5	1484	262	193	402	313
P10	1503	267	198	410	319
P50	1570	384	213	438	344
P90	1640	302	229	467	370
P95	1659	303	234	476	375
P99	1697	319	242	494	390

操作者与橱柜之间的活动主要为在操作台面上横向的烹饪活动和纵向的拿取动作，女性拿取物品的区间分类及烹饪动作所需空间如图8-9和图8-10所示。

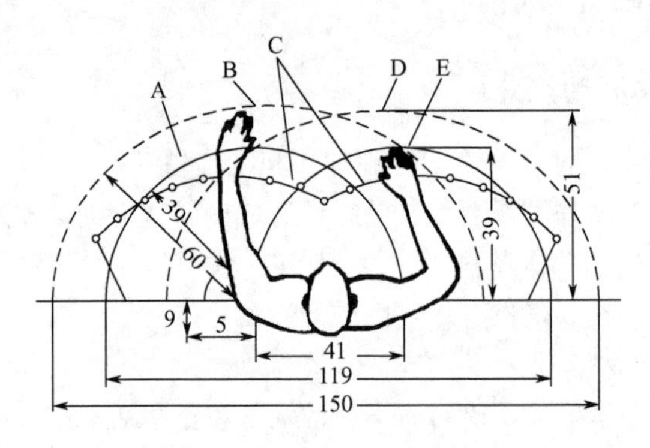

图8-9　双臂的平面操作范围

A—左手正常范围；B—左手最大范围；C—正常作业范围；D—右手最大范围；E—右手正常范围

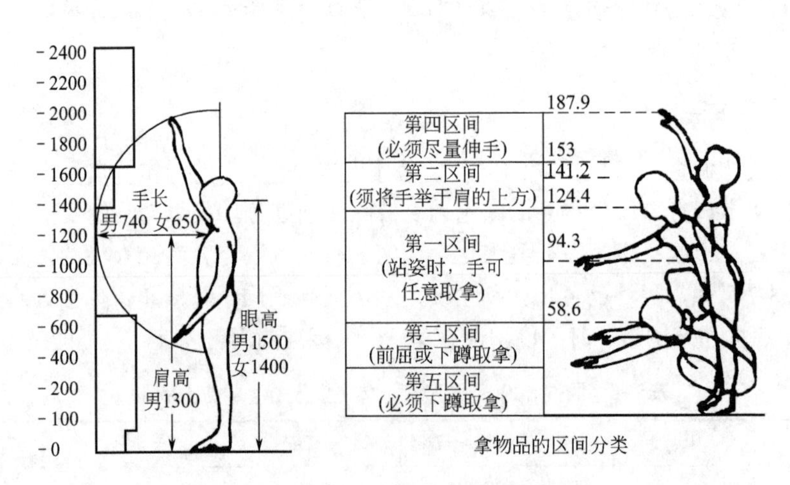

图8-10　手臂活动范围和拿取物品的适宜高度

橱柜的尺寸设计应根据使用者的人体尺寸，达到使用方便、省力、舒适、降低劳动强度、提高工作效率的目的。根据“改善城市住宅建筑功能质量”科研组的研究分析所得到的结论，我国操作台高度一般在300 ～ 900mm之间，这就决定了地柜的高度在此范围之内变化最能满足操作者使用方便的需求。根据我国成年人人体尺寸数据，人手伸直后肩到拇指梢的距离，女性为650mm，男性为740mm，结合人体工程学原理可以得出操作台面的深度以不超过600mm为佳，并且在距离身体530mm的范围内工作比较轻松。从实用性角度出发，橱柜地柜底部不落地，留下200mm高度，清理、防蟑螂都十分方便。

吊柜在安装时需要考虑存储的方便和避免撞头，故其安装高度可以根据使用者的身高做适当的调整。一般深度为330mm的中柜，安装后底部距离地面高度不低于1300mm，而深度与操作台一致的高柜，以不低于1600mm为宜。

综合人体尺度及家电的操作需要，家电放置的区间范围如表8-8所示。

表8-8 家电放置范围

家电产品	橱柜	区间	原因
抽油烟机、热水器	吊柜	第四区间	操作动作简单，只需简单按压就可开关。为保证人体操作的空间，需距离地面高度在1600 ~ 1800mm范围内
微波炉、光波炉等小型加热电器	吊柜 台面	第一区间 第二区间	操作动作为开炉门和端取物品，因为物品处于加热状态，所以常要在视线的范围内，同时手臂能够曲放自如，故适宜的高度为1200 ~ 1400mm范围内
燃气灶、电磁炉	台面	第一区间	满足烹饪的高度要求
消毒柜、烤箱等中型电器	地柜 高柜	第一区间 第三区间	可放置在地柜，也可放置在第一区间范围内的高柜中。因为这个范围内取放物品方便
电视机、电脑等娱乐电器	吊柜	第二区间	安装在吊柜下端或是嵌入其中，即在操作时的视践范围内，也可以不占操作台面空间，同时避免损害的危险
搅拌机等不常用的小家电	地柜	第五区间	小家电一般在操作台面上使用，但是不常用的小家电最好存放起来，避免占用操作台面空间
洗衣机	地柜	第三区间	大型电器，同时在使用时产生振动，所以最好放置在地面上
冰箱	高柜	第一区间 第二区间	大型电器，可以嵌入到高柜中。因为型号的不同，高度不同

橱柜的高柜主要适用于面积较大的厨房，高度同吊柜高，深度也需要同地柜一致，这样整个厨房才能和谐统一。根据各种管线的实际布置来确定储藏区、洗涤区、操作区、烹饪区、进餐区的位置，尽量在符合使用流程的情况下，避免过度拆改，以免产生危险。

厨房各种设施一般都有其标准的尺度，例如：厨房洗池的最小长度尺寸为450mm，一般家庭都使用市场购买的标准化燃气灶产品，其尺寸基本为700 mm。这就要求橱柜的尺度在满足人体需要的同时，也要考虑这些设备的标准尺度。对于普及率较高的炊具产品要预留出其空间，而对于普及率较低的产品，则可根据使用者的特定需要来进行布置安排。

3.整体厨房中“工作三角区”的布局

在20世纪50年代进行的人体工程学研究中，提出一个“工作三角”的重要原则。调整冰箱、水盆和炉灶这三个工作点的相对位置，达到使用方便、减轻炊事劳动、提高工作效率的目的，是厨房平面布局的基础，人在这三个点之间走动自然形成一个三角形连线，如图8-11所示。

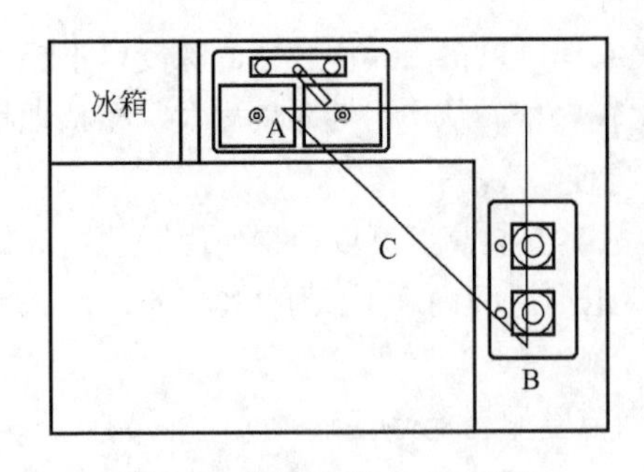

图8-11 厨房中的“工作三角”

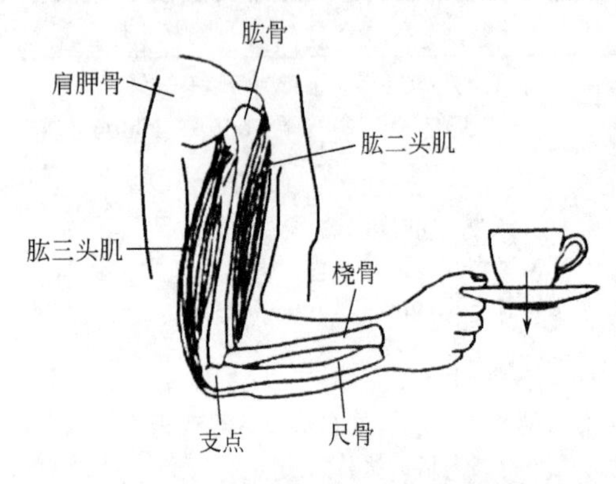

图8-12 肱二头肌与桡骨连接的情形

这项研究确立了这三个主要厨房活动区域之间的距离，经过测量，这个三角形三条边长之和宜在3.6～6.6m之间。小于3.6m，则贮藏和工作面很狭窄；大于6.6m，则由于往返距离加大使人疲劳，厨房操作效率降低。总长在4～6m之间的效率最高，称为“省时省力三角形”，其中洗涤池与炉灶之间的联系最为频繁，建议将它们之间的距离缩到最短，但距离最少为800mm。冰箱和水池间的距离*a*在1.2～2.lm较好，水池和炉灶间距离*b*在1.2～1.8m较为合理，而冰箱和炉灶间距离*c*在2～2.7m较为恰当。同时厨房交通还需避开工作三角形，使作业光线不致受到干扰。

在厨房中，洗涤池、料理台、灶台是产生持续动作最频繁的地方。因此在这三个点应设计坐姿操作位，或者是将洗涤池和炉灶设计成低位操作台，并尽量将其他的操作集中在其附近，以减少频繁的起坐。例如，菜板可以和水槽相配合使用，将洗好的菜直接在架设的菜板上切、配好，再转身放在水槽旁边的盘子或者碗里，既可以保持坐姿不变，又可以节省操作时间和空间。

厨房的工作以上肢动作为主，从图8-12中可以看出肱二头肌与桡骨是铰链的，并能弯成直角，人能够用他的双手在身体的前面发挥其最高的技能和施加最大的力。对于使用轮椅的老年人来说，则更需要坐姿位及操作动作的相对集中，以保证尽可能地接近操作台面的位置进行上肢在身体前面的操作。

三、设计方案

符合人因工程学的整体厨房橱电一体化设计应该从人体尺度出发，同时考虑人的心理因素和生理因素，按照饮食生活习惯设计功能分区，合理布置厨房工作三角形，将厨房电器按照需求合理选择，按照功能合理嵌入橱柜。在设计中也要考虑绿色环保，做到可持续设计，最后整体厨房的风格要和整个室内的风格相一致，具体说明见表8-9。

1.设计要点分析

表8-9 设计分析

设计选择	设计分析
L形橱柜	需要厨房空间面积最小的橱柜类型，而且厨房工作三角形设计最为合理，并且有很好的拓展性，可以加入餐桌等家具拓展厨房功能
操作台	高度为800mm，深度为600mm，适合人因工程学的标准尺寸

续表

设计选择	设计分析
洗涤台	高度与操作台高度一致，选择在窗户附近因为能够提供充足的光线，转角位置的尺度大于300mm，符合转身要求，放置在窗前，因为清洗劳动在厨房劳动中占据的比例最大，因此可以在劳累时候看向窗外，放松心情
灶台	高度为700mm，比操作台低100mm，更加方便烹饪工作，高低差的设计可以减轻劳动强度，同时旁边预留的位置也满足危急时刻移动厨具的需要
转角设计	转角柜内可以安装转角拉篮，将收入角落里面的物品转出柜体外，方便拿取或是放置转角抽屉
地柜设计	地柜储存设计成抽屉的形式，通过抽拉，放入的内层物品可轻易拿出
冰箱位置	冰箱放置在水槽的附近，并且在冰箱的左面留有600mm的台面，可以放置从冰箱中取出的食品
洗衣机位置	洗衣机嵌入的位置在地柜旁，靠近水管线方便洗衣机上下水管线的设置
消毒柜位置	消毒柜设置在灶台下，方便从中拿出餐具
烤箱位置	放置在高柜中距离地面800mm，右侧留有300mm的台面可以放置物品
吊柜	吊柜用来存放不常用的物品

2. 设计效果图

如图8-13～图8-15所示，这个设计意图建立一个符合人因工程学的橱电一体化整体厨房，按照整体厨房人因工程学原则进行设计。这个设计为实际设计提供了一种标准模式，在实际设计中可以根据具体的户型、烟道等厨房设施形式而做橱柜及电器的改变，但是这种橱柜的组合形式和家电的嵌入方式为推荐模式。设计不考虑各种管线的位置，仅考虑橱柜尺寸和电器之间的关系，厨房电器除了选择厨房必备的灶具和油烟机外，还选择了现在家庭中也比较常见的冰箱、消毒柜、洗衣机和烤箱。设计考虑了可持续设计的思想，如果厨房面积大于此设计，可以在L形的空角加入岛台或是餐桌，也可以加入I形橱柜用于扩大储存和操作空间。如果厨房面积小于此设计，可以仅仅选择水槽柜、灶台和操作台，也满足厨房工作三角形的需要，如图8-16所示。

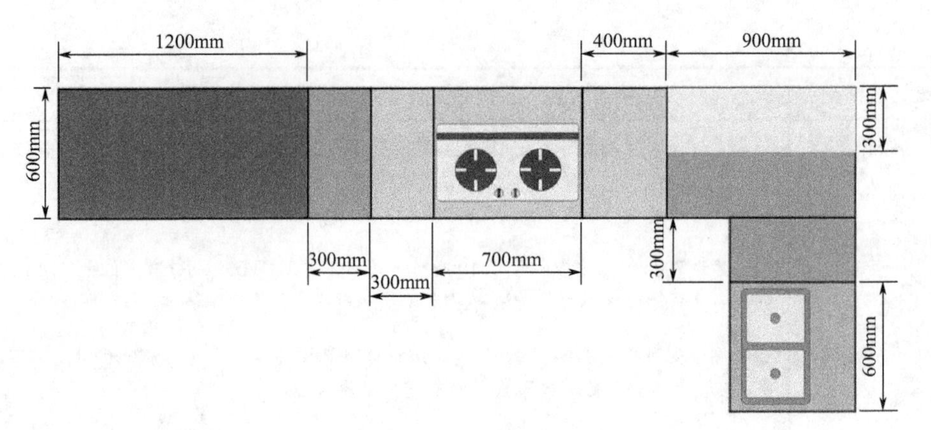

图8-13　平面示意图

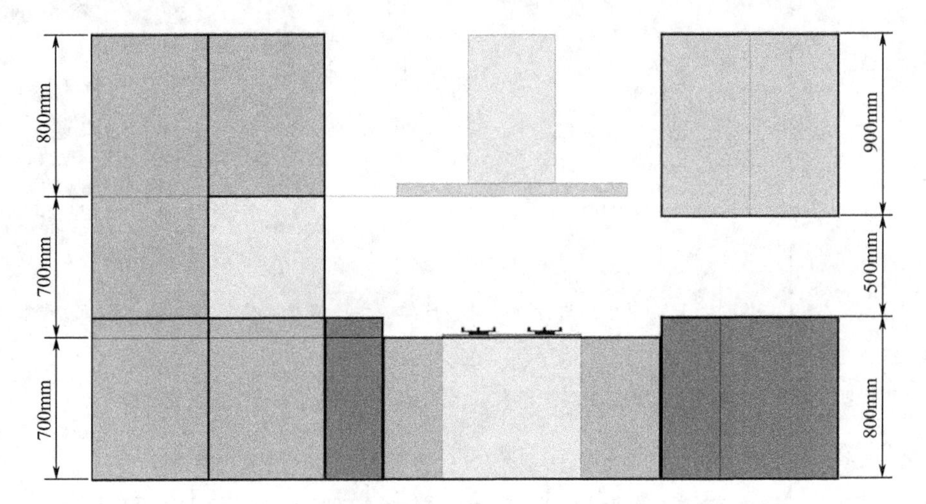

图8-14　立面示意图

图8-15　效果图

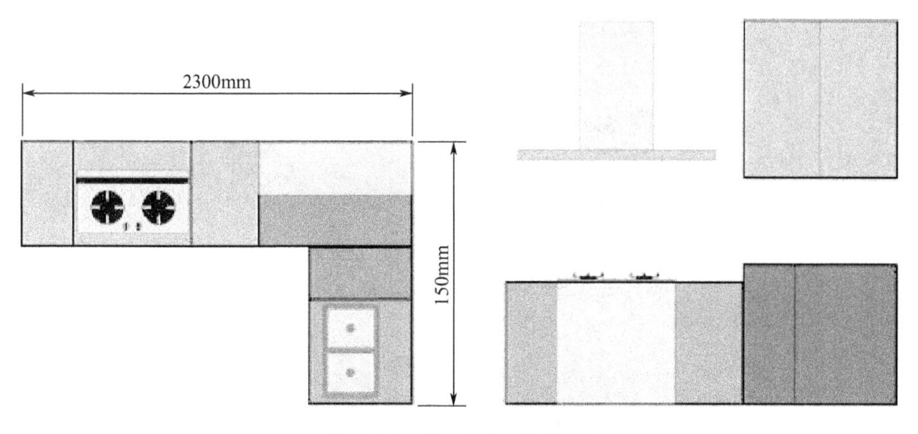

图8-16　最小化平面示意图

第四节　锅铲手柄的人因工程学设计研究

一、设计任务书

1. 项目概述

锅铲是厨房常用的厨具之一，是家庭主妇每天生活中必须使用的厨具，但目前市场上对其的人因工程学研究却微乎其微。据调查显示，家庭主妇每天进行做饭时，都在进行煎炒食物、翻转食物或铲食物等，这些动作中包括了手腕的不断运动、手背的不断伸缩、手掌的弯曲和挠、尺骨的偏转等，这些运动就会导致上肢累积损伤和腕关节综合征等问题。因此，需要根据锅铲的本身特点进行“人性化”的设计研究，以满足人们日常的生活需要，又可以减少或避免综合征的产生，提高手柄的使用效率。

2. 设计要求

① 研究锅铲身与手柄的主要特征，了解其使用特点。

② 进行实验的设定，了解人与锅铲之间的关系。如锅铲的升角、手柄长短与人的关系、炒菜时人采取的站姿等。

③ 对实验结果进行分析对比研究，阐述进行锅铲手柄设计时应注意的人因工程学原则。

二、人因工程学分析与实验的设定

1. 人因工程学分析

烹饪锅铲包括铲身与手柄，如图8-17所示，其主要特征包括手柄升角、材料、重量、铲身形状与尺寸、手柄形态与尺寸。本项目通过实验方法确定手柄升角对烹饪操作的影响，并确定有效提高手柄使用效率、降低疲劳强度的最佳升角。

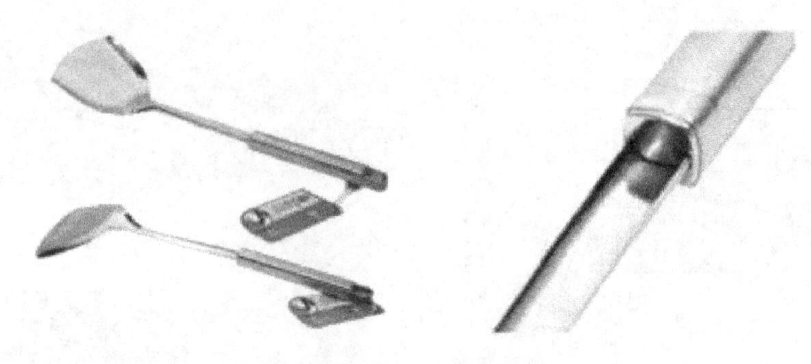

图8-17　试验用锅铲

2. 实验设定

（1）操作者

8位18 ～ 24岁女大学生为受实验者，被选用的受试者健康且无胳膊、手腕疾病。她们惯用右手且至少一年以上的烹饪经验，可以非常熟练地操作锅铲。她们平均身高160.5cm，体重50.8kg。

（2）试验的设计

此次试验因素为锅铲的升角。升角被认为是确定的因素；操作者被视为随机因素。试验任务包括煎炒食物、翻转食物和铲盛食物。每位操作者按随机顺序使用不同升角的12种组合进行上述3种操作。

（3）设备

在确定试验用的锅铲类之前，曾对30名家庭主妇做了一个简单的调查，找到了最易接受的5种畅销锅铲。修正并圆整锅铲手柄的升角为15°、25°、35°和45°。锅铲的长度分别为20cm、25cm、30cm、35cm（市场常用锅铲的长度在20 ～ 37cm之间）。为消除锅铲重量的影响，最长的锅铲和最短重量相同。本次使用为凸底锅（直径38cm、深度11cm）和16种锅铲。从地面到锅沿的高度为95cm，灶台高65cm。炒菜时操作者采取站姿，用惯用手进行操作。因此锅铲的设计不仅要关注手柄和手的组合，而且要考虑锅底与锅的配合。

（4）试验内容与测量指标

试验的主要内容包括煎炒食物、翻转食物和铲盛食物。每一项操作的测量标准包括客观测量和在完成3种操作后对不同锅铲按其主观偏爱分出等级，并评价结果顺序。试验细节和测量指标如下。

① 煎炒食物。这是为了确定锅铲的升角是否影响煎炒食物的操作。煎炒的速度越快，在锅中的食物被搅动与加热的速度越快，越均匀，其质量与效率就越高。因此，煎炒食物的速度可作为一个客观评价指标。试验中，操作者手握锅铲，沿三条预定路径，逆时针方向、手掌向下不断在锅中循环搅拌青豆，1min后，试验者将铲子留在锅中。操作者不同姿势时的动作频率记录下来。

② 翻转食物。目的是为了确定锅铲的升角是否影响翻转食物的操作。食物翻转的速度也是测量指标。操作者手持锅铲，将5片排成“X”形的火腿片翻转向下，再按逆时针方向翻回。这个过程重复三次，记录所用时间。

③ 铲盛操作。目的是为了确定锅铲的升角对铲盛食物是否有影响。铲盛食物是锅铲的基

本功能，此动作贯穿于整个烹饪过程的始终，另外，在从锅中向盘中转移食物时也要用到。操作者手持锅铲将1kg青豆从锅中移到距离20cm的盘中，并记录时间。

（5）试验过程

每位操作者要填写个人基本信息表，包括姓名、身高、年龄、体重和所使用的手。试验组织者也要介绍试验目的和要求，每位操作者有30min实践练习与试验相关的烹饪操作。任务次序在操作者间是随机确定的。试验开始时，操作者自然站立，手持锅铲手柄，并将铲子置于锅的中央。开始前操作者用自己不擅长的手拿铲。

开始后，试验将按照以下顺序进行：炒青豆、翻转火腿片、铲盛1kg青豆。等操作者完成了上述三种操作后，询问其手腕、手臂和肩膀的感觉。操作者的顺序是随机的，并且每个试验任务间隔时间为2min，这样避免操作者疲劳。另外，在使用两种不同锅铲之间的间隔为5min。每次试验后，操作者要填写一份含有语义差异的问卷，问卷包括三组相对照的形容词词组；舒适——不舒适；易于翻转——难于翻转；易于铲盛食物——难于铲盛食物。每对照组以相应的数值表示程度，分别为“3”、“–3”和“0”，“3”表示“最佳”，“–3”表示“最差”，“0”表示“中等”。

三、试验结果与分析

1.试验结果分析

表8-10记录了烹饪操作的试验记录与所操作者主观评定值的统计结果。

表8-10 用于完成烹饪任务的平均时间统计及主观评定值

升角	煎、炒食物		翻转食物		铲盛食物		总计	
	操作时间/s	评定值	操作时间/s	评定值	操作时间/s	评定值	操作时间/s	评定值
15°	36.0	3.8	22.5	3.8	28.7	3.1	87.1	10.6
25°	33.4	5.6	22.7	5.0	26.4	4.9	82.5	15.5
35°	34.8	4.3	23.4	4.1	26	4.9	84.2	13.3
45°	37	3.3	25.1	3.0	26.9	4.1	89	9.4

具体分析：

① 煎炒食物。表8-4中，通过煎炒食物效率分析，显示手柄升角对煎炒食物操作有较大影响，并且对于不同的操作者有着很大的不同。其中25°明显优于15°和45°，但与35°无明显差别。表中还表明烹饪操作和操作者主观评定基本一致。升角15°、25°和35°锅铲之间差距不大，45°最差。

② 翻转食物。表8-4通过翻转食物效率分析，显示了手柄升角对翻转食物操作的影响程度。45°最差，而在15°、25°与35°间无明显差别。同时也表明在翻转食物操作中操作效果与操作者主观评定明显不一致。

③ 铲盛食物。表8-4显示手柄升角对铲盛食物操作的影响，无论烹饪操作效率和操作者的主观评定，15°是最差的，而在25°、35°与45°间的差距不大。

2. 试验评价分析

对于12项不同使用方式的感觉作用评价分析中可以发现，锅铲手柄升角对于烹饪操作效率和使用适宜性有重要的作用。

① 在煎炒前的操作时，锅铲手柄升角越大，操作者抓握的位置越高。这时为了减小腕关节的弯曲角度，操作者就不得不抬高肘部，以保持腕关节伸直，而抬高肘部对操作者而言既不舒服又易引起疲劳，从而降低了煎炒食物操作的方便性。因此，较大的升角对煎炒食物操作是不利的，因而45° 最差，这与操作者主观评价一直。但为什么25° 又比15° 好呢？这可能是因为15° 升角手柄会容易引起操作者的手接触到热锅的边缘，而使人感到不方便，从而降低效率。

② 在翻转食物的操作时，操作者必须先将食物铲倒锅铲上，然后利用腕关节将锅铲翻转180° 。从生物力学的角度，腕关节与手柄把手越接近一条直线，翻转越是容易，因此，升角越小，操作越方便。相反用45° 角的锅铲时，为保持锅铲刃口与锅的内表面尽量贴合，手腕需伸得更直，胳膊肘只得上提，以保持手腕伸直，因此不易翻转。这就是为什么45° 升角的手柄无论在翻转食物的操作中，还是主观评定都是最差的原因。值得提及的是尽管15° 是翻转食物的最佳操作角，而在操作者主观评定中25° 却是最佳的。这个可能是因为使用15° 锅铲翻转食物时，操作者会被迫改变方向以便避免触及热锅沿，因为对于操作者而言，15° 并非最合适的角度。

③ 在铲盛食物的操作中，可以发现锅铲刃口与锅内表面贴合程度对提高操作者的操作效率非常重要。而在锅铲铲盛食物时，锅铲刃口与锅内表面越吻合，每次铲盛的食物就越多，同时，手腕弯曲也越小，这样胳膊肘也不必抬得很高，感觉不舒适，也不至于将豆粒抖落。基于这样的分析，可见由于15° 锅铲刃口与锅内表面贴合程度最差，因而其操作性能也最差。此外，在铲盛食物的操作过程中，操作者的手易于触及热锅边沿。这样它的评价就是最差了。45° 升角的锅铲刃口与锅内表面贴合程度是最好的，但同时由于腕关节弯曲也最大，胳膊肘必须抬高，所以其操作性与主观评价仍较差。根据综合分析权衡结果，35° 和25° 应该是铲盛食物操作最好的角度。

3. 结论

本次试验者完全根据观察和试验的记过，即根据实用性研究获得了锅铲手柄升角对烹饪食品操作性能的影响，并得出以下结论：

① 锅铲手柄的升角无论对操作效率还是主观评价都是主要的影响；

② 对于煎炒食物的操作，25° 的升角最好；对于翻转食物的操作，15° 的升角最佳；对于铲盛食物的操作，35° 升角最好。

在考虑了手腕弯曲的程度以及是否易触及锅的综合因素后，可以认定为25° 是最佳的手柄升角。

事实上影响操作者操作效率和主观评定的重要因素还有手柄的长度，研究表明使用者也因手柄不同的升角和长度对铲子有不同的评价和选择。值得注意的是，升角和手柄长度的交互作用并不显著。因此，在选择最适宜的手柄长度和升角的时候，可以不必考虑这两个因素在完成不同操作任务时的综合影响，而只需考虑各自独立的影响。

习题与思考题

1. 可视信息设计时应从哪些方面入手，需要进行哪些数据测量？
2. 进行手工具设计时应注意哪些方面的内容，如何进行人因工程学的检验？
3. 座椅设计应遵循哪些设计原则，并设计一款工作座椅。
4. 设计一款新型鼠标或其他手握式工具，并分析其设计依据。
5. 进行厨房设计应注意哪些方面的内容，并尝试进行起居室的设计。

参考文献

[1] 丁玉兰主编. 人机工程学. 第3版. 北京：北京理工大学出版社，2005.

[2] 赖维铁. 人机工程学. 武汉. 华中工学院出版社，1983.

[3] 曹琦主编. 人机工程. 成都：四川科学技术出版社，1991，11.

[4] 陈毅然编. 人机工程学. 北京：航空工业出版社，1990，8.

[5] 谢庆森，牛占文编著. 人机工程学. 北京：中国建筑工业出版社，2005.

[6] 赵江洪主编. 人机工程学. 北京：高等教育出版社，2006.

[7] 吕志强主编. 人机工程学. 北京：机械工业出版社，2006.

[8] 徐涵，刘俊杰，陈炜编著. 人机工程学. 沈阳：辽宁美术出版社，2006.

[9] 阮宝湘，邵祥华编著. 工业设计人机工程. 北京：机械工业出版社，2008，3.

[10] 吕杰锋. 人因工程学. 北京：机械工业出版社，2011.

[11] 张萍，殷晓晨编著. 人机工程学. 合肥：合肥工业大学出版社，2009.

[12] 谢庆森，黄艳群编著. 人机工程学. 北京：中国建筑工业出版社，2009.

[13] [美]Jan Dul，[美]Bernard Weerdmeester著. 人机工程学入门：简明参考指南. 连香姣，刘建军译. 北京：机械工业出版社，2011.

[14] 严扬编著. 人机工程学设计应用. 北京：中国轻工业出版社，1993，2.

[15] 刘春荣编著. 人机工程学应用. 上海：上海人民美术出版社，2009.

[16] 张峻霞，王新亭编著. 人机工程学与设计应用. 北京：国防工业出版社，2010.

[17] 日本造船学会造船设计委员会第二分会编. 人机工程学舣装设计基准：JSDS-11造船舣装设计基准. 田训珍译. 北京：人民交通出版社，1985，8.

[18] 刘昱初，程正渭编著. 人体工程学与室内设计. 北京：中国电力出版社，2008.

[19] 王继成编著. 产品设计人机工程学. 北京：化学工业出版社，2010.

[20] 中华人民共和国建设部. GB 50034—2004建筑照明设计标准. 北京：中国建筑工业出版社，2004.

[21] 中国建筑科学研究院. JGJ/T 119—2008建筑照明术语标准. 北京：中国建筑工业出版社，2009.

[22] 孙林岩主编. 人因工程. 北京：中国科学技术出版社，2001，6.

[23] 徐磊青编著. 人体工程学与环境行为学. 北京：中国建筑工业出版社，2006，12.

[24] 中华人民共和国建设部. GB 50096—1999住宅设计规范. 北京：中国建筑工业出版社，1999.

[25] 中国建筑标准设计研究院组织编制. 建筑无障碍设计. 北京：中国计划出版社，2006.

[26] 王巍．家装细部样样通：卫浴篇．长沙：湖南科学技术出版社，2011. 1.
[27] 杨玮娣．人体工程学与室内设计．北京：中国水利水电出版社，2008.
[28] 朱钟炎，贺星临，熊雅琴．建筑设计与人体工程学．北京：机械工业出版社，2008.
[29] 刘盛璜．人体工程学与室内设计．北京：中国建筑工业出版社，2002.
[30] 郑曙旸．室内设计思维与方法．北京：中国建筑工业出版社，2003.
[31] 邬峻．办公建筑．武汉：武汉工业大学出版社，1999.
[32] 刘芳．苗阳．建筑空间设计．上海：同济大学出版社，2001.
[33] 何晓佑，谢云峰．人性化设计．南京：江苏美术出版社，2001.
[34] 张绮受．室内设计资料集．北京：中国建筑工业出版社，1991.6.
[35] 俞进军．家居室内装饰设计资料集．成都：中国建材工业出版社，2005.3.
[36] [美]玛丽乔治皮特森．厨卫空间人性化设计完全手册．周志敏、陈书华译．北京：中国电力出版社，2006.
[37] 梁展翔．室内设计．上海：上海人民美术出版社，2004.
[38] 刘蔓．餐饮文化空间设计．重庆：西南师范大学出版社，2004.
[39] 杨公侠．视觉与视觉环境．第2版．上海：同济大学出版社，2002.
[40] [美]阿恩海姆．艺术与视知觉．孟沛欣译．长沙：湖南美术出版社，2008. 1.
[41] 考鲁门德．灯光设计者株式会社-光与影的设计．关忠慧译．沈阳：辽宁科学技术出版社，2002，10.
[42] 梁丽燕．厨房规划．长沙：湖南美术出版社，2006.
[43] 朱昌廉．住宅建筑设计原理．北京：中国建筑工业出版社，1999.
[44] 陈于书，姚浩然．厨房家具．南京：江苏科学技术出版社，2002.
[45] 苏丹．住宅室内设计．第2版．北京：中国建筑工业出版社，2005.
[46] 张绮曼，郑曙．室内设计资料集．北京：中国建筑工业出版社，1991.
[47] 汤重熹．室内设计．北京：高等教育出版社，2003.
[48] 周昕涛．商业空间设计．上海：上海人民美术出版社，2006.
[49] 刘作琳，马广韬．人机工程学在鞋类设计中的应用．艺术与设计（理论），2010，2.
[50] 田炜，马广韬．高校课桌椅的人性化设计研究．艺术与设计（理论），2010，10.
[51] 马广韬，程康丽，佟怡伶．沈阳铁路客运站导向标志静态研究．沈阳建筑大学学报（自然科学版），2012，7.